에코해비터트
환경창조의 도시

ECOHABITAT
by
YOSIMURA MOTOO

에코해비터트

환경창조의 도시

요시무라 모토오 지음
조동범 · 배현미 공역

普文堂

역자서문

본서의 원저인 〈에코해비터트 - 환경창조의 도시〉가 최초 발간된 지 꽤나 시간이 흐른 상태에서 본서를 번역 출판하게 되었습니다. 그간 도시, 건축, 조경에 있어 친환경 기술과 생태적 계획·설계의 흐름은 꾸준히 그 결과물을 축적해왔고 새로운 과제와 시도를 낳고 있습니다. 그 빠른 변화를 감안하면 본서의 번역출판은 다소 늦은 감이 없지 않습니다. 하지만 지금까지도 계속되고 있는 개발 위주의 사고에 비춰보면 친환경 기술의 실제적인 적용이나 확대는 결코 정착되었다고 할 수 없는 상황이며 오히려 환경보전 사상의 등장 시기로 돌아가 본질적인 환경창조와 생태학의 관계 개념부터 확인해둘 필요성까지 있다고 보입니다.

1962년 출판된 레이첼 카슨의 "침묵의 봄Silent Spring"으로 대표되는 환경오염, 환경파괴에의 경고는 건축, 조경, 도시계획가들의 윤리관을 크게 흔들어 놓은 바 있습니다. 그 이후 그 때까지도 구미 근대사회에 있어서 이념 또는 이즘으로서만 존재해오던 생태학 내지 환경보호 사상은 실제의 개발 행위와 관련된 기술 시스템 속에 뿌리를 내리기 시작하였습니다. 자원의 고갈과 지속가능한 인류문명의 가능성에 대해 두려움 반, 모색 반의 1980년대를 거치며 1990년대 들어 본격적으로 지구환경 규모에서 지속가능한 개발이 이슈가 되기 시작할 무렵 이 책은 그 최전선의 사례들을 소개하고 있다고 봅니다.

이 책에 실린 내용들은 어디까지나 건축과 조경, 도시의 중간적인 영역에서 기술 적용 사례를 소개하고 있습니다. 따라서 보다 심층적인 환경관리 기술이나 생태학적 지식에 대해서는 해당 분야의 보다 전문적인 공부가 필요하다고 생각됩니다. 아울러 이 책에서 소개된 사례들과 이론들이 충분한 기간을 거쳐 그 의도한 결과가 확인되었다거나 검증된 것을 바탕으로 한 것으로는 볼 수 없지만 최근 증가하고 있는 생태공학, 비오톱 관련 서적 등과 보완하여 참조한다면 조경, 건축, 도시공학에 있어서의 친환경 기술의 포괄적인 지식을 제공하기에 부족함이 없을 듯 합니다. 생태공학이나 친환경 건축,

도시공학의 기술적 실천은 기술이 개발되고 충분한 사례가 있다고 해도 그 적용에 있어서는 규모라고 하는 공간스케일의 문제와 경제적 타당성을 고려하여야 하는 현실적인 문제들이 존재하기에 국내의 경우 아직도 모색과 사고 확대의 수준에 머무르고 있는 면도 없지 않은 것 같습니다.

이 책에서 소개되는 대부분의 예들이 저자의 직접 관여한 일들을 중심으로 소개하고 있습니다. 특히 저자가 자신의 연구소를 통해 계획·설계한 프로젝트- 4장의 오사카 국제박람회 기념공원이나 5장의 신 우메다 시티 - 들이나, 직접 방문하고 수집한 자료들 - 5장의 아코산티와 바이오스피어2 등 - 에서는 간접적인 자료를 모아놓은 이 분야의 다른 서적들에 비하면 차별성을 갖는다고 생각됩니다. 그렇다고 해서 이 책에 실린 내용들은 반드시 기술적인 내용만을 다루고 있지는 않으며, 오히려 전반적으로는 환경 창조의 철학을 강조하고 있기도 합니다. 하지만 그것이 종래의 조형적 사고에 바탕을 둔 형시미하적 컨셉이라기 보다는 우주적 원리나 정신성으로서의 도시환경 구축을 추구하고 있어서 깊게 공감되는 부분도 많으리라 생각됩니다. 다소 어떤 부분에서는 개인적인 느낌이나 판단으로 비춰지는 부분도 없지는 않지만 저자의 확신과 신념으로 이해하면 좋을 듯합니다.

책의 내용이 그리 많다고는 할 수 없지만 그림 설명을 옮기는 등의 까다로운 작업 등을 포함해서 번역 원고 정리에 애쓴 조영진 군과 전남대학교 조경학과 경관디자인 연구실원들께 지면을 빌어 감사드립니다.

2006년 조동범 · 배현미

목 차

목 차

제 4 장 그린네트워크 도시

제 5 장 환경창조도시로 가기 위한 조건

인간의 즐거움을 위해 조명와이어를 감아 묶어놓은 나무
(워싱턴 D.C.)

제1장

자연창조형 사회 /자연 · 인간계의 제 4세대

01 자연 · 인간계의 3개의 세대

자연정복형 사회의 한계

자연 · 인간계의 3개의 세대

40억년이라는 지구의 역사 속에서 보면, 인간이 출현하여 오늘에 이르기까지 소요된 시간은 대략 2백년 정도라 할 수 있다. 그리고 그 2백년의 기간은 지구 역사 전체의 2천분의 1에 지나지 않는다. 일본의 수도 동경도東京都 도청사 건물 높이를 지구 전체의 역사로 본다면, 인류의 탄생은 지상으로부터 수십 센티미터의 높이에 불과하다. 이렇게 짧은 기간에 불과한 200백년간 사람과 자연과의 관계에 주목하여, 그 양자의 관계를 이 책에서는 '자연 · 인간계自然人間系' 라 부르기로 한다.

지구 역사 속에서 본다면 짧기만 한 이 200백년간 자연 · 인간계는 과연 어떠한 과정을 거쳐 왔을까? 이러한 과거 역사를 돌이켜 본다면 자연 속에서 우리 인간들의 위상이 확연히 드러나게 될 것이다. 자연 · 인간계의 역사는 대략 3개 시대로 구분할 수 있다.

첫 번째 자연 · 인간계의 세대는 수렵사회이다. 두 발로 걸을 수 있고, 손을 자유롭게 사용할 수 있는 인간이 생물적인 특징을 획득하고, 혹독한 자연 속에서 힘겹게 종種의 보존에 힘써 왔던 시대이다. 지구상에 최초로 출현한 우리 선조들은 자연 생태계 속에서 자연의 혜택을 아낌없이 넘치도록 받고 있었다. 그러나 한편으로 자연은 냉엄했기에 사람들은 자연을 공포의 대상으로 여겼던 시기이기도 하다.

두 번째 자연 · 인간계의 세대는 농업사회이다. 사람은 자연이 지니고 있는 안정된 생산능력에 주목하여 자연을 개량하고 자연을 이용할 줄 알게 되었다. 농업의 발명은 인류 번영에 획기적인 공헌을 하였다. 그러나 농업시대에도 인간의 존재는 상대적으로 미약하였고, 녹지는 아직도 무한하게 존재하고 있었다. 즉 농업사회의 인간은 자연의 시스템을 근본적으로 바꾸고자 한 것이 아니라 자연의 순환 속에서 지속적으로 존재하고 있었던 것이다.

그러나 이러한 사람과 자연 사이에 균형이 깨지고 자연이 크게 변화되는 시기가 세 번째 자연 · 인간계의 세대이며 공업시대가 바로 그에 해당된다.

공업시대는 전기와 후기로 구분된다. 전기는 영국을 중심으로 발생한 산업혁명에 의한 기술혁신이 일어났던 시기로 19세기부터 시작된다. 전기 공업사회는 석탄에 의한 증기를 주 에너지원으로 하고 있었다. 생산량은 농업시대의 수십 배 이상의 규모로 확대되었다. 하지만 공업화는 대기에 매연을 방출하고 폐수를 하천으로 흘려보내면서 진행되었다. 환경파괴는 일부 지역에 한정되었지만, 농업시대에 몸에 배어 있던 자연에 대한 공포라는 감정이 적어도 이 시대에는 없었다.

20세기에 접어들면서 이러한 경향을 한층 가속시킨 것은 석유 에너지와 기술혁신 등으로 가능해진 대량생산이고, 이 시기가 바로 제 3기 후기시대에 해당한다. 사람들을 먹여 살릴 수 있는 능력은 전기 공업사회를 능가하였고 거대한 도시가 출현하게 되었다. 지구의 곳곳에서 도시화와 인공화가 진행되었으며, 그 결과 지구규모의 자연파괴와 환경오염이 발생하게 되었다. 세 번째 자연 · 인간계의 세대는 사람이 철저하게 자연을 변화시키려 했던 시대라고 볼 수 있다.

자연순응형 사회에서 자연정복형 사회로

자연 · 인간계의 역사를 대략 세 단계로 나누어볼 수 있으며, 각 시대의 특징에 대해 인간사회적 관점에서 단적으로 표현한다면 다음과 같이 정리할 수 있다.

자연 · 인간계 제 1기 – 자연종속형 사회(수렵사회)
자연 · 인간계 제 2기 – 자연순응형 사회(농업사회)
자연 · 인간계 제 3기 – 자연정복형 사회(공업사회)

종속 – 순응 – 정복이라는 변화에서 인류가 자연에 대응해 왔던 역사는 자연에 대해 인간의 존재가 중요하게 바뀌어가고 있다는 것을 읽어낼 수 있다.

그렇다면 현대사회는 이러한 자연 · 인간계의 어떤 시기에 해당한다고 말할 수 있을까? 이 점을 밝히기 위해 제 2기와 제 3기의 자연 · 인간계에 대하여 좀 더 깊이 고찰해 보기로 한다.

자연 · 인간계 제 2기인 농업시대는 자연순응형 사회라고 보았다. 인류는 오랜 시간 자연 속에서 자연의 혜택을 입으면서 소박하게 생활해왔다.

자연순응이란 자연이 본래 지니고 있는 사이클 순환을 깨뜨리지 않을 정도로 자연을 개변시키면서 자연의 혜택을 누리는 것이었다. 이 시대에도 각지에서 자연파괴가 이루어졌다. 화전火田을 일구기 위해 광범위한 지역에서 삼림이 과도하게 벌채되었고, 이로 인해 홍수피해를 입거나 사막화가 발생하여 음식물을 얻지 못하게 되는 등 자연으로부터 보복을 당했다. 거만하게 자연을 정복하고자 하면 반드시 자연은 인류의 어리석은 자연개조 행위에 대해 경고를 했다. 이러한 자연의 훈계로부터 자연자원은 한정적인 것이며 그것을 완전히 소비해 버리는 것은 결국 인류의 존재 자체를 위험하게 하는 것이라는 점을 사람들은 터득하게 된 것이다.

그리고 세계 각지에서 수목의 벌채 금지나 수렵과 어로에 있어서 포획제한, 혹은 인구를 일정 수준으로 유지하기 위한 다양한 '규칙'이나 '금기taboo'가 만들어졌다.

이 시기에는 자연도 인류가 파괴한 부분을 스스로 치유할 수 있었다. 그 이유는 당시의 자연파괴는 지구적인 규모로 발생하지 않았기 때문이다. 이러한 자연순응형 생산과 생활시스템을 가지고 있던 시기가 바로 농업생산을 바탕으로 하는 사회였다.

인류는 이 농업시대를 긴 세월동안 경험하여 왔다. 풍요롭고 다양한 자연의 은혜를 입고 지구의 이곳저곳에서 다양한 인류사회를 구축하여 왔다. 도시가 탄생하고 다양한 문화가 출현한 것이다. 이 자연순응의 시대 혹은 재배 농업의 시대는 인류의 2백만년 가까운 역사 중 약 5천년 정도에 해당될 것이다. 지구의 자연으로부터 혜택을 받으며 생활해 온 자연순응의 시대가 끝나면서 돌연 자연정복의 시대가 도래한 것이다.

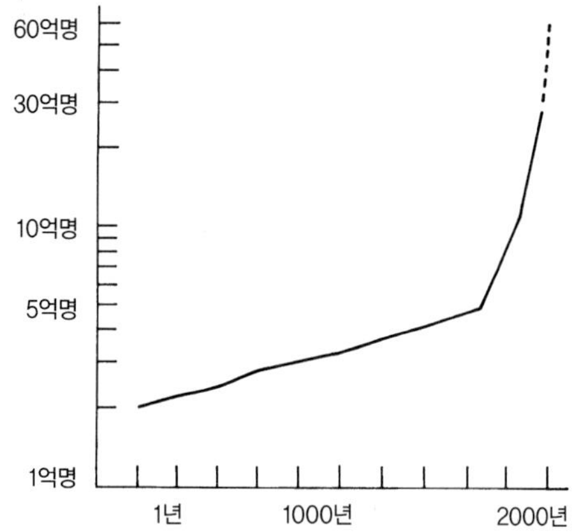

◀ **세계인구의 증가 추세**
그래프상에 나타난 선의 경사도는 인구증가율을 나타냄(필립 M. 하우저에 의거).

20세기의 인구폭발

공업사회가 본격적으로 시작된 20세기를 특징짓는 것은 인구폭발과 도시 규모의 거대화였다.

우선 '20세기의 인구증가는 과연 어느 정도의 규모인가'를 19세기와 비교하면서 생각해 보기로 한다. 지금으로부터 약 200년 전 프랑스 혁명이 발생하였을 무렵의 세계인구는 약 9억 명이었다. 그리고 그로부터 100년 후인 1900년경에는 16.5억, 또 다시 100년 후인 2000년에는 63억에 이르고 있다. 20세기 100년간의 인구증가는 실로 46.5억 명이나 된다.

19세기 100년간에 7억 5천만 명이 증가했던 것과 비교해 보면 20세기가 얼마나 폭발적인 인구증가의 시대였는가를 알 수 있다. 게다가 1975년에는 41억이었던 것이 20세기 마지막 25년 동안 22억이 증가한 셈이 된다. 우리들이 살아 온 불과 25년 사이에 증가한 22억이라는 수치를, 200만년 전 인류가 지구상에 출현한 이래 세계인구가 9억이 되기까지 걸린 엄청난 시간과 비교해 본다면 인구증가의 양과 속도가 어느 정도인지 상상할 수 있을 것이다.

거대도시의 시대

20세기는 도시의 시대라고 할 만큼 도시인구도 급격하게 증가하였다. 1900년경 도시에 거주하는 인구는 세계인구의 14% 이하였다. 그러나 2000년에는 도시인구가 50%에 이르렀다고 한다. 실제로 30억 명 이상이 도시라는 인공환경에서 생활하고 있다.

나아가 21세기에 대해 살펴보면, 2020년 세계인구는 80억 명 정도에 이를 것으로 예상되고 있다. 이 중 60% 이상이 도시에 거주하게 될 것이다. 즉 현재 세계인구의 대부분이 도시에 거주하는 시대가 바로 눈앞에 다가오고 있는 것이다.

20세기는 틀림없이 도시의 시대였으나 그것은 도시의 대규모화를 의미한다. 거대도시의 시대로 바꿔 말할 수 있을 것이다. 그것은 메트로폴리스metropolis, 즉 대도시권의 출현을 의미하는 것이기도 하다.

일본 동경의 수도권 인구는 3,500만 명, 오사카大阪권은 1,500만 명으로 전국인구의 약 60%가 3대 대도시권에 거주하고 있는 것으로 나타난다. 도시권이 아니더라도 멕시코시티는 1,800만 명, 상파울로시는 1,400만 명으로 현재 1,000만 명을 넘는 도시가 세계 각지에 존재한다. 게다가 그 수는 21세기 초반에 수십 배로 증가할 것으로 예상되고 있다.

자연정복형 사회의 한계

현재의 인구문제는 개발도상국에 있다. 향후 예상되는 인구증가의 대부분이 개발도상국에 의한 것이기 때문이다. 그래도 과거와 비교해 보면 인구증가율이 둔화되고 있다. 1970년대 세계의 인구증가율은 2.1%였으나, 1990년에는 1.7%로 떨어졌다. 일찍이 엄청난 인구증가를 경험했던 중국, 태국, 싱가포르 등이 인구증가를 억제하는데 성공했기 때문이다. 그럼에도 불구하고 세계인구가 지구의 인구수용량을 초과해 버릴 날도 그렇게 먼 장래 이야기는 아니다.

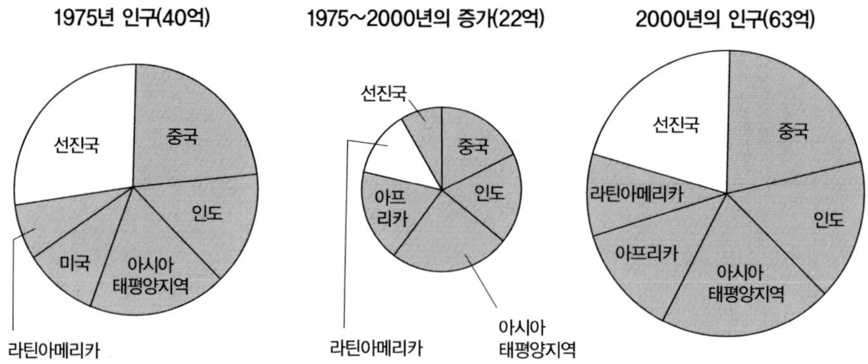

▲ **세계인구의 증가** / 21세기까지의 25년간 22억 명이나 증가했다.

자원의 소비, 이는 선진국 즉 '북반구'에 위치하는 국가들이 '남반구'에 위치하는 국가의 자원을 막대하게 소비하고 있다는데 문제가 있다. 지구의 북쪽 즉 북반구에 있는 국가에서는 이미 인구증가를 억제하는 데는 성공하였다. 그러나 세계인구의 25%를 점유하는데 지나지 않는 북반구 국가에서 전세계에서 사용하는 에너지량의 70%, 금속은 75%, 목재는 85%를 소비하고 있다. 북반구 국가에서 어린이 1인당 소비량은 남반구 국가 어린이 소비량의 125배에 해당한다고 한다.

도시의 거대화는 자연환경의 인공화와도 같다. 도시에서의 생산은 비약적으로 증가하였으며, 도시개념도 공업화 사회에서 완전히 바뀌게 된다.

농업사회의 도시는 권력의 중추, 지배의 거점, 정보의 중심이었지만, 공업사회에서의 도시는 공장이 자리하고 있는 곳으로 굴뚝이 줄지어 있고 매연으로 뒤덮인 생산도시이기도 하였다. 런던, 뉴욕 등 세계의 대표적인 도시는 매연을 뿜어내는 역동적인 모습을 자랑하고 있었다. 도시는 모든 것을 수용하고 받아들이는 곳이 되어갔다. 그래서 사람들은 도시로 몰려들었고, 그들은 바로 그 도시에서 아이를 낳았다. 도시의 생산력이 도시인구를 지탱시켜 주었으며, 점차 인구가 늘어나면서 도시의 영역은 확대되어 갔다.

20세기는 도시의 시대라고 일컬어지고 있으나, 20세기를 특징짓는 이러한 현상이 지구의 자연을 크게 변화시키고 있었다. 자연정복의 시대가 도래된 것이다.

지금 지구환경은 자연정복에 의해 빠르게 악화되어 가고 있다. 그 결과 지구의 온난화, 산성비, 야생생물의 멸종 등의 문제가 발생하고 있으며, 이러한 현상들은 공교롭게도 인류의 생존 그 자체를 위협하기 시작하였다.

도시인구 비율 ▶

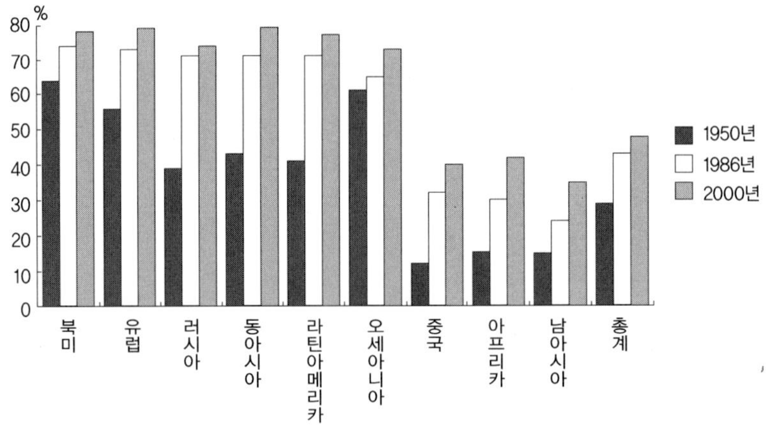

02 자연 · 인간계의 제 4세대

자연창조형 사회의 시선

도시의 3가지 과제

20세기 도시가 직면하고 있는 과제를 정리하면 다음 3가지로 집약된다. 첫째는 도시인구의 폭발적 증가이다. 두 번째는 지금까지 지구의 생물권 시스템을 특징지어 왔던 자연 생태계가 뒤바뀌어 인간을 중심으로 한 생태계가 우월해졌다는 것이다. 세 번째는 인간 생태계의 우점에 따른 공간적 특징에 의해 지표면은 결국 인공환경으로 덮이게 되었다는 것이다. 이 3가지 과제에 관해 자세히 살펴 보자.

첫 번째 과제 도시인구가 폭발적으로 증가하고 있다는 점이다. 이미 기술한 바와 같이 21세기에는 50억에 가까운 방대한 인구가 도시환경에 거주하게 된다. 이러한 도시인구의 폭발적 증가는 세 가지 문제점을 야기시키고 있다. 첫 번째, 메갈로폴리스megalopolis 거대도시의 출현이다. 20세기에 출현한 메트로폴리스metropolis 대도시권는 천만 명 단위의 인구 규모였다. 이 메트로폴리스가 띠 모양으로 이어져 미국의 동서 해안지대나 일본의 태평양 연안지역에서는 메갈로폴리스의 출현을 보고 있다. 21세기에는 그 규모가 1억 명에 달할 것으로 예상되고 있다.

두 번째, 이 도시의 거대화가 그곳에 사는 인간 개인의 의지를 넘어 도시 그 자체가 마치 스스로 의지를 가지고 있는 것처럼 극히 자기운동적으로 거대화되고 있다는 것이다. 이 도시가 갖는 괴물과도 같은 힘은 자연 생태계 시스템을 파괴하고 자연의 존엄함을 훼손시키며 경외감을 없애게 되고, 자연에 대해 가지고 있던 두려움을 도시 스스로 내쫓아 버린다고 하는 것이다.

세 번째는 도시가 지나치게 거대해져 휴먼스케일을 상실하고 거주하는 인간이 그곳으로부터 정신적인 의지를 얻을 수 없게 되었다는 점이다. 결국은 도시에의 귀속성 혹은 아이덴티티가 상실되게 된다.

두 번째 과제 도시 내에서 방대한 양의 물질이 생산되고 소비되게 됨으로써 인간을 중심으로 한 생물시스템 물질순환이 자연계의 그것에 비해 우월해졌다는 점이다. 이 현상은 다음의 3가지 문제를 파생시킨다. 우선 첫 번째는 자원의 방만한 소비와 자연계로의 폐기물, 오염물질 투기와 방출이다. 두 번째는 자연계의 중심에 인간 생태계가 독자적으로 확립되어 종래의 자연 생태계와 인간 생태계를 구분 짓고 자연 생태계를 단절시키는 비연속적 관계의 벽이 만들어진다는 것이다.

세 번째는 독자적인 인간 생태계에 의해 자연의 순환계가 보이지 않게 된다는 점이다. 예를 들면 일상적으로 무심코 쓰고 있는 수돗물은 부엌이나 화장실에서 풍부하게 볼 수 있다. 그러나 이 물의 수원이 어디인지 사용된 물은 어디로 가는 것인지에 대해서 우리들은 거의 관심이 없다. 늘 사용하는 물의 순환 시스템이 보이지 않게 된 것이다.

세 번째 과제 세 번째는 인간 생태계가 탁월한 측면에서 인공환경이 지구를 거의 덮을 정도로 확산되었다는 것이다. 그 결과 다음과 같은 3개의 특징이 발견되었다. 첫 번째는 말할 필요도 없이 지구상의 많은 자연이 파괴되고 자연의 풍요로움을 특징짓는 다양성이 소실될 위험이 나타났다는 점이다.

두 번째는 인간에게 쾌적성, 편리성을 제공하는 인공환경화, 도시화의 힘이 인간을 태만하게 만들고 인간이 가진 야성을 빼앗아 스스로를 가축화하는 상황에 몰아 넣게 되었다는 점이다.

세 번째는 이러한 점이 인류 진화의 미래에 불확실한 요인을 가져오는 결과가 된다는 점이다. 인류는 말할 필요도 없이 지상에서 생활하는 포유류의 하나이다. 생물은 진화의 흐름 속에서 바다에서 먼저 출현하였지만 이 시기는 아직 대기권이 없어서 지상은 생물이 살기에는 적합하지 않았다. 지금으로부터 수십억 년 전 지구를 둘러싼 오존층이 만들어지면서 생물을 사멸시키기 쉬었던 자외선이 차단되게 되고, 불과 수 킬로미터도 안되는 얇은 지표층의 육상에 동식물이 서식할 수 있는 조건이 만들어지게 된 것이다. 이 오존층에 의해 보호되는 육상에 바다로부터 많은 생물이 진출하게 되고 인류의 탄생도 있었던 것이다. 이러한 오존층을 지금 지표에 대규모의 도시화, 인공화에 의해 인류 스스로가 파괴하고자 하고 있는 것이다.

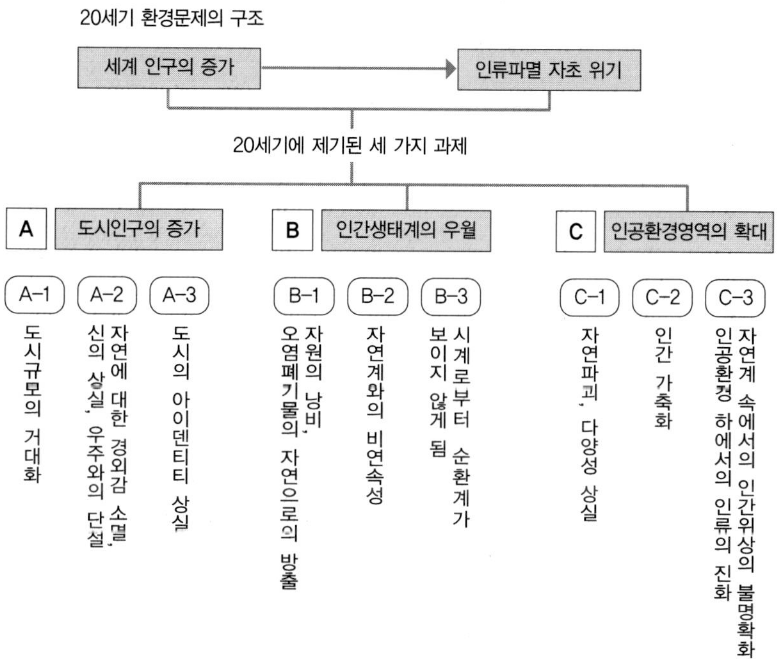

◀ 20세기 세 가지 과제의 구도

제 4세대–자연창조형 사회

자연 · 인간계의 1세대에서는, 인류는 신이 창조한 자연의 일부로서 생활해 왔다. 자연의 시스템 속에서 종속되어 생활해 왔던 것이다. 두 번째 세대에서는 그 자연에 약간의 손을 가하여 그것이 가지고 있는 부를 이용하게 되었다. 자연 시스템의 가치를 알고 그 가치에 순응하면서 살아왔던 것이다. 제 3세대는 대규모화 하는 기술과 거칠고 강제적인 시스템으로서 자연의 풍부함을 파괴하고 정복하고자 한 시대이다.

그러나 현대는 말하자면 지금까지 자연정복을 계속해 오던 일이 거의 모든 의미에서 불가능한 시대가 되었다. 이는 지금 언급한 20세기의 도시가 직면하고 있는 3가지 문제점을 보면 명백할 것이다. 때문에 21세기에는 전혀 새로운 가치에 근거하는 자연관이 요구되고 있다.

이 자연관은 무엇일까? 이는 자연 정복에 의해 잃어버린 자연의 재건이다. 자연적 인간계의 제 4세대에서는 '자연창조형 사회' 의 확립이 필요한 것이다. 그것도 이미 말한 바와 같이 맘모스와 같이 커지기만 하는 도시와 그 시스템을 자연 생태계와 공생시킬 수 있는 정도로 충분한 기능을 가지는 자연의 창조이다. 자연을 만드는 사업은 인류가 처음으로 경험하는 것이라는 점도 명심해두지 않으면 안된다.

지구 스케일에서의 자연의 재건

이 지구상에는 약 1천만 종을 넘는 생물이 서식하고 있다고 한다. 이 다양하고 풍부한 지구의 자연시스템을 유지하고 차세대로 넘겨주지 않으면 안되는 시기인 것이다. 현재 미약하게나마 남겨져 있는 자연에 보호의 손을 더해야 하는 것은 말할 필요 없으며, 이미 많은 부분 파괴된 자연을 복구하고 재건하지 않으면 안될 것이다. 지금이야 말로 인류의 예지를 집약하여 자연의 수복, 재건사업에 착수해야 할 시점이다.

▶ 풍력발전으로 사용되는 캘리포니아의 풍차

우리들은 간신히 남겨져 온 자연을 보호하고 보존하며, 이를 핵으로 거대도시와 공생할 수 있을 정도의 충분한 힘을 가지는 자연 시스템을 인간 스스로 만들어내지 않으면 안된다. 우리들이 잃어버린 자연을 소생시키고 그 과정에서 이상으로 하는 '지구의 자연과 공생하는 도시'의 시스템을 발견하는 것이다. 단지 '집적集積의 이익'만을 추구한 도시를 거대화의 방향으로 유도하여 결과적으로 팽대한 '집적의 불이익'을 만들어낸 20세기형 도시는 그 바탕에서부터 부정되어야 한다. 발상의 역전과 완전히 새로운 관점이 필요한 것이다.

● **21세기 환경과제 – 환경창조도시로 가는길**

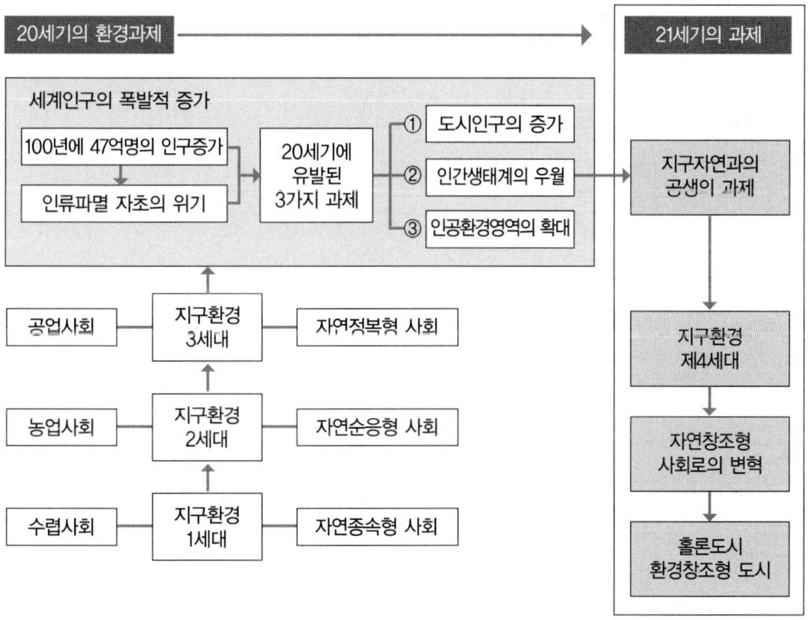

◀ **21세기의 환경과제 -환경창조도시로 가는길**
자연정복형 사회를 뚫고 달려온 20세기 우리들은 환경창조를 향해 제 4세대로 탈피하지 않으면 안된다.

03 환경창조도시의 패러다임

본서의 구성

자연창조의 3가지 관점

자연창조형 사회에 있어서 자연의 창조를 어떠한 관점에서 어떠한 방법으로 실현시킬 수 있을까? 여기에서 먼저 거론할 수 있는 20세기 도시가 가지고 있던 3개의 과제가 자연창조형 사회를 생각하는데 있어서 중요한 문제 제기의 근거가 된다.

이러한 3개의 과제에 대해서 3가지 관점을 대응시켜 보자. 3가지 관점이란 코스몰로지cosmology, 테크놀로지technology, 에콜로지ecology 이다. 왜 이러한 3개의 관점이 자연창조에 유효한 것일까? 이미 말한 바와 같이 우리들은 자연을 만들어내지 않으면 안될 상황에 처해 있다. 자연종속의 시대에서도, 자연순응의 시대에서도, 인류에 있어서 자연은 우주의 절대적인 법칙성에 의해 이미 존재해 왔던 것이다. 그 자연은 경이로 가득 찬 아름다운 생물 생태적인 시스템과 더불어 자연이 가지는 존엄함을 느끼게 하며, 인간의 정신까지도 움직이게 하는 힘을 가지고 있는 것이다. 자연정복의 시대에 대규모로 상실된 것들이 바로 이러한 풍요롭고 신비로우며 깊은 내용을 담고 있는 자연이었던 것이다. 지금 인간 · 자연계의 제 3세대로부터 제 4세대로 이동해가는 시기에 있는 우리들은 이러한 자연을 인간의 손으로 다시 만들어내지 않으면 안된다.

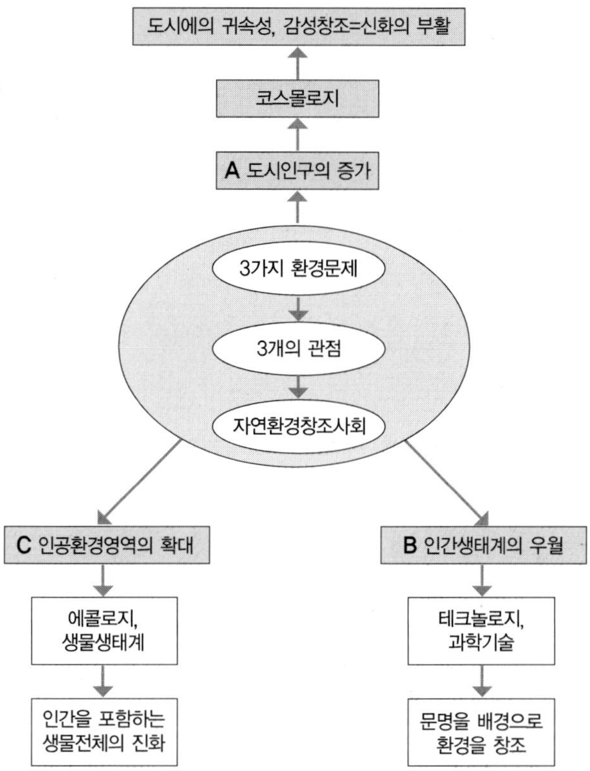

◀ **환경문제를 해결하는 3개의 관점**

이와 같이 생각할 때, 앞에서 거론한 3가지 과제에 대응하면서 자연의 재건을 위해서는, 급격하게 증가하는 도시 거주자들이 도시에 대해 강한 귀속성과 관심을 갖는 것이 우선 첫 번째로 요구된다. 도시가 그곳에 거주하는 사람들에 의해 보다 강하게 정신적으로 호소될 필요가 있는 것이다. 이것이 코스몰로지cosmology 즉, 감성의 도시이다.

두 번째는 문명의 문제이다. 특히 과학기술에 의해 지탱되어 온 문명은 인류에 있어서는 칼의 양날과 같은 것이다. 자연의 혜택을 받은 수단이기도 한 동시에 자연을 파괴하고 결국은 인류를 멸망으로 내몰기 쉬운 것이다. 그러나 어쩌면 이러한 과학기술 문명은 지구시스템 속에서는 허용되지 않을 것이다. 환경창조 제 4세대에 살고 있는 우리들은 이 과학기술을 자연시스템에 접근시켜 자연과 공생시킬 수 있도록 변혁시킬 필요가 있다. 이것이 테크놀로지technology로부터의 접근이며, 이것을 본서에서는 컴팩트 도시compact city 제안으로 도출하고 있다. 결국 과학기술 문명에 대한 불신이 아니라, 과학기술이 가지는 힘을 배경으로 새로운 자연질서를 구축하고자 재현하는 것이다.

마지막으로는 에콜로지ecology이다. 말할 필요도 없이 자연창조의 원점은 생태ecology이며 무서울 정도의 세력으로 확대해 가는 인공환경 영역에 비교할 때 자연은 이미 상당히 연약한 정도의 힘밖에는 가지고 있지 못하다는 점을 전제로 생각을 시작하여야 한다. 이와 같은 상황을 전제조건으로 두고 생각한다면, 우리들이 자연과 공생한다는 것이 말처럼 쉽지는 않을 것이다. 전혀 새로운 자연창조 시스템을 구축하지 않으면 안되기 때문이다. 그 내용은 인간의 생존을 전제로 한 생물 전체 시스템의 진화를 목표로 하여야만 한다. 이 책에서는 이를 그린 네트워크 도시Green Network City라 제안하고 있다.

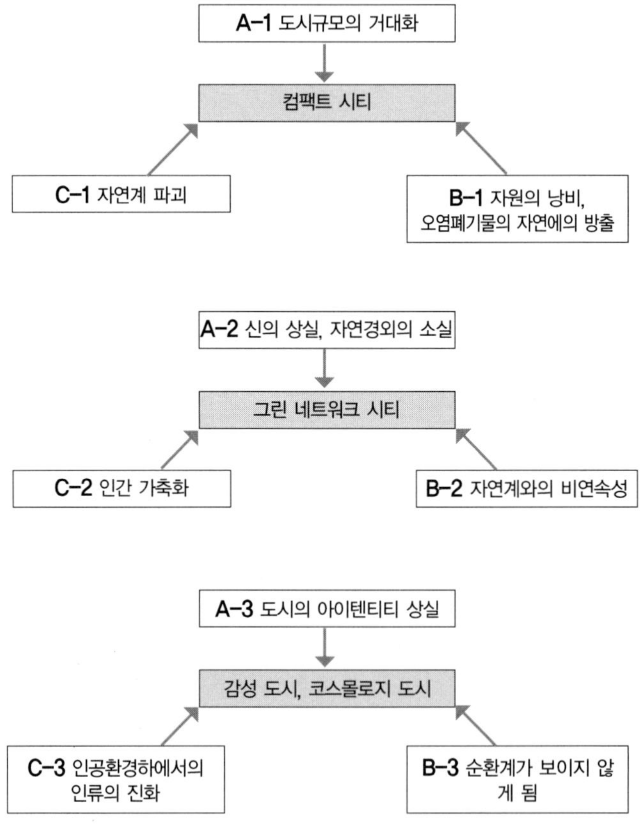

3개의 도시 ▶

이 책의 구성

이상과 같은 세 가지 환경과제로부터 환경창조도시의 필요성이 도출되고, 그것을 실현시키기 위한 코스몰로지cosmology, 테크놀로지technology, 에콜로지ecology라는 3개의 관점이 필요하게 되었다. 이 책에서는 각각을 감성 도시, 컴팩트 도시, 그린 네트워크 도시 재현으로 연계접목시키고 있다. 이러한 세 가지 재현을 축으로, 본서에서는 자연창조의 실현을 목표로 현재 무엇보다 가장 독창적이며 전위적이라고 할 수 있는 실험들을 소개하고자 한다. 이들 사례는 20세기 거대도시가 가지고 있던 빚을 덜고, 지구 자연과 공생하는 21세기의 도시가 나아가야 할 방향에 관해 여러 각도로부터 모델을 제공하고 있는 것들이다.

제 2장에서는 도시를 구성하는 기본단위라고 할 수 있는 건축공학에 있어 생태계와의 결합 사례를 소개한다. 건축은 거주를 기본으로 하는 인간 활동과 밀접한 관련을 가지는 공간으로서 뿐만 아니라, 그것을 만들어내는 공업 기술, 경제, 사회 등과 크게 관련된다. 특히 공업과 대량 생산방식이라는 20세기를 특징지어 온 틀을 대표하는 이 장르가 자연창조를 향해 해야 할 역할을 실현시키고 있는 사례로서, 냉방이 없는 건축을 실현한 오키나와의 나고시名護市시청, 미국의 에너지 절약형 주택, 독일의 생태 건축, 네덜란드의 새로운 건축 등을 소개한다.

제 3장에서는 자율폐쇄계 자연 · 인간 시스템에 있어서 토목공학이 해야 할 역할에 초점을 맞추고 있다. 건축이 생태계와 결합하지 않으면 안되는 사실과 마찬가지로 그 이상으로 자연과 대치하는 토목공학은 생태계 시스템을 그 공학적 기술 체계 속에 끌어들이도록 요청받고 있다. 결국 생태공학의 등장이 요구되는 것이다. 여기에서는 특히 쓰레기, 물에 관해 지역사회와 밀접하게 연대하여 리사이클형 사회를 실현시키고 있는 일본의 사례를 주로 소개한다.

또한 건축 · 토목공학을 중심으로 기술공학이 나아가야 할 방향을 논한 제 2장, 제 3장의 결론으로서, 5장에서는 파올로 솔레리Paolo Soleri에 의한 아코산티Arcosanti의 사례를 들었다. 본서에서는 그것들을 컴팩트 도시의 모델로 소개한다.

제 4장은 생태학의 관점으로부터 자연창조형 공간개발의 사례를 소개하고 있다. 이미 언급한 바와 같이 도시가 자연과 대립하여 자연을 쫓아낼 뿐만 아니라 역으로 도시의 존재를 전제로 한 자연 만들기라는 전혀 새로운 관점에서의 환경개발, 도시개발의 사례를 소개하고 있다. 20세기에서도 도시와 자연을 공존시킬 수 있는 시도가 전원도시Garden City 구상을 필두로 다양한 제안들이 실행되어 왔지만, 대부분은 실패를 보았다. 그러나 이러한 모든 노력이 수포로 돌아간 것은 아니다. 그 노력으로부터 21세기의 전망을 열 수 있게 된 것이다. 그것은 어떤 종류의 운동으로도 바뀌고 있다. 이러한 많은 시도와 노력이 귀결하는 부분으로서 우리들은 '그린 네트워크 도시'를 재현해 보고자 한다.

마지막 5장에서는 환경창조도시의 길과 그 조건을 찾고자 한다. 환경창조도시가 갖는 과제는 지구의 자연 시스템 속에 많은 인류 인구가 거주하는 도시 시스템을 어떻게 구성하느냐 하는 것이다. 이는 지금까지 말한 바와 같이 자연 파괴의 반성에 서서 자연과 공존, 공생하는 도시의 나아갈 방향을 묻는 것뿐만 아니라, 자연을 창조함으로써 도시 시스템을 근본적으로 변환시키는 것이다. 그 다음은 이 도시 시스템을 지구의 자연 시스템을 파괴하지 말고 그 속에 끌어들이는 것이다. 이것이 본서가 초점을 두고 있는 포인트이다. 이러한 주안점을 위해 우선 프랑스의 예술가에 의한 도시계획 참여의 방식, 이어서 미국의 아리조나 사막 환경 속에 이루어지고 있는 두 개의 서로 다른 실험을 소개한다. 이러한 3개의 도시 실험은 21세기 인간에 어울리는 도시의 가능성을 시사하고 있다. 그리고 이 장의 마지막에서 우리들이 지금 관여하고 있는 신우메다新梅田 시티에 관해서 약간 언급하기로 한다. 신우메다 시티 환경계획의 주안점은 20세기 도시가 자연과 더불어 이뤄왔던 감성 도시 · 코스몰로지의 재건이라는 관점에 있다. 자연의 재건이야 말로 코스몰로지의 재건이 될 수밖에 없음을 이 프로젝트를 통해서 소개하고자 한다.

◀ **인공적으로 구성된 자연**
네덜란드는 간척에 의해 인공적으로 만들어진 국토가 대부분이다. 그러나 거기에는 아름다운 자연풍경이 숨쉬고 있다.

편안하게 맞이하는 분위기의 주택입구
(찰스턴시)

제2장

건축의 생태계로의 귀환

01 생태건축의 동향

독일과 일본

모더니즘 건축이 저지른 죄

20세기 초에 시작된 고도의 공업기술사회는 지금의 환경문제와 연결되는 두 가지 유형의 사회를 만들어냈다. 하나는 공업제품의 대량생산을 전제로 하는 사회, 다른 하나는 모든 상품을 공정화 해버리는 정보화 사회이다.

건축은 이것에 의해 공업제품의 집합체가 되어 버렸다. 공장에서 대량으로 생산된 균질한 규격품을 이용하게 되면서, 건축은 아무런 개성이 없는 부품들의 집합체가 되어버렸다. 마츠바라 카즈기요松葉一清는 「건축에 생태계를 다시 돌아오게 할 수 있을까 - 건축과 에콜로지」에서 다음과 같이 지적하고 있다.

"이전의 건축은 낡고 부서져가고 있지만 후세에게 계승되는 유산이며, 자연으로 되돌아가는 역할을 하는 것으로 도시 생태계의 일부로 존재해왔다. 그런데 고도의 공업주의가 가져온 소비사회는 건축마저도 쓰레기로 만드는 상황을 만들어 냈다."

"르 코르비제Le Corbusier는 이상적인 건축물의 한 형태로서 '선박'을 찬양하거나, 또 한편으로는 자동차를 스스로 디자인하기도 하는 등 건축의 '이동성'에 깊은 관심을 가지고 있었다. 즉 그는 20세기의 건축 모습을 유동적인 사회에 대응하는 '이동 가능한 공업부품의 집적체'로 묘사하고 있었던 것이다.

미국의 시골길 옆에 방치되어 버려진 자동차의 모습에 대하여, 현대의 예술가라면 패러독스paradox로서의 '가치'를 발견할지도 모른다. 그러나 그것이야말로 '경구'이고, '부품의 집적체'는 어디까지나 자연적인 생태계에서 파생된 '괴물'에 지나지 않는다."

마츠바라는 르 코르비제를 시작으로 막을 연 모더니즘 건축을, 중세적인 세계의 적벽돌로 지어진 건축이 지니고 있던 부품의 영구성과 고도의 정신성과 대비하면서, 쓰레기가 되어가는 숙명으로의 반자연성에 대하여 고발하고 있다.

현대인들을 매료시키는 미적 감각을 갖추고 있는 건축재료로, 공업제품의 대표적인 소재는 다름 아닌 유리일 것이다. 유리는 정밀하고 고품질이라서 획일성이 높고 대량생산이 가능한 고도의 공업제품으로 현대건축의 으뜸가는 소재이다. 이런 유리를 이용하여 건물을 완전히 뒤덮어 버린 유리성이 전 세계의 도시에서 경쟁적으로 건축되고 있다. 유리야말로 그 소유자가 지닌 권력, 부, 성공의 상징으로서 빼놓을 수 없는 소재이자 상징인 것이다. 그러나 한편으로는 반자연성의 상징이기도 하다.

유리건축은 내부를 완전히 밀폐시켜 외부기후와 차단된다는 특징을 갖는다. 따라서 이러한 유리건물의 내부에서는 태양광선이 커다란 창을 통해 방으로 들어오게 된다. 여름의 뜨거운 햇살을 정면으로 받고 더위로 지쳐버린 몸을 강력한 공조설비에 의한 냉방시설로 식혀주고 있다. 공조에 의해 적절한 온도조절이 이루어지기만 한다면 여름에도 코트를 벗을 수 없을 것이다. 겨울철에는 이와 반대 현상이 나타난다. 맑은 날 따뜻한 햇살이 유리를 통해 내부기온을 상승시켜준다 하더라도 밤이 되면 온기가 금방 사라지게 되고 냉기를 느끼게 된다.

이와 같이 유리 건물에서는 쾌적한 온도조절을 위해 얼마 만큼의 에너지가 낭비되고 있는 것일까? 현대의 공업제품의 부품으로 구성된 건축물들은 사실상 "자원과 에너지의 낭비"라는 단어를 만들어내고 있는 셈이다. 외부공기와의 통풍도 없으며 벽은 외부공기와의 순환을 차단해 버린다는 점을 고려하지 못하는 것이다.

생태계로의 접근

르 코르비제는 건축은 거주하기 위한 기계이며, 그것을 실현하는 것은 규격화된 공업제품을 만들어내는 것이라 주장하였다. 그 종말은 낭비사회의 탄생이었다.

현재 이러한 자원낭비형, 비자연, 비생태적 건축에 대응하여 생태계를 주제로 한 거주와 라이프 스타일을 추구하고자 하는 새로운 움직임이 세계의 각지에서 파도와 같이 일어나고 있다.

최근 건축과 자연을 결부시킨 책들이 잇달아 출판되고 있다. 예를 들어 'Green Architecture'와 'Aquatecture-Architecture and Water' 등 자연의 소재를 염두에 두고 새로운 건축개념을 만들고자 하는 책이 눈에 띄게 많다.

'Green Architecture'에서는 주로 수동적 태양열 시스템passive solar system을 채용한 주택 등을 중심으로 에너지 절약을 테마로 한 전 세계의 다양한 디자인 사례를 수록하고 있다. 그리고 그 연장선상에 미래의 도시로서 '그린시티Green City'를 제안하고 있다.

이 그린시티는 단순히 에너지 절약형 건축의 집적과 생태계의 회복에 머무르지 않고 '녹색도시'까지 구축하고자 하는 점이 주목할 만하다. 에너지 절약형 건축이 자연의 감성과 부합되지 않는다면 진정한 건축이 될 수 없다고 저자는 주장하고 있다.

'Aquatecture-Architecture and Water'의 목표도 동일하다. 최근 워터프론트 개발이라는 단어도 자주 등장하고 있다. 지금까지의 개발에서는, 특히 임해지대에서는 매립이 빈번하게 이루어진 바 있다. 그러나 매립에 의한 거의 대부분의 개발은, 해안선 부근(수제부)의 생태계를 파괴한다는, 이를테면 수제부를 내륙부 즉 육지를 대신하는 부분으로 밖에 생각하지 않았던 것이다. 그러나 워터프론트란 그곳에 수제부 혹은 바다로부터의 시점이 포함된, 자연이 창조해 온 '가장자리際'가 갖는 의미를 건축이나 도시를 통하여 부각시키고 있는 곳이다.

필자도 「수변계획과 설계」란 책을 출판(1986년)하였는데, 주로 토목공학과 조경학이라는 엔지니어링 분야에서 수제부에 관한 논의가 활발하게 이루어지고 있다는 배경에서 저술하게 되었다.

이미 서술한 바와 같이 건축은 단순히 공업화에 의한 규격품, 대량생산, 화학제품, 유리 등에 의해 만들어져 왔던 근대주의, 즉 모더니즘의 구조적인 결함을 극복하고 새롭게 자연과 공생하고 지구와의 공존까지 시야에 넣고자 하는 단계까지 점진적으로 진행되고 있다.

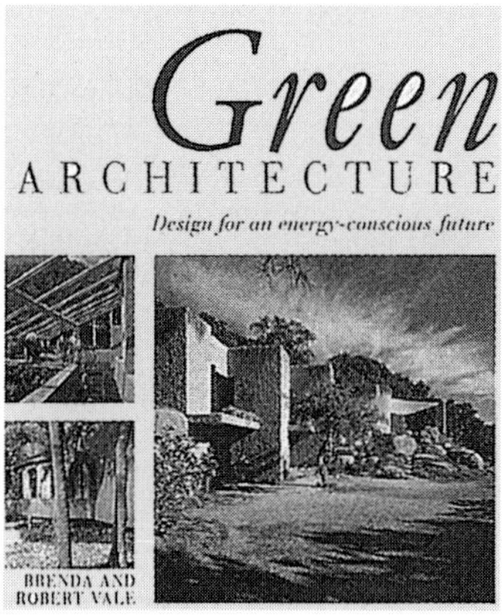

◀ Green Architecture 표지

건축은 시장경제 원리로 움직이는 것이 일반적이고 '비용과 기능을 만족시킬 수 있는가'로 늘 엄격하게 평가되는 경향이 있지만, 이러한 와중에서도 환경과 자연을 중시하고, 자연이 가지고 있는 부가가치를 건축 기능의 일부에 도입하고자 하는 움직임도 활발해지고 있다.

근대 공업기술의 성과로서 치부되고, 권력과 부의 상징으로 이해되어 온 유리상자 스타일의 건축이 기계와 배관설비라는 관점에서 막대한 유지관리 비용이 소요되고 비인간적인이라는 점이 이제야 비로소 이해되기 시작하였다.

독일에서의 건축생물학의 전개

독일에서는 현재 '건강과 건축'이라는 새로운 사조가 뿌리를 내리고 있다. 고도의 공업사회가 만들어 내는 규격화된 부품으로 조합된 '건강하지 않은' 건축환경에 대하여 회의적이고 비판적인 젊은 건축가들이 '건축생물학 연맹'을 결성하여 1980년대 초부터 건축에 대한 새로운 운동을 전개하였다.

즉 인간은 아무리 문명화하여도 자연 생태계에 존재하는 다른 생물과 다를 바 없는 숙명을 피할 수 없기 때문에, 그러한 인간이 '건강하게 존재한다' 는 생태적 의의에서 '건강한 건축환경' 을 생각하여야 함을 지향하고 있다.

이미 서독에서는 1970년대 후반에 '녹색당' 이 등장하여 핵에너지와 환경문제에 대해 글로벌 스케일로 문제를 제기해 왔다. 동서 냉전시대의 틈바구니에 놓여 있던 서독에서 이러한 운동이 전개된 것은 경제개발이 늦어지고 있던 동유럽의 공해문제와 구소련의 체르노빌 원자력발전소 폭발 등 심각한 환경문제와 대치하고 있었기 때문이다. 이러한 정치적 상황에 당면하여 건축분야에서도 자발적으로 새로운 운동이 전개되었던 것이다.

그러나 이러한 환경문제와는 별도로 독일에서는 모더니즘 건축에 대한 새로운 움직임이 있었다. 바우하우스가 바로 그것이다.

서독의 근대화는 전쟁 이후의 부흥 바로 그것이었고, 그것은 '히틀러에 의한 나치즘의 극복' 이었다. 건축이 지닌 상징성과 영속성을 신봉한 히틀러의 전근대성을 극복하는 과정에서 건축분야에서는 공업화가 강력하게 추진되었다. 독일의 공업규격이라는 생산 · 유통 논리가 소비자의 생활 구석구석까지 파고들게 됨으로서 공업화 사회가 구축되었던 것이다.

이러한 독일에서 1978년부터 1981년까지 3년간 독일인 동료와 함께 건축설계동인으로 활약했던 사람이, 「건축환경론鹿島出版会」의 저자인 이와무라岩村和夫이다. 그의 동료 중 바우 비올로기Bau Biologie 운동에 매우 적극적인 건축가가 있었고, 그도 이 운동에 참가하게 된다. 그는 캇셀Kassel시에서 생태단지의 설계에 참여하게 되면서 결국 자신의 거처까지도 생태개념을 도입시켜 건축할 정도로 이 운동에 몰두하였다. 그리고 이와무라는 현재 독일에서의 경험을 활용하여 일본에서 '환경공생주택' 에 관한 연구를 동료들과 함께 수행하고 있다.

바우 비올로기를 '건축생물학' 으로 이와무라는 번역하고 있다. 1960년대 초반에 시작하여 후반에는 '생태건축', '공생건축' 등으로 불리면서 서독과 오스트리아 등 독일어권에서 견실한 운동으로 정착하게 된다. 이 운동은 미국 서해안에서 비슷한 시기에 일어났던 생태운동과 상호관련성을 맺고 있으며, 서로 자극을 주고받으며 성장해 왔다고 전해지고 있다. 이러한 바우 비올로기의 중심인물로는 건축가인 R · 디트리히가 있다.

R · 디트리히의 이념

디트리히는 생물학적 주住환경의 이상적인 모델은 중세 농가와 일본 목조건축에 있다고 지적하고 있다. 인간이 자연과 공생하며 살아온 주거에 대한 이러한 모델을 그는 현대의 고도로 발달한 공업사회에 적용하였다. 이 적용과정에서 인간과 환경간의 사이버네틱cybernetic한 관계제어 기술의 개발과, 그 이론적인 근거가 되는 인간을 위한 환경조성 목적의 사회공학적 생물학을 제창하고 실천하였다. 그의 논문 가운데 제안된 다음의 4가지 항목은 그 골격이 되는 주요 이념이다.

① 생물의 관점에서 멀어지고 있는 건축-도시공학의 이념을 수정하고 과학적인 방법에 의해 인간과 환경에 대한 종합적인 연구를 추진할 것
② 건축구법建築構法을 비생물적인 방향으로 유도하는 구조가 되어버린 건축 관련법규를 근본적으로 수정하여 생물학 관점에서 종합적인 효과를 염두에 둔 법체계의 정비와 그 운용을 강구할 것
③ 건축설비, 특히 열환경 제어체계에 관해서는 사람들의 몸에 안전하고 건강한 것, 그리고 경제적인 시스템을 고려할 것
④ 결론적으로는 생물학적으로 유익한 건축이 다른 어떠한 경우보다 가장 경제적인 것이라고 이해되어질 것 : 생태Ecology = 경제Economy

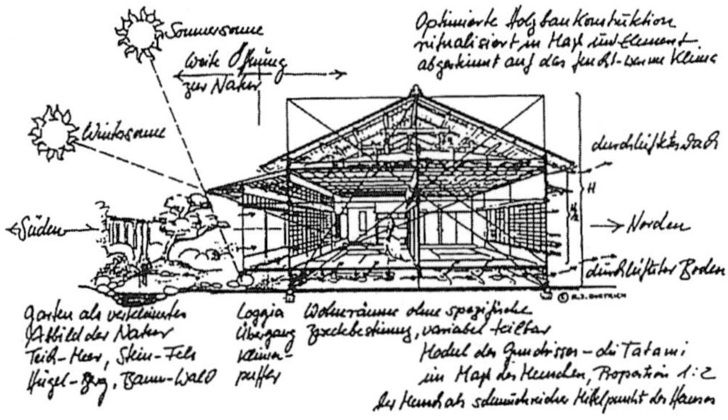

일본 전통주택의 주 환경시스템(R. 디트리히 출전 7)

이러한 시점에서 보면 '건강' 이라는 테마를 중심으로 건축구성, 계획, 구조법, 재료, 색채 등 건축을 실현하기 위한 활동과 서로 다른 관련분야가 어떻게 관계하고 있는지에 대한 골격을 작성한 것이 그림에 제시한 '바우 비올로기 아카데미' 의 네트워크 모델이다. 이 도식을 보면 그가 지향하고자 했던 바우 비올로기라는 개념의 규모를 알 수 있다. 그러나 이러한 운동에 대하여도 비판이 있었고, 이와무라도 그 부분에 대해 몇 가지 비판을 소개하고 있다.

비판의 골자는

① 시대의 유행에 불과한 것이 아닌지?

② 인간의 불안함을 구실로 한 새로운 상술이지 않을까? 이것을 인간이 정말로 필요로 하는 것일까?

③ '자연으로 돌아가라' 라는 루소풍과 같은 것이 아닌가? 등 이다.

그러나 이러한 운동 내부에서의 의견 대립을 초월하여 독일에서는 '건축생물학연맹에 의한 선언' 을 발표하기까지 이르렀다. 선언에서는 '기능과 건축 조형', '기술과 생물학', '생리학과 심리학', '생태학과 경제학' 이라는 넓은 학제적 범위의 운동조직으로 발전시키고자 하는 의지를 감지할 수 있다. 그 내용을 아래에 소개한다.

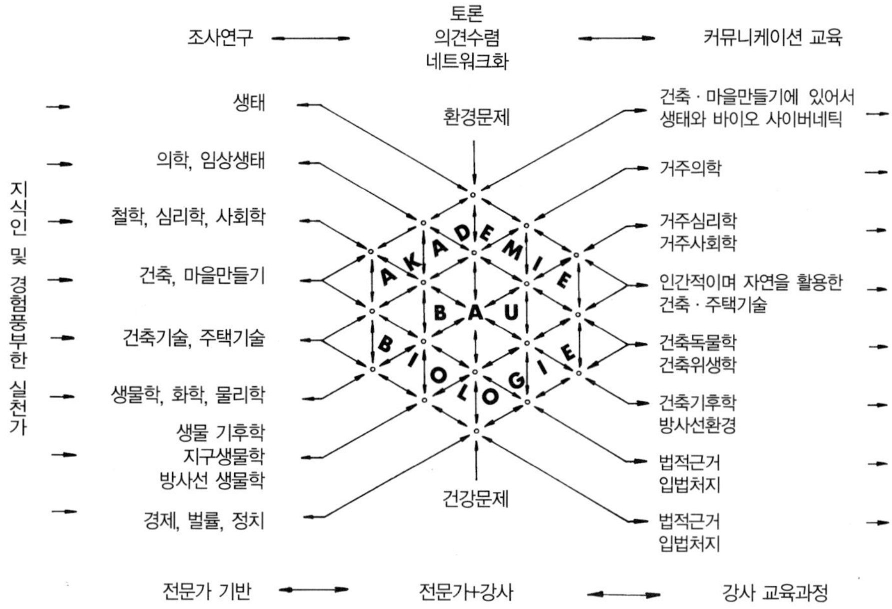

◀ **바우 비올로기 아카데미의 네트워크 모델**(출전 8)

① 획일적인 건축조형의 비인간성에 대하여 깊게 반성할 것 – 조형상의 문제

② 극도로 인공적인 거주생활, 생산활동, 교육활동 등의 장소를 건축생물학적인 법칙에 따라 재고할 것 – 인공적 환경의 비생물적인 문제

③ 건축재료의 조달로부터 도시계획에 이르기까지 생태학적인 배려를 통하여 재편을 강구할 것 – 건축과 관련된 계획, 생산, 유통의 생태학적인 문제

④ 건설에 있어서 관료주의bureaucracy로 인해 붕괴된 건축의 혼과 정신, 육체의 합일을 다시 한번 추구하고, 건축문제를 예술적, 생물학적으로 사회적 일관성을 갖도록 구축할 것 – 건축행위의 종합성과 예술성의 문제

⑤ 퇴보하는 자연주의적 건축론이 아닌 인간과 자연, 건축의 관련성을 혁신적인 자연관으로 유지 · 발전시킬 것 – 건축과 자연관의 문제

⑥ 진보에 대한 불안과 국가에 대한 불신으로부터 오는 단순한 반대가 아닌 극단적인 물질주의에 대항하기 위해 환경형성 측면에서의 자유를 획득할 것 – 환경형성과 물질주의의 문제

⑦ 공업화를 부정할 것이 아니라 유기체로서 존재하는 인간에 대하여 유효

한 기술의 재편성을 모색할 것 – 기술과 인간의 문제

⑧ 사회의 성장을 인정한 후 건설행위의 본질이 되어야만 할 환경보전이라는 위상을 적극적으로 제고할 것 – 건축행위와 환경보전의 문제

냉방시설이 필요 없는 건축 오키나와 나고시 청사

일본에서도 자연과 지역풍토에 어울리는 건축에 대한 관심이 대두되고 있었다. 상象 설계집단TEAM ZOO에 의해 설계된 오키나와沖縄 나고시名護市 청사가 오키나와 블록을 이용하여 냉방시설이 필요 없는 건축으로 완성된 것은 1980년대의 선구적이고 의욕적인 실험이었다. 일본에서 가장 더운 지역인 오키나와에서 이와 같이 냉방시설이 필요 없는 건축을 실천한 것은 매우 새로운 시도였기에 전국에서 주목을 받았다. 이러한 개념은 이후 형성되는 포스트모더니즘과는 전혀 다른 새로운 건축의 가치로, 하나의 방향을 제시한 것이라 할 수 있다.

나고시 청사(상 설계집단 설계) ▶

그 중 가장 중요한 요소는 오키나와의 기후와 풍토를 건축에 도입했다는 점을 들 수 있다. 그것은 단순히 이유와 이론으로 이해할 수 있는 것이 아니라 몸으로 느낀다는 의미를 지니고 있다. 아열대 특유의 기온, 습도, 풍속과 풍향, 햇빛의 강도, 햇살과 그늘의 모습 등에 대하여 데이터뿐만 아니라, 실

제로 느껴지는 감각을 활용했다는 점이다. 이러한 건축가들의 강한 신념을 바탕으로 오키나와 사람들의 주거와 생활방식 속에서 쾌적한 환경을 만들어내기 위한 연구와 지혜들을 모색하는 작업이 진행되었다. 오키나와에서 냉방시설은 필요치 않다고 하는 실천 원칙은, '그늘을 만든다', '바람을 통하게 한다', '열을 차단한다' 고 하는 세 가지이다.

이러한 시도에서는 건축물의 외관이나 소재에서 느낄 수 있는 디자인의 풍토성이 주목을 받았으나, 그보다는 '도시의 비생태적인 모습에 대하여 반기를 든다는 의욕이 넘쳐있었다' 는 지적처럼, 냉방시설을 필요로 하지 않는 건축에 도전했다는 점에서 큰 의미가 있다고 할 수 있다.

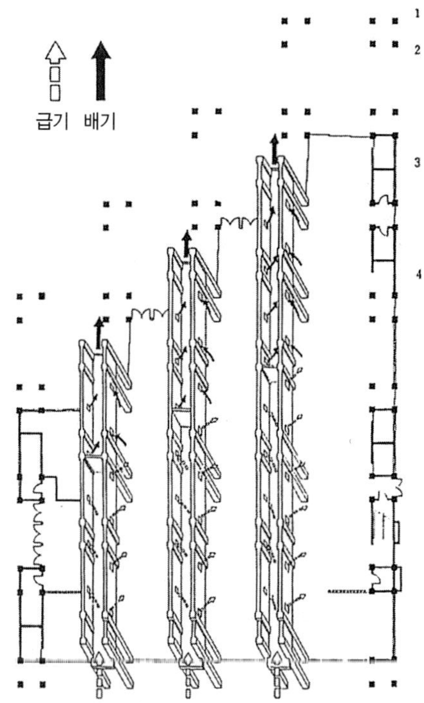

1층 평면도

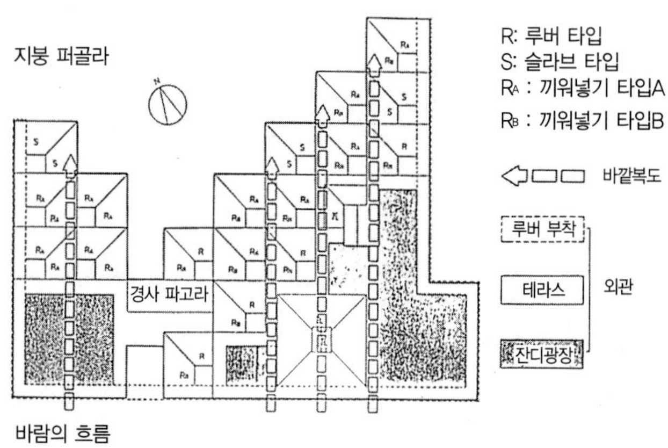

▲ **나고시 청사의 컨셉**(출전 9)

〈바람이 통하는 길〉이라고 불리는 통풍 시스템은 푸르고 광대한 해면을 배경으로 청사가 입지하고 있다는 점을 활용하여 바다로부터 불어오는 바람을 청사 내부로 끌어들여 냉방시설이 필요 없도록 하였다. 바다로 향하는 외벽에 뚫린 개구부로부터 바람을 받아들이고, 터널 형태의 통풍로를 매개로 하여 각각의 집무공간으로 공급한다는 발상이었다. (중략) 이것은 니라이카나이[1], 즉 바다 건너편에 〈천국〉이 있다는 오키나와에서 전해 내려오는 신앙을 참고로 하여 그곳으로부터의 선물인 〈바람〉의 힘을 빌려 냉방시설이 필요 없도록 하는 〈꿈〉을 실현하였다.

이렇게 해서 만들어진 잔디광장, 테라스, 로비, 사무실은 자연스럽게 내부와 외부가 연속된 공간으로 형성되어 있다. 언제든지 누구나 자유롭게 출입할 수 있다. 이러한 개방적인 시스템은 냉난방을 위해 각각의 방을 작게 나누어 차단하고 격리시켜야 하는 건축물에서는 실현 불가능한 방법으로, 이러한 시스템의 구현을 위해서는 사람들의 신뢰가 있어야만 가능하다. 따라서 이것이 시의 공공시설로서 실현되었다는 것은 단순히 건축구조와 새로운 에

정면

퍼골라

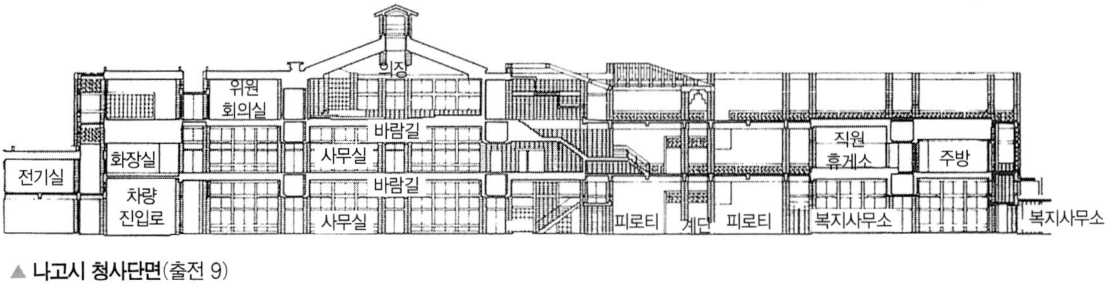

▲ **나고시 청사단면**(출전 9)

1) (역주) 오키나와나 아마미奄美 지방에서 옛부터 전해 내려오는 민간신앙으로서, 해마다 신이 찾아와 풍요를 약속해준다고 믿어지는 바다의 깊은 곳의 낙원

너지절약 시스템을 개발한 것 이상의 가치를 지니고 있는 것이다. 이것이야말로 바다로부터 불어오는 '바람' 과 같이, 마을사람들의 신뢰와 연대가 이 건축물 속에 녹아 들어가 있다고 해도 좋을 것이다.

이시이石井修씨의 녹綠의 주택

'현대의 수혈竪穴 주택[2]을 지향하고 있다' 고 말하는 건축가 이시이石井修의 주택을 중심으로 하는 건축은 환경건축이라고 하는 장르 속에서도 이채로움을 보여 주고 있다. 그가 직접 설계한 주택을 방문하여 그 내부공간에서 잠시 동안 머물렀더니 죠몬繩文시대[3]의 숲 속에 살고 있다는 그의 의도가 이해되었다. 방 안에 있는 커다란 활엽수의 기둥이 있으며, 창문으로는 숲의 기운이 쏟아져 들어오고 있었다. 전면도로에서 현관으로 접근하는 통로도 한 사람이 겨우 통행할 정도로 좁으며, 게다가 길 양쪽에 심겨진 식물들은 터널형태를 이루고 있다. 물론 전면도로에서 보았을 때의 주택은 일부밖에 시야에 들어오지 않았다. 왜냐하면 지붕과 벽면은 녹음으로 가려져 구조물의 대부분은 숲의 일부가 되어 있었기 때문이다. 그야말로 동굴 생활을 위한 스타일의 주택은 과거로 되돌아 간 것과 같은 착각에 빠지게 한다. 분명한 것은 이시이씨가 의도하고 있는 것은 일본 주거양식의 근원이라고도 일컬어지는 수혈식 주거였다. 건물의 외관은 눈에 띠지 않게, 그리고 구조물은 토양과 식물로 묻혀지는 형식이다. 건축에 있어서 중요한 것은 내부공간이라는 신념을 이시이씨는 주택설계에 집요하게 지켜왔다.

수혈식 주거는 죠몬 시대를 기원으로 하는 일본인들의 주거공간이었다. 지면을 둥그렇게 파내고 그 위에 원추형태의 지붕으로 완전히 덮는다. 외부로 통하는 개구부가 좁기 때문에 집 중심부에 있는 화로에서 장작을 태우면 그 열은 흙바닥에 비축된다. 풀로 엮어 만든 카펫이 깔린 방바닥은 따뜻하여 동일본지역의 추운 겨울을 지내기에는 매우 적합한 형태로 에너지 효율이 좋은 주택이었다. 이들 주택은 동 일본지역 특유의 30m나 되는 너도밤나무 등

2) (역주) 땅을 얕게 파내고 그 위에 기둥을 세운 후 풀 지붕을 덮은 주거방식
3) (역주) B.C. 3세기 이전까지의 선사시대로서, 밧줄모양繩文의 토기가 사용된 시기

의 나무 그늘 주변에 지어졌기 때문에 여름의 뜨거운 햇볕을 차단시킬 수 있었고 그래서 썰렁한 냉기마저 감돌았음에 틀림없다. 너도밤나무, 졸참나무, 칠엽수, 밤나무, 단풍나무 등 낙엽활엽수로 구성되는 죠몬 시대의 숲은 여름의 뜨거운 햇살을 부드러운 잎으로 차단하고, 겨울에는 낙엽이 떨어진 가지를 통하여 대지에 내리쬐는 햇살을 마음껏 즐길 수 있었을 것이다.

인간은 자연과 함께 살고, 자연 속에서 생활한다. 태양, 식물과 동물 등의 생명, 사람들은 사시사철 자연이 연출하는 드라마 속에서 살아 왔다. 이시이는 이러한 죠몬시대의 사람들이 경험하였던 풍부한 자연의 드라마를 현대주택에서 구현해 보고자 시도하고 있다. 가까운 곳에 숲이 없는 경우에는 주택 지붕을 잔디정원 또는 숲으로 꾸몄다. 즉 주택 그 자체를 녹화시키는 방법을 통해 '녹색의 집' 으로 바꾼 것이다.

이러한 수법의 사용을 개인주택에 한정시키지 않고 집합주택 혹은 사무실 등에서도 적용하였다. 필자는 이 책에 소개되고 이시이씨가 설계한 샤플르 Charle 본사 건물(고베시 포트아일랜드)의 녹화계획에 대하여 상담을 받았다. 본사 빌딩에 병설되는 거대한 콘크리트 창고의 벽을 녹화하고 싶다는 것이었다. 콘크리트 벽면에서 수십 센티미터 띄워 금속패널을 벽면 전체에 붙이고 그곳에 덩굴식물(만경류)을 심어 창고 전면에 식물이 무성하게 덮이도록 하는 것이었다. 그 첫 번째 목적은 태양광을 이 만경류를 통해 차단시킴으로서 콘크리트 벽면의 온도상승을 억제하고 내부의 냉방부하를 경감시키는데 있었다. 녹화의 부차적인 효과는 도시경관에 대한 녹음의 기여이다.

◀ **거실(이시이 설계)**(출전 10)

◀ **하늘과 땅의 집(이시이 설계)**(출전 10)

◀ **하늘과 땅의 집 단면도**
(출전 10)

▲ 샤를르 본사빌딩(이시이 설계)(출전 10)

▲ 전면에 담쟁이덩쿨이 번성하고 있다(출전 10)

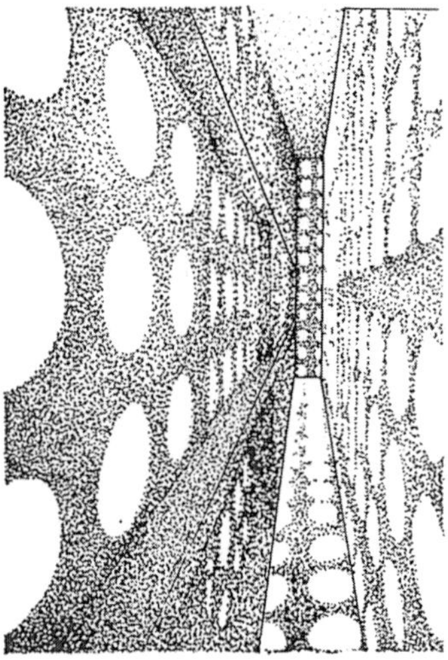

▲ 벽면의 구조

환경공생형 주택

이와 같이 환경을 배려한 건축이 실제로 건설됨에 따라 그 성과를 국가시책으로 하여 전국적으로 추진하자는 움직임이 일어나게 되었다. 건설성은 주택의 에너지 대책을 중심으로 한 기술들을 정리하여 환경공생형 주택을 제안하였다. 이 환경공생형 주택에서는 우수 및 태양에너지 등을 활용한 자원절약형, 에너지절약형 주택개발을 적극적으로 추진하고 있다. 환경공생형 주택의 개발에 있어서는 다음의 세 가지 기본개념을 제시하고 있다.

① 지구환경의 보전: 주택관련 최첨단 기술 · 적정 기술을 구사하여 주거환경의 자원절약 · 에너지절약을 철저하게 추구함으로서 지구환경에 대한 부하를 가능한 한 저감시키고 환경보전에 기여할 것.

② 주변환경과의 친화성: 그 지역특성 · 풍토 등의 자연환경에 적합한 주택건설을 연구하는 한편, 거주환경과 그 유지 · 관리활동에 대하여 개별거주자들의 참여를 촉진하고, 디자인 및 경관에도 배려하고 〈환경–주택–인간〉과의 조화를 도모할 것.

③ 거주환경의 건강 · 쾌적성: 실내외의 온열 · 공기 · 빛 · 음환경 이외에, 색채 및 재질감을 포함한 시각 · 청각 · 촉각 · 후각 등에 대한 쾌적성, 즉 생리적으로도 정신적으로도 건강한 생활을 영위할 수 있는 거주환경을 조성하도록 지향할 것.

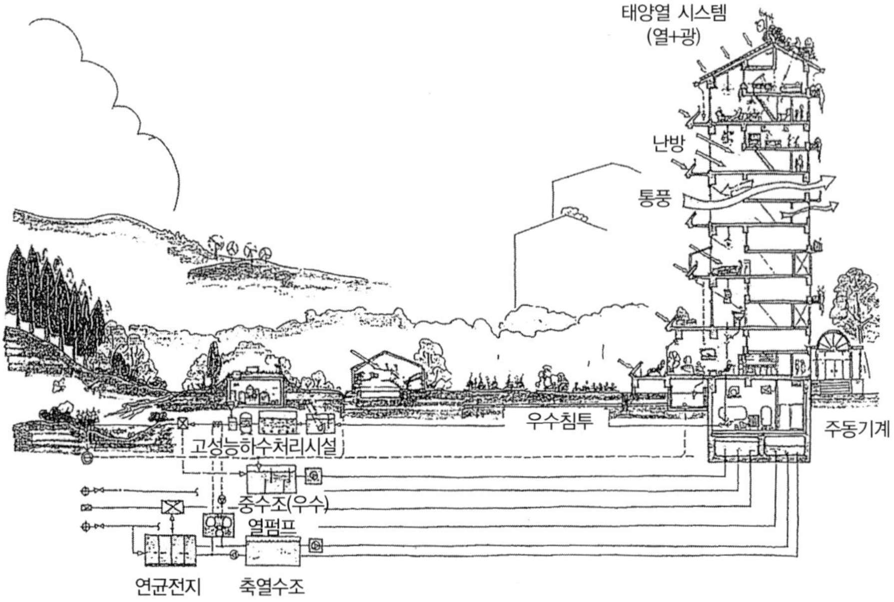

▲ **환경공생형 주택의 타입별 모델 1 · 고단열 · 초내구성 주택**(출전 11)

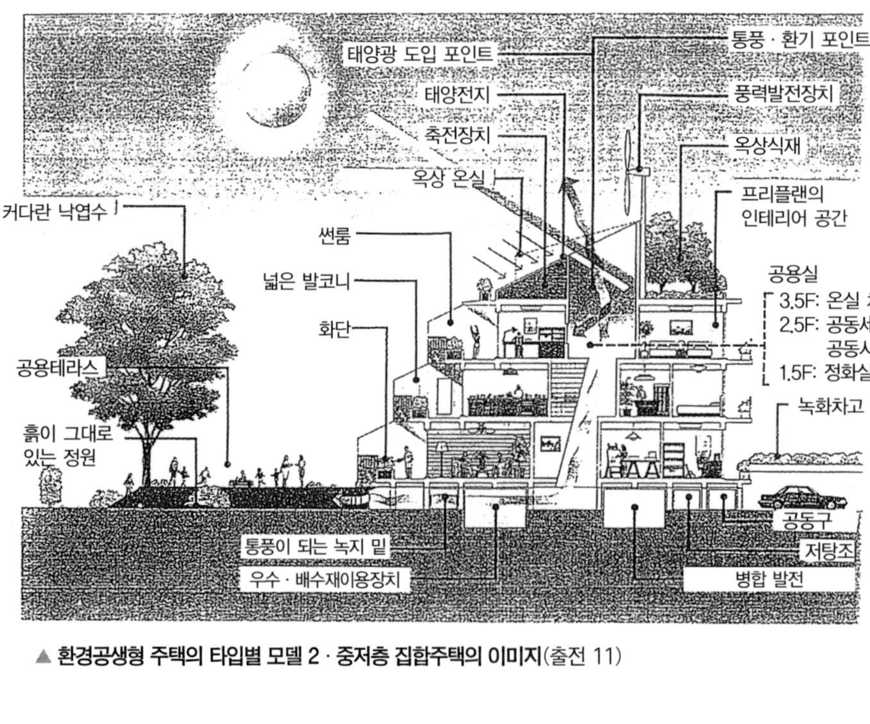

▲ **환경공생형 주택의 타입별 모델 2 · 중저층 집합주택의 이미지**(출전 11)

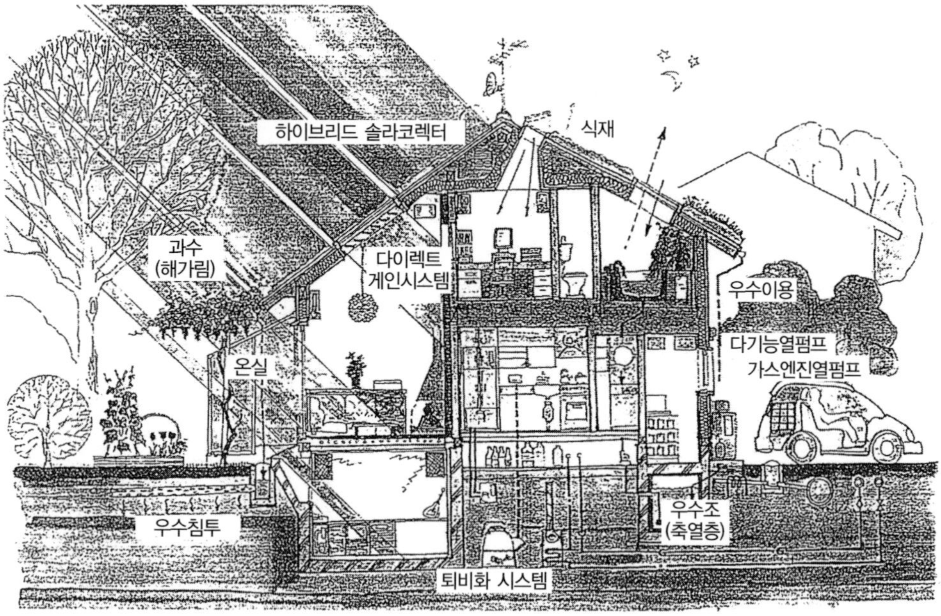

▲ **환경공생형 주택의 타입별 모델 3 · 중고층 집합주택의 이미지**(출전 11)

이상의 세 가지 기본 테마를 환경공생형 주택을 안성시키는 환경축이라고 한다면, 이러한 환경과의 조화를 달성하기 위한 수법을 기술축으로 하여 다음 세 가지 접근방법을 설정할 수 있다.

① 자원 · 에너지
- 에너지 절약
- 자연에너지 및 미사용 에너지의 활용
- 폐기물의 재사용

② 주택 건설방법
- 고 기밀성과 고 단열성을 갖으며, 더불어 개방 가능한 주택구축 및 공법개발
- 내구성이 우수한 주택구성 및 공법개발
- 태양열 등 자연에너지를 활용할 수 있는 주택구성 및 공법개발

– 주변 외부환경의 계획수법(미기후microclimate, 생태 · 경관과의 조화)

③ 라이프 스타일: 거주자별 생활방식과 규칙 만들기

– 주택 내부의 환경관리

– 외부환경의 관리 및 정비

– 지역환경의 형성

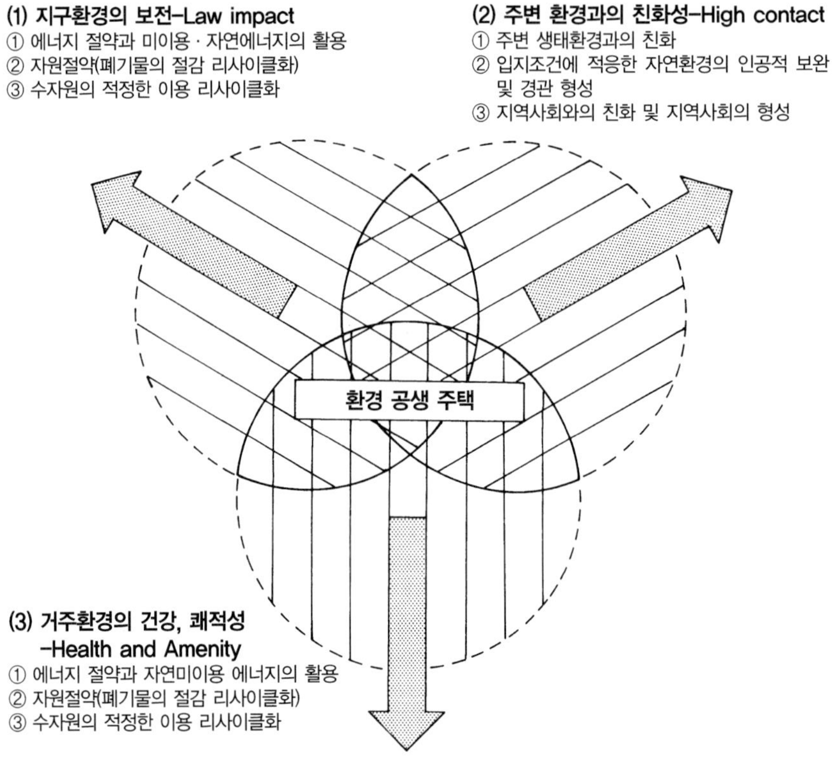

▲ **환경공생주택의 세 가지 기본테마**(출전 11)

환경공생형 주택을 둘러싸고 있는 환경축과 수법 · 기술축이 교차하는 곳에서 실제적 구현을 위한 다양한 과제가 구조적으로 명백하게 드러난다. 그러한 과정에서 보다 선명하게 부각되고 있는 것이 실현을 위한 개발에서 보급까지 각 분야에서의 역할분담과 네트워크의 구축이다. 이를 위해서는 국가, 지방자치단체, 정부출연 금융기관 등의 행정 분야, 제조업체와 건설업체

등의 기업분야, 공단, 개발업자, 컨설팅회사, 설계사무소, 건축가 등의 계획분야, 그리고 마지막으로 실제 거주자 등의 주체들이 각자의 위치에서 의욕적으로 환경공생형 주택건설을 위한 노력들과, 그것들을 네트워크화 시켜주는 작업이 필요하다.

생태도시로의 접근

그러나 가장 중요한 것은 모리오카 도오루가 문제제기하고 있는 바와 같이, 환경을 중시하는 주택건설을 위해서는 절도節度, 구조, 기술이 삼위일체가 되지 않으면 안된다. 모리오카씨는 환경시스템연구에서 환경과 공생하기 위한 세 가지 요소를 다음과 같이 서술하고 있다.

① 절도: 사회경제활동의 양적인 제어를 강요하는 〈금욕형〉에서, 성장의 질을 추구하며 자발적으로 과잉소비를 억제하는 〈절약형〉으로 진행.
② 구조: 일방적으로 강요하는 〈절약형〉에서, 합의형성에 의한 사회시스템의 환경보전 〈계약형〉으로(현장형, 조직만들기형, 행동계획형, 과세·조성형, 규칙만들기형, 상품심사형 등).
③ 기술: 기술지상주의에 의한 〈환경제약 돌파형〉에서, 거주자의 라이프스타일을 매개로 한 환경보전형 기술의 개발과 지속가능한 형태로.

이 세 가지 요소들은 건축이 생태적인 시스템 속에 자리하면서 사회와 사람들의 생활 속에 침투하기 위해 넘지 않으면 안될 허들과도 같은 것이다. 여하튼 마을만들기 및 지역의 거주환경을 정비함에 있어서 기본이 되는 것은 주택이다. 그래서 주택을 출발점으로 하여 환경공생의 사상과 기술을 보급하는 것이 더욱 효과적일 수 있다. 개인주택에서 지구단위에 이르기까지 일체적으로 정비되어야 할 사항은 에너지 절약시스템에 있어서 태양에너지를 이용한 열공급 시스템과 우수의 순환이용을 촉진하는 시스템 등의 구축이다. 우수의 효과적 이용을 추진하기 위해서는 투수성 포장, 우수저류조 등의 설치, 그 외에 쓰레기와 폐기물 발생을 억제하기 위한 음식쓰레기 비료화 장치 등도 중요한 역할을 담당할 것이다.

또한 조경분야에서는 녹음의 냉방효과에 착안하여 주택 주변에 낙엽수를 식재하거나 옥상녹화를 실시하여 햇빛을 차단함으로서 냉방기구 등의 사용을 억제하도록 하는 것이 향후의 연구과제가 될 것이다.

건설성에서는 이러한 움직임을 한층 확대하고, 인간과 환경에 친화적인 도시만들기를 위해 '생태도시Eco-City; 환경공생도시'의 정비를 위한 기본방침을 수립하고 있다.

생태도시는 자연과의 공생을 도모하고 환경에 대한 부하를 경감시키는 여유로운 도시공간의 정비를 목적으로 한 것이다. 그 정비를 위해서 기초자치단체는 도시환경계획을 수립하고, 그 계획에 근거한 수환경의 보전, 창조, 도시의 녹화, 에너지 절약, 리사이클 도시시스템, 교통체계 등의 분야에서 환경개선에 유익한 에코 업Eco Up 사업이라고 하는 중점 시책을 전개하고 있다.

건설성은 단지 규모의 단위에서 물과 폐기물, 에너지의 순환을 촉진하기 위한 종합시스템 관리를 위해 환경관리센터 등 환경공생 도시시설에 대한 저리의 자본융자도 검토하고 있다.

이 밖에도 도시계획제도 등을 활용하고, 적절한 도시기반시설의 정비를 추진하는 직주職住가 추진해왔던 다핵형 도시구조를 형성하는 등 에너지 효율이 높은 도시구조 만들기를 지향하고 있다.

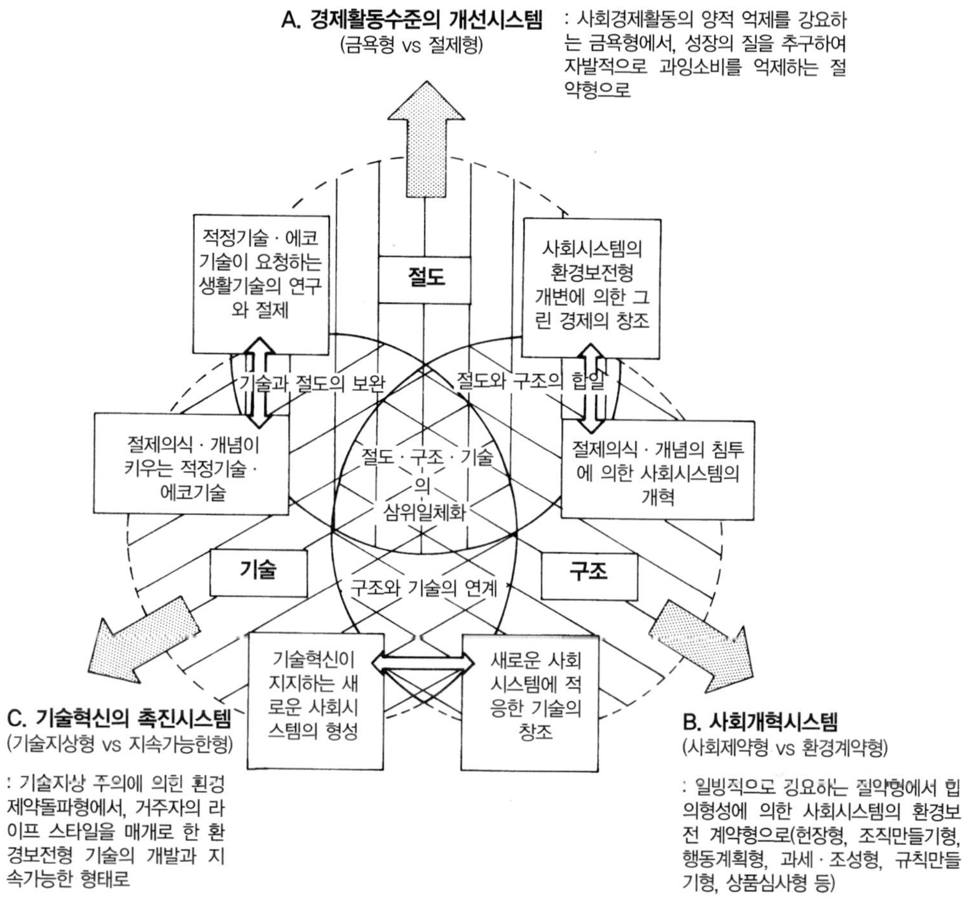

▲ **환경공생주택을 지탱하는 세 가지 라이프 스타일 변혁(모리오카)**(출전 11)

02 태양열 주택솔라 하우스

빌리지 홈즈의 거주

미국의 태양열 주택의 역사

미국에서는 이미 1930년대에 태양열 주택Solar house에 대한 실험이 시작되었다. 미국 난방 · 환기 공업회 등도 설립되어 오피스 빌딩의 에너지 절약화는 충분히 보급되고 있었다. 아리조나 주립대학의 제프리 쿡Jeffrey Cook 교수는 한랭한 기후에서 그 시대의 의욕적인 건축에 대하여 다음과 같이 소개하고 있다.

'시카고의 켁 형제가 '태양열 주택'의 발명자로 알려져 있다. 그것은 겨울의 태양을 향하여 기밀성이 높은 이중유리 창문을 설치한다고 하는 당시로서는 새로운 건축기술을 구사했던 단독주택의 설계시스템이다. 7년간에 걸치는 실험을 거쳐 1940년에 지어진 혁신적인 주택은 '비지니스 위크' 지에 "가정연료에 대한 새로운 위협"이라고 보도될 정도로 호평을 받았다.' 그리고 이 켁 형제의 방법은 이미 1882년에 메사추세츠에서 개발된 "석탄으로부터 해방되는 방법을 발견했다"고 절찬받은 일과 유사한 사건이었다고 쿡 교수는 지적하고 있다.

한랭지에서 사막, 아열대 등 다양한 기후대가 분포되어 있으며 여러 나라로부터 이주해 온 이민들로 구성된 미국은 일찍부터 이러한 자연에너지를 이용한 주거에 관심을 기울였던 선진국이다.

여기에 소개하는 캘리포니아주의 주도州都 새크라멘토시의 교외지역 데이비스에 있는 '빌리지 홈즈Village Homes' 라고 불리는 소위 뉴-타운은 이러한 장기간에 걸친 자연에너지 개발의 역사 속에서 일궈낸 성과의 일부이다. 1992년 5월 저자는 시찰단과 함께 작지만 꽃으로 장식되어 있는 매력적인 이 마을을 방문하였다. 그리고 그 마을의 개발자이자 계획가이며 주택 설계자인 콜벳씨를 만나 직접 안내를 받을 수 있는 기회를 얻었다. 마을의 설계는 1970년에 시작되었다. 계획면적은 전체가 28ha이고, 분할 · 분양방식의 소규모 뉴-타운이다. 1978년까지 60호의 주택과 아파트가 완성되었다. 그 대부분은 솔라 시스템을 갖추었으며, 에너지와 천연자원을 유지하기 위해 설계된 독특한 마을이었다. 장차 200호 정도의 커뮤니티를 상정하고 있다고 한다. 이 마을에 대해서는 제 4장에서 다시 소개하기로 하고 여기에서는 주로 주택에 초점을 맞추어 설명한다.

◀ 거의 수목 속에 녹아들어가 있는 태양열 주택

도울렛세 부부와 콜벳

콜벳은 얼마 전까지 데이비스시의 시장이었다. 왜 시장을 그만두고 이 사업에 몰두하게 되었느냐는 질문에 대하여, 그는 웃으면서 '시장을 역임할 때에 품고 있던 이상적인 생각을 시장이 되어도 실천할 수 없었기 때문에, 스스로 실천하기에 이르렀다' 고 대답했다. 그러나 그가 시장을 그만두면서까지 이 소규모의 뉴-타운을 실제로 개발한 사람, 즉 '행정가' 가 아닌 '개발자' 로서 마을만들기를 실행했다는 점에서 그의 흔들림 없는 신념과 정열을 감지할 수 있었다. 바로 이 뉴-타운이 그가 품고 있었던 이상적인 마을을 구체화시킨 것이며, 미국 사회가 지금도 고집하고 있는 풍요로운 시대의 자원낭비형 도시에 대한 강렬한 안티 테제反命題이기도 하다.

▲ 지붕을 지표면의 연장으로서 정원화 한 태양열 주택

▲ 천창을 가지고 있는 태양열 주택

그는 우리들에게 마을의 형성과정을 해설한 '빌리지 홈즈의 솔라하우스 디자인' 이라는 책을 선물해 주었다. 그 책의 서문에는 저자들이 모델로 한 선배들에 대한 감사의 글이 적혀 있었다. 그 선배란, 그가 이 사업을 시작하기 30년 전에 이미 뉴-멕시코주 북부지역의 작은 마을에서 지역특성에 근거한 자급자족의 개념을 개발하고 발전시키는 과정을 통해 공동체와 환경을 배려한 생활을 실천해 왔던 피터 플로랜스 도울렛세 부부를 말한다. 감사의 글에서 '지금이야말로 이 부부가 이룩한 업적을 계승하여 오로지 현재의 욕망만을 위해서가 아니라 우리들의 어린이들, 그리고 그 어린이들의 어린이들을 위해 실제 사회 속에서 실현해야만 할 때가 왔다. 그러나 우리는 단순히 미래를 예견하는 것에 만족하지 말고, 현재 세계 각지에서 일어나고 있는 비극, 예를 들면 이탈리아의 세베소, 일본의 미나마타, 맨하탄의 석유탱크 유출사고, 미시건의 식물 PCB 오염, 비키니환초의 방사능 오염 등을 방지할 수 있는 넓은 사회적인 시야를 지녀야 한다' 고 쓰여 있다. 그들이 지향하는 마을과 주거의 이념은 널리 퍼져있던 사회운동에 의해 지지받고 있었던 것이다. 우리들은 콜벳의 집에 초대받을 수 있었다. 그가 직접 설계한 주택을 소개하기로 한다.

▲ 천창의 구성을 설명하는 콜벳

▲ 창을 닫은 상태

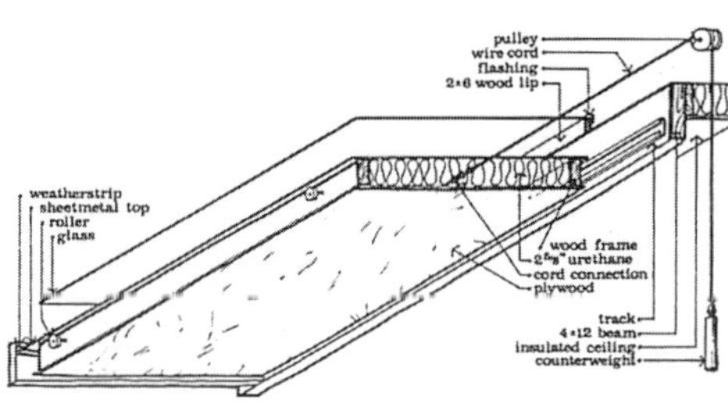

▲ 천창의 구조

수벽(Water Wall)과 천창의 관계

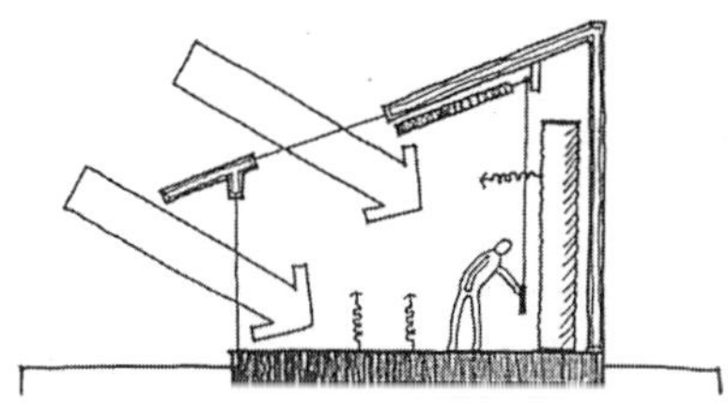

▲ 겨울철 낮과 여름철 저녁은 열어둠

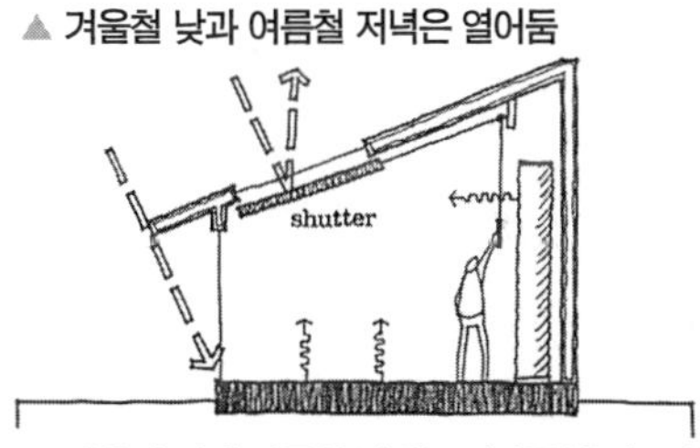

▲ 겨울철 밤과 여름철 낮에는 닫아둠(출전 12)

콜벳 주택의 솔라 시스템

그는 두 자녀와 함께 195㎡(약 60평)의 집에 살고 있었다. 3개의 침실, 2개의 욕실, 작은 집무실, 다락방 그리고 설계작업을 위한 작은 방으로 구성되어 있고, 각각의 방들은 아늑한 공간이 확보될 수 있도록 설계되어 있다. 넓은 거실은 가족들의 단란한 모임을 위해 쓰여진다. 우리들은 남쪽으로 넓게 열려진 유리창이 있는 거실로 안내를 받았다. 정원에 면하고 있어 태양이 한가득 방으로 들어오고 있고, 5월임에도 불구하고 땀이 흐를 정도였다. 그러나 거실의 천장이자 지붕은 개폐할 수 있도록 되어 있으며, 2층 복도가 이 개폐공간에 넓게 면하고 있기 때문인지 실내공기가 대류하는 것 같아 즉시 기분이 상쾌해졌다.

이 집의 솔라 시스템 중 가장 중요한 부분인 거실의 천장은 햇빛을 실내로 끌어들이는 천창天窓으로 재질은 유리이다. 우리들이 방문했을 때는 조금 온도가 높았기 때문에 이 유리로 된 창은 그 바로 아래에 있는 차폐용 판으로 빛을 차단하고 있었다. 실내의 온도가 점차 낮아지게 된 것은 이 온도조절에 의한 것이었다.

겨울에는 이 유리로 된 천창으로부터 태양광이 거실로 눈이 부실 정도로 실내로 들어온다. 그 빛은 거실의 북쪽 벽에 설치되어 있는 '수벽water wall' 이라고 일컬어지는 드럼통 형태의 좁고 긴 물이 들어있는 용기에 비춰지게 되며, 이것이 따뜻해지면 밤에도 실내를 따뜻하게 유지할 수 있게 된다. 이것이 그가 직접 개발한 솔라 스카이라이트 방식이다.

콜벳의 저택 ▶
우측 뒷면이 수벽

① 겨울 밤과 여름 낮에는 단열패널로 빛을 차단한다.

② 6개의 물기둥water column은 1층과 2층의 벽에 세워지며 1,000갤론(3,780리터)의 물을 저장하여 축열기능을 담당하게 된다. 두 개의 장작난로가 부족한 열을 보충하게 되며, 거실에 설치된 난로는 금속배관을 이용하여 열이 집의 북쪽으로 전달되도록 한다.

③ 온수기water heating는 120갤론의 탱크에 저장되어 있다. 비가 오거나 안개 낀 날에는 그 중 20갤론을 전력으로 열을 가할 수 있다.

④ 또한 난로에서 연료를 태울 때는 스토브에 장치된 코일에 의해 물에 열이 전달되어 뜨거워지게 된다.

⑤ 여름에는 남쪽으로 뻗어난 포도나무 그늘시렁, 안전한 환기장치, 적절한 색채로 조절된 회벽마감, 콘크리트 타일지붕이 집 내부에 시원함을 더해 준다. 겨울의 실내는 대략 18~23℃로 유지되며, 여름에는 자연의 냉기로 28℃ 이하로 유지되고 있다.

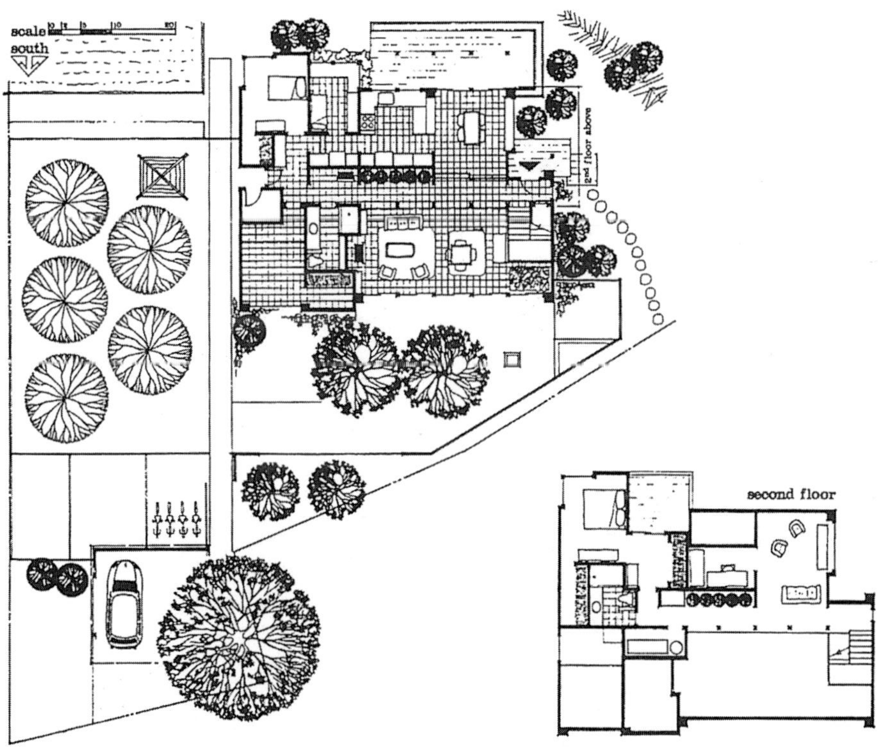

1층 평면도

2층 평면도

▲ **콜벳 주택의 평면도** / 1, 2층 모두 수벽을 볼 수 있다.(출전 12)

이러한 천연의 냉기를 경험한 사람은 두 번 다시 전력을 이용한 냉난방 주택으로 돌아가고 싶어하지 않을 것이라 그는 자신있게 말하고 있다.

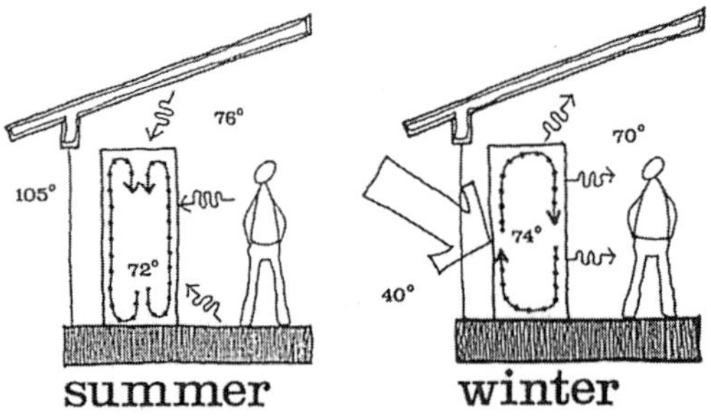

▲ 여름과 겨울 모두 수벽에 의해 실내를 일정 온도로 유지한다(출전 12)

◀ 수벽(출전 12)

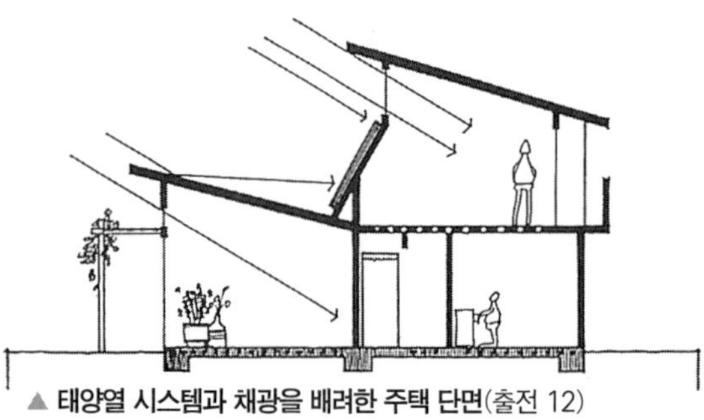
▲ 태양열 시스템과 채광을 배려한 주택 단면(출전 12)

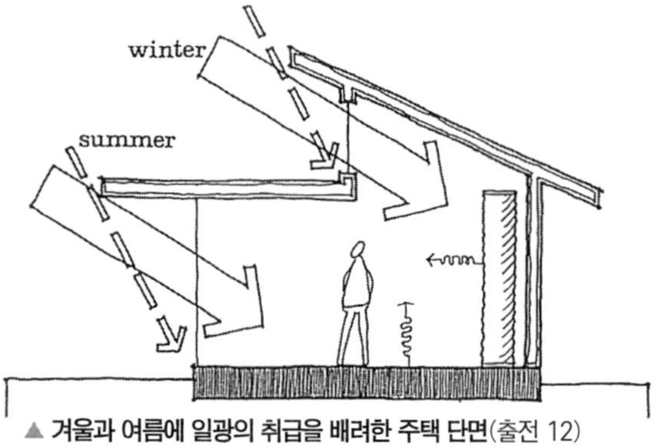

▲ 겨울과 여름에 일광의 취급을 배려한 주택 단면(출전 12)
(수벽과 보에 열이 축적될 수 있다.)

예비용 히터를 사용하는 기간은 겨울의 다섯 달 정도이지만 하루 운전량은 불과 1시간 정도이면 충분하기 때문에 가계부담은 거의 없다고 할 수 있다.

그 외의 다른 방들도 에너지 절약이라는 관점에서 효과적으로 사용될 수 있도록 배려되어 있다. 다락방은 겨울에 석양이 질 무렵 쾌적한 장소가 된다. 북쪽에 돌출된 데크deck는 여름철에는 식사를 위한 외부공간으로 이용된다. 2층 침실에 연결되는 데크는 여름의 더운 밤을 지내기에 적합하며, 경첩이 달린 문에 침대를 고정시키면 데크에서 잘 수 있도록 되어 있다. 대지가 넓기 때문에 넓은 정원을 가꿀 수도 있고 닭을 키우며 과수를 재배하고 중정도 설치할 수 있다.

태양열 주택의 기본자세

태양에너지와 기후자원을 이용한 자연냉난방 시스템은 결코 복잡한 기술이 아니다. '장래성은 있지만, 아직 실용단계는 아니다'는 생각은 잘못된 것이다. 간편하고 용이하게 응용할 수 있고 건축에 충분히 적용할 수 있는 기술이며, 그러한 기술이 생활의 질을 개선할 수 있도록 실용화하는 것이 매우 중요하다. 이것이 빌리지 홈즈 태양열 주택의 기본자세이다.

이 마을의 태양열 주택에서는 다음의 원칙이 지켜지고 있다.

① 일반적 비용을 들여 상업적 벤처로서도 성공할 수 있을 것

② 건축가가 아닌 다양한 사람들에 의해 디자인될 것

③ 지방의 건설업자가 건설할 것. 태양열 주택에 대한 경험의 유무는 무관하다.

빌리지 홈즈 각 가정에서의 에너지 소비량은 태양에너지를 사용하고 있지 않는 가정의 절반에 불과하다. 이는 태양, 더위, 온수기와 에너지 절약형 라이프 스타일에 따른 성과이다. 그러나 쾌적성과 편리성을 포기해서는 안된다. 대다수의 가정에서는 태양열을 사용하고 있지 않는 가정보다도 쾌적하다고 말하고 있다.

▲ 외관 천장

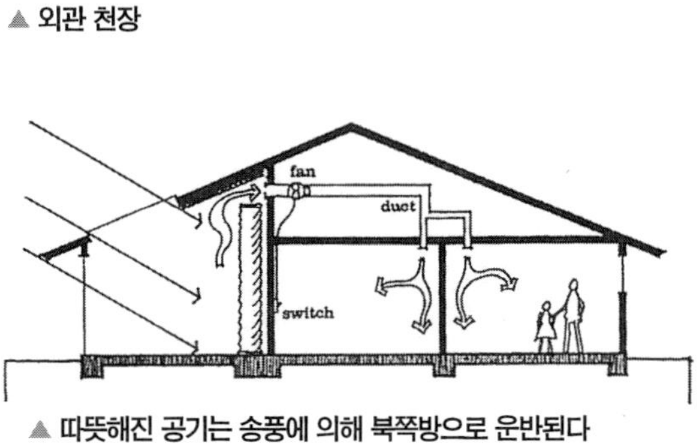

▲ 따뜻해진 공기는 송풍에 의해 북쪽방으로 운반된다

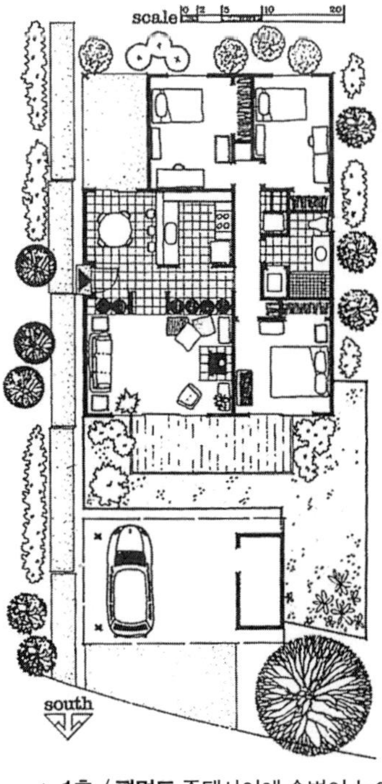

◀ 올센의 주택
천창에서 들어오는 태양광에 의해 덥혀진 열은 수벽에 축적된다. 남쪽방의 따뜻한 공기는 송풍에 의해 북쪽방으로 운반된다.(출전 12)

▲ 1층 / 평면도 주택사이에 수벽이 늘어서 있다.

03 생태단지

칫셀

이와무라岩村和夫와의 만남

1980년대 이후 세계의 여러 국가와 지역에서 구체적이면서 한층 더 발전된 형태의 미래 주거를 제안하는 움직임이 일고 있다. 이러한 움직임에는 정주한다는 것을 중심으로 기술과 생태계 그리고 예술 등 자연에 대한 인간의 감성을 중시하거나, 마을이란 계획가 한 사람만의 힘으로 만들어지는 것이 아니며 주민 스스로가 마을만들기에 참여함으로써 이루어질 수 있다고 하는 균형잡힌 움직임이 나타나기 시작하였다.

캇셀Kassel시는 동독과 서독이 통일되기 전에는 서독의 동쪽 변두리에 위치한 조그마한 마을로서, 동화로 유명한 그림 형제의 마을 또는 다큐멘타라고 하는 서독 최대 규모의 미술전시회가 개최되는 마을로 유명한 곳이기도 하다. 필자는 서독을 여러 번 방문하였으나 유감스럽게도 캇셀시는 아직껏 방문하지 못했다. 이 마을을 알게 된 것은 이와무라가 이 도시의 '생태단지'에 대하여 책과 잡지를 통해 소개하는 기사를 접하면서 시작되었다. 그러나 무엇보다도 '생태단지'라는 명칭이 적절, 명료하였고 내용도 재미있었으며 현재 가장 관심을 가지고 있는 환경계획 그 자체였다는 점에서 반드시 만나서 직접 이야기를 들어보아야겠다고 결심하였다.

그가 저술한 책을 읽고 난후 놀랍게도 그가 직접 이 '생태단지'의 설계에 참가하였고, 게다가 그 단지 내에 자기의 손으로 자신의 집을 건설하고 있다는 것을 알게 되었으며, 이렇게 국제적으로 활약하고 있는 건축가가 있다는 것이 자랑스럽기만 하였다. 다행히도 출판사를 통해 쉽게 연락하고 만날 수 있었다.

그는 동경東京 나카메구로의 한적한 주택가에 소박한 아틀리에를 가지고 작품활동을 하고 있었다. 그는 앞서 소개한 환경공생형 주택연구의 주임연구원이기도 하였다. 이야기를 나누고 있는 동안 공통의 친구와 아는 사람들이 많다는 것을 알게 되었다. 환경공생이라는 테마로 맥락을 같이 하면서도 서로 다른 각도에서 일을 하고 있었기에, 나중에 기회가 있다면 반드시 함께 일을 해보자고 의기투합 하였다. 이하에서는 이와무라와 인터뷰한 내용을 중심으로 캇셀시의 '생태단지'와 그곳에 건설된 그의 주택에 대하여 소개한다.

◀ 이와무라

캇셀시의 주택 공급정책

바우 비올로기Bau Biologie, 즉 건축생태학에 대해서는 이미 서술하였으나 이 이념은 단지 건축이념에 머무르지 않고 서독의 각지에서 실제로 건축에 도입되어 실현되고 있었다. 이 이념은 단독주택에서 집합주택으로, 심지어는 마을단위에서도 실현될 정도로 건강과 건축생태학과의 관계가 점점 중요하게 인식되었던 것이다. 단지라는 공동체 속에서 바우 비올로기 개념이 실현되게 되면 행정, 금융기관, 세금, 법률 등 일상적인 것들과 마찰이 일어나게 된다. 이와 같이 새로운 시대의 선구적인 건축이 되기 위해서는 무엇보다도 행정당국의 적극적인 지원 없이는 실현이 불가능하다.

그러나 캇셀시는 다행스럽게도 시민들에게 양질의 주택을 제공한다는 정책에 대해 매우 적극적이었기 때문에 환경을 중시한 주택정책을 추진하는데 있어서 큰 행운이었다. 작고 변두리에 위치한 마을이었기에 토지가격이 그렇게 비싸지 않았던 점도 이러한 사업실현을 위해 도움이 되었다고 할 수 있다.

안타까운 일이지만 사업 대상지의 토지가 싸다는 것은 이러한 종류의 계획을 실현함에 있어서 매우 중요한 요건 중의 하나이다. 물론 토지가 싸더라도 이러한 정책에 관심이 없으면 그것으로 끝인 셈이었을 것이다.

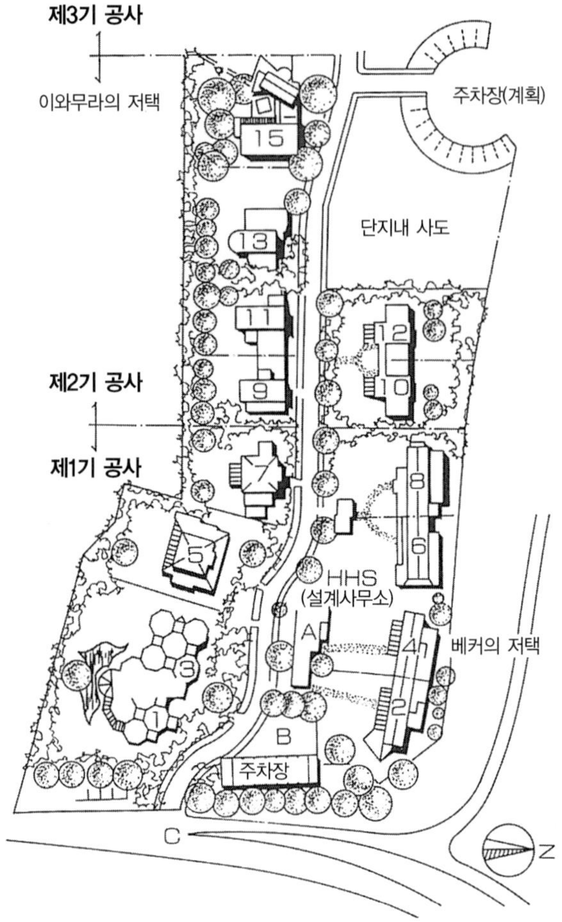

캇셀 생태단지 배치도 ▶
(1990년 9월)(출전 8)

이렇게 저렴한 토지에 주로 젊고 저소득층의 사람들 또는 대가족을 위해 값싼 주택을 공급하는 것을 목적으로 삼고 있었다. 이 프로그램은 '영거 패밀리어younger familiar, 즉 젊은세대 유치계획' 으로 명명되어졌고 시의 도시계획 · 재개발과에서 솔선수범하여 추진하고 있다고 한다.

시는 시가지에 있는 시유지를 적정한 가격으로 제공함으로써 젊은 가족들도 토지를 포함하는 단독주택을 구입할 수 있게 되었고, 게다가 양질의 주거환경을 확보할 수 있도록 건축계획에 있어서는 온갖 편익을 제공하였다. 그 가운데서도 에너지 절약형 건축을 장려하였다.

◀ **옥상을 정원으로 만든 주택**
(출전 13)

◀ **베커의 주택(전면) 남동쪽 외관** / 1층의 튀어난 부분은 온실. 천장에는 야채 및 허브의 채소원이 있음.(출전 13)

◀ **미케 주택의 현관이 있는 북서측 부분**
육각형을 컨셉으로 한 건물은 단지 속에서 특색을 갖는 형태이다.(출전 13)

생태단지의 기본자세

이러한 계획 중의 하나가 '생태단지'의 실현이다. 이와무라씨에 의하면 이 단지계획은 헤거 부부의 노력으로 실현되었다고 한다. 헤거 부부는 스스로 건축생태학에 공감하는 파트너를 모집하였고, 이렇게 모인 건축가들이 공동으로 실현가능한 단지를 계획했던 것이다. 소위 협동조합cooperative 단지라고 할까. 자기 집에 설계사무소를 만든다는 가족도 포함시켜 모두가 의뢰자이자 주인이 되는 조직을 만들고 모두 함께 '생태단지'라는 개념을 1981년에 정립하였다. 마스터플랜이 만들어졌던 것이다. 이렇게 하여 1984년에 제 1기 공사가 착공되었고, 1985년에는 최초의 가족이 입주하게 되었다. 이와무라씨도 이러한 고객의 일원으로서 개념정립의 초기단계부터 계획에 참가하였다. 그리고 자신의 주택을 이 단지 안에 만들었던 것이다. 물론 에너지 절약형 주택이었다. 이 단지의 계획개념은 '환경문제를 폭 넓게 이해하면서 에너지 절약, 건강, 저비용의 주택을 단지규모로 실현하는 것'이다. 이 기본적인 지침은 다음과 같은 단지개발 카탈로그 내지는 개발지침으로 명문화되어 있다.

(1) 현관porch, 주차장 및 도로표면은 절대로 비투수성 포장으로 하지 않는다.
(2) 주차장은 기존 도로에 가까운 곳 1개소에 통합하여 배치하고 접근도로 등의 시공면적의 낭비를 최대한 억제한다.
(3) 식물의 수분 보전작용을 적극 활용하고 또한 빗물 저수지로서의 연못, 정화조를 설치하여 우수처리를 위한 배수로 건설을 경감시켜 공사비를 저감하도록 한다.
(4) 옥상에 흙을 올려 야생화를 키우고 단열성능을 향상시킴과 동시에 경관녹화에 기여한다.
(5) 주택에는 방풍용 식물과 녹화용 식재를 하고, 방풍용 울타리를 설치한다.
(6) 넝쿨식물로 건물 벽면을 피복시켜 여름철 열의 차단을 도모한다.
(7) 녹화에 의한 산소공급을 증가시켜 사람이 흡입하는 공기를 정화한다.

(8) 건물의 방향과 위치는 태양방향을 고려하여 남측 출입구에는 가능한 한 그늘지지 않도록 한다. 또한 축열효과가 높은 온실을 설치하는 등 수동적으로 태양에너지 이용을 도모토록 한다.

(9) 거실 등의 환기는 온실과 선룸sun room을 매개체로 하여 간접적으로 이루어지도록 한다. 이러한 방법을 통해 환기에 따른 열손실을 저감시킨다.

(10) 온실온도의 자연스러운 분포에 따라 버퍼 존buffer zone 완충지역 및 거실을 적재적소에 배치한다. 이렇게 함으로써 열전도에 따른 손실을 저감시킨다.

(11) 벽체는 점토를 사용하며, 그 물성에 의해 습도와 온도의 자연적인 조절을 도모한다.

(12) 인체건강에 해를 입힐 수 있는 휘발성, 방사성의 건축재료는 사용하지 않는다.

(13) 고주파에 의한 난방시스템(복사난방)으로 공기가 오염되는 것을 방지한다.

(14) 복사열에 의한 경제적인 난방시스템을 주로 이용하여 에너지 절약을 도모한다.

(15) 난방부하의 계산은 기초적인 부하만을 고려하고 절정기에는 부가열원(난로 등)으로 보충한다.

(16) 외부 단열층의 단열성능을 향상시켜 내벽의 표면온도를 높임으로써 실내의 열환경을 보다 쾌적하게 만든다.

(17) 가능한 고정된 창문을 많이 만들고 환기구는 방 하나에 1개소 설치한다. 다기능의 건구建具 남용을 피하고 에너지 절약화를 도모한다.

(18) 창문부분은 계절에 따라 단열처리를 할 수 있도록 하여 에너지 절약화를 도모한다.

(19) 북쪽, 동쪽, 서쪽에 면하는 창의 면적은 가능한 적게 하고 남쪽, 남서쪽, 남동쪽의 개구부는 넓게 하여 에너지 절약화를 도모한다.

(20) 벽체와 지붕의 차단성능을 높여 에너지 절약화를 도모한다.

(21) 온실을 집열solar collector 및 축열체를 이용하여 이곳에서 먼저 따뜻해진 공기를 거실로 끌어들임으로써 에너지 절약을 도모한다.

(22) 공사비가 많이 소요되는 대규모의 지하실을 만드는 대신에 1층 북쪽에 창고를 배치하도록 계획함으로써 건축공사비를 저감한다.

(23) 구심적인 평면과 방의 다목적 이용에 의해 거실면적을 간결하게 완성시키고, 복도부분의 면적을 줄인다.

(24) 설비 · 배관은 배관용 홈이나 벽감niche을 설치하여 집중적으로 배관함으로써 비용을 절감한다.

(25) 예를 들면 화장실용 물은 빗물이용 시스템을 도입하여 함으로써 상수도 소비를 저감한다.

(26) 수목식재에 따른 물 공급은 우수를 이용함으로써 상수의 소비를 줄인다.

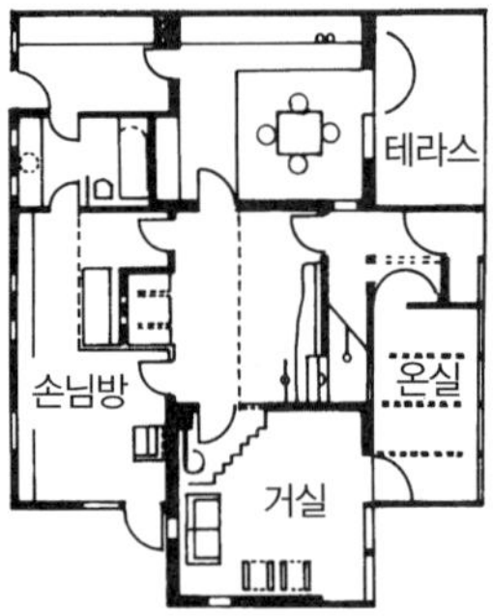

1층평면도(1/300)

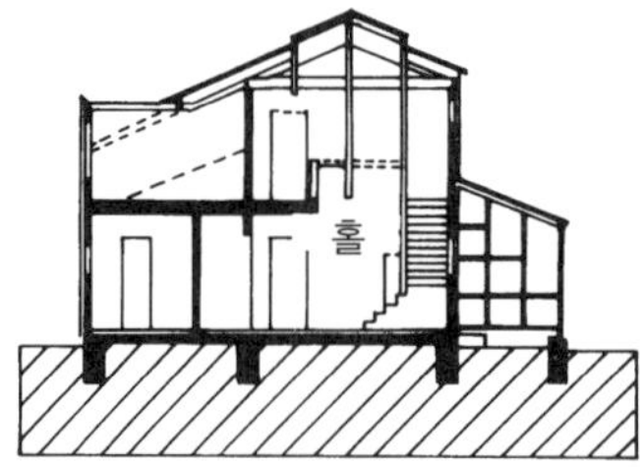

단면도

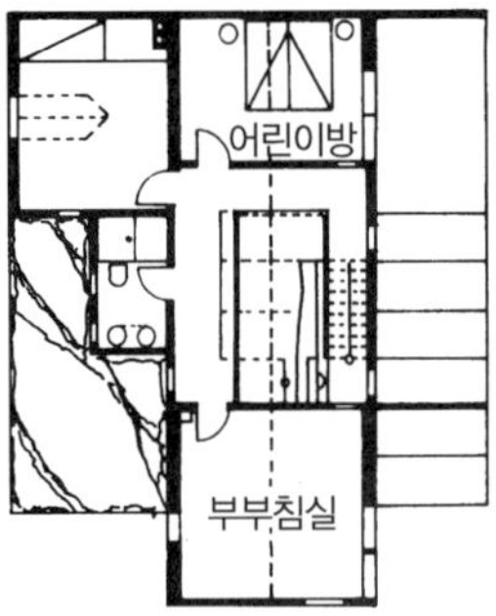

2층평면도(1/300)

▲ **베커의 주택**(출전 8)

명칭	베커의 주택
소재지	Am Wasserturm 4. D-3500 Kassel.Germany
발주자	M.베커
설계자	건축 : HHS(베커부부+G.슈라이프)
	구조 : R.알그레히트, K.그리스트만
	설비 : 야노프스키
감리자	HHS
시공자	코흐외 분양발주 8개 회사
시공기간	1984년 11월~85년 10월
총공사비	28만5000마르크(사무소 제외)
	14만마르크(사무소)
〈건축개요〉	
부지면적	708㎡
건축면적	188㎡(사무소 포함)
연면적	277㎡(사무소 포함)
구조 · 층수	목조, 지상 2층
지붕	아스팔트 방수 위에 객토+식재
외벽	낙엽송판재 20㎜ 세로붙임
외부마감건구	목재

(27) 쓰레기 분리수거(유기물 쓰레기, 종이, 유리, 금속, 특수쓰레기, 청소 쓰레기)를 시행함으로써 외부로 나오는 가정쓰레기를 가능한 한 절반 이하로 억제한다.

(28) 허브, 야채, 과일 등을 재배할 부지를 공동으로 또는 전용으로 확보한다.

(29) DIY의 여지를 남기기 위해 가능한 한 간단한 구법을 이용하여 설계 한다.

이러한 사고방식은 바우 비올로기 그 자체이다. 이런 이념의 밑바닥에 깔려 있는 것은 '환경생태문제에 대하여 폭넓게 인식하고 현대 거주환경의 실제 크기와도 같은 기술에 의한 재편성' 이다.

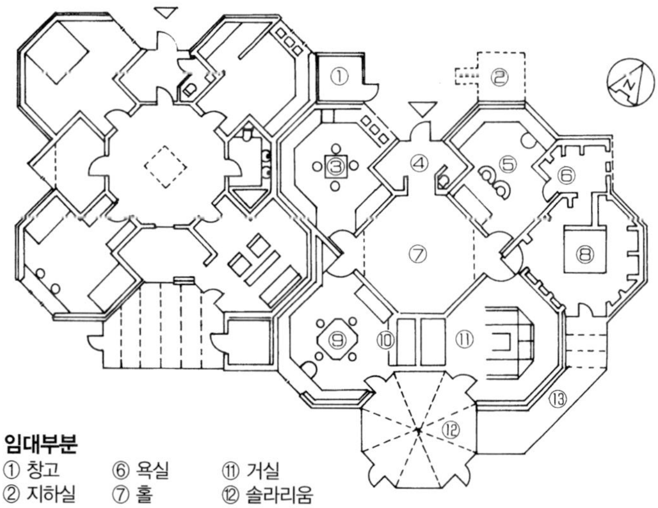

임대부분

① 창고 ⑥ 욕실 ⑪ 거실
② 지하실 ⑦ 홀 ⑫ 솔라리움
③ 주방 ⑧ 침실 ⑬ 온실
④ 송풍 · 제습실 ⑨ 서재
⑤ 어린이방 ⑩ 전시관이 있는 계단

▲ **미케의 주택**(출전 8)

명칭	미케의 주택 (건물 서측은 임대부분)
소재지	Am Wasserturm 1.3.D-3500 Kassel.Germany
발주자	G.미케
설계자	건축 : G.미케(기본설계)+HHS (실시설계)
	구조 : R.알그레히트, K.그리스트만
	설비 : 야노프스키
	조경 : G.비터, M.프리드리히
감리자	G.미케+HHS
시공자	코흐외 분리발주 8개 회사
시공기간	1984년 11월~85년 10월
총공사비	44만5900마르크(임대부분 포함)
〈건축개요〉	
부지면적	1257㎡
건축면적	403㎡(임대부분 포함)
연면적	443㎡(임대부분 포함)
구조 · 층수	목조. 지상 1층
지붕	아스팔트 방수 위에 객토+식재
외벽	낙엽송판재 20㎜ 세로붙임
외부마감건주	목재

이와무라의 주택

이 주택은 '동쪽 건물(주실)'과 '서쪽 건물(별실)'이 중정을 가운데 두고 마주하고 있으며, 독립적으로도 사용이 가능한 2세대용 주택이다. 북쪽에 풍제실風除室을 겸한 현관홀을 설치하여 중정의 북쪽을 차단하고, 반대로 서쪽 건물의 축은 남쪽으로 조금 비스듬히 경사지게 하여 남쪽으로 개방적인 평면을 갖도록 배치하고 있다.

양쪽 건물 모두 2층이지만 주실의 일부에는 지하실과 지하창고를 설치하여 1년 내내 일정한 온도 · 습도가 유지되고 있으며 이곳은 자연적인 식품저장고로서도 이용되고 있다. 그리고 공간적으로는 주실의 일부를 단층으로 상하를 튼 2층 + 볼트vault 상의 지붕을, 별실은 일부를 복층mezzanine 구조로 하여 2층에 해당하는 단일공간 + 맞배지붕으로 하고 중정을 한바퀴 돌 수 있는 회랑으로 연결하면서 의도적으로 지극히 대조적인 내부공간을 구성하고 있다. 별실은 장래에는 아틀리에로 사용할 계획이었으나 우선은 스튜디오로 쓸 수 있도록 필요한 배수로가 설치되어 있다.

구조는 전체적으로 목조 축조구법을 활용한 목조주택이고 일부는 철골 프레임을 사용하여 구조를 보강하고 있다. 1층의 바닥은 콘크리트 슬라브 위에 방습 · 단열재(86mm)를 부설하고, 또한 그 위에 바닥 난방용 가교 폴리에틸렌 파이프를 몰탈(65mm)로 덮은 후 반자기 타일로 마무리하고 있다. 2층 바닥은 1층의 천장이기도 하며 화장사상판化粧捨床板, 24mm상에 방습 · 단열재(32mm), 또한 그 위에 40mm의 몰탈 층, 그리고 동쪽 채에는 카펫을 깔고, 서쪽 채에는 바닥재로 마감하고 있다. 1층과 2층 모두 욕실과 화장실을 제외하고는 천장은 덮지 않았다.

단열은 글라스울glass wool 100mm을 외벽과 내벽을 모두 목축간木軸間으로 충진하여 양쪽에 폴리에틸렌 필름을 붙여 방습 · 기밀처리를 하였다. 외벽의 방수/방풍 시트의 바깥 면에는 동연胴縁을 수평 · 수직방향으로 두 번 칠하고, 마감재로는 낙엽송 합판을 20mm 정도의 틈새를 만들어 세로로 붙였다(이 마감재는 단지 내 모든 동에 공통으로 사용). 이러한 통기층은 단열성과 목재

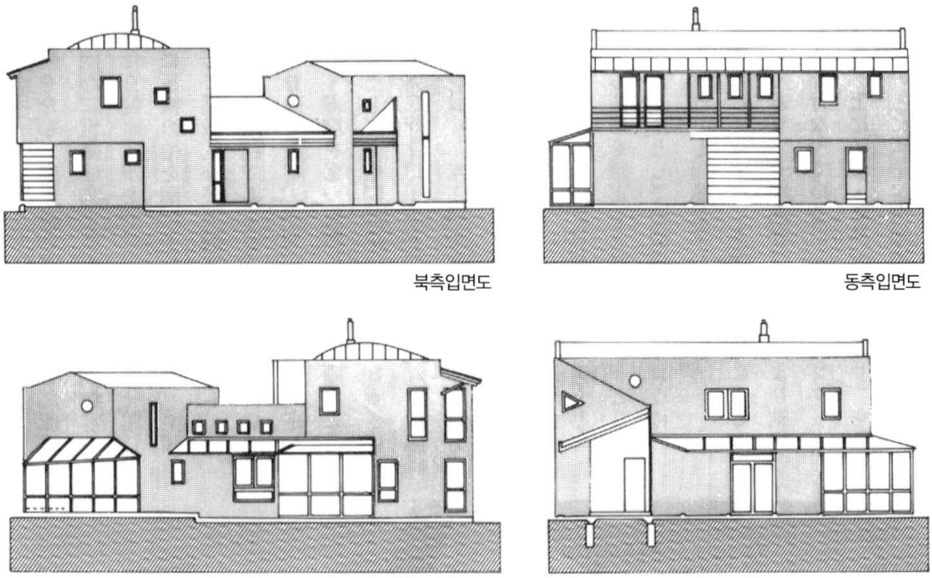

▲ **입면도**(출전 8)

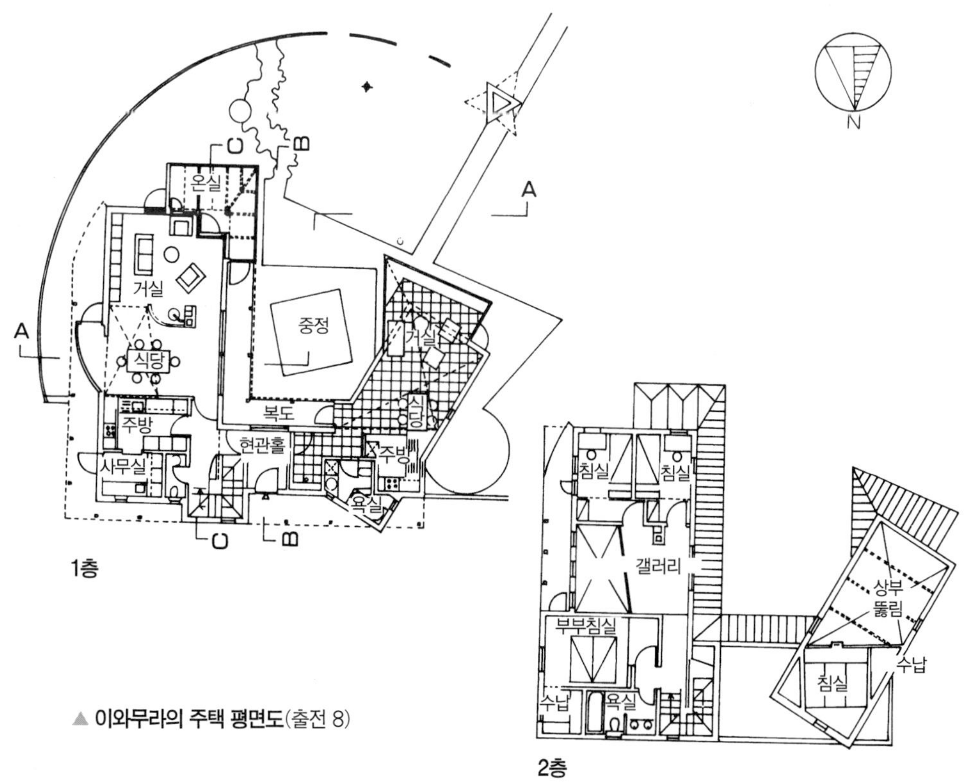

▲ **이와무라의 주택 평면도**(출전 8)

의 건조를 촉진하게 한다. 게다가 통기층에 벌 등이 들어가 집을 짓지 못하도록 통기출입구 상하에 방충망을 달았다.

겨울이 길고 추운(때로는 -20℃까지 내려가기도 한다) 캇셀시에서는 어떻게 하면 겨울철의 온열환경을 쾌적하게 경제적으로 유지할 수 있을까가 주요과제이다. 이를 위해서는 상기와 같이 내·외벽의 단열·기밀성을 높이는 방법, 배치계획상 북쪽은 막고 남쪽은 개방하여 바람의 영향이 적은 분위기 있는 정원을 설치하는 방법, 남쪽으로 태양에너지를 직접 받을 수 있도록 온실을 설치하는 방법, 건구는 온실을 포함하여 모두 목재로 하여 열손실을 억제하는 방법, 유리는 모두 2중 유리로 하는 방법, 난방은 가스열원에 의한 온수식으로 하여 1층에는 바닥 복사난방, 2층에는 대류난방식convector을 도입하여 복사 + 대류난방으로 하는 등 주로 수동적인 방법으로 대응하고 있다.

이와무라 주택의 온실 ▶
여름이 짧은 독일에서 이 온실은 쾌적한 공간이다. 계속되는 주간에 태양에너지를 유도하여 만들어낸다.(출전 13)

▲ **중정**(출전 13)

▼ **외관** / 외벽은 목재로 속에 단열재가 들어있다.(출전 13)

지붕도 천장을 만들지 않고 단열성능을 높이기 위해 B플랜지구상세계획에 근거하여 주실과 별실 모두 옥상녹화를 실시하고 있다. 천장을 겸한 화장야지판化粧野地板; 32mm 위에 방습 · 단열재(80mm), 그 위에 지붕재를 바르고, 소성토의 침수층, 그리고 마지막으로 롤 형태의 잔디를 깔고 있다. 이 녹화지붕은 전문업체가 시공하였고, 우수와 야간의 이슬로 인해 관수 등의 유지관리는 필요 없다. 시간이 흐르면서 바람과 새가 가져다주는 새로운 종자가 뿌리를 내려 그 후 도태되고 남은 다양한 식물이 살아 번창하고 있는 풍경은 이미 완성되어 수년이 지난 이웃집 지붕이 증명해 주고 있다.

또한 부지 내 수목은 B플랜에서 규정하고 있는 보존 수목(북쪽의 서양자두나무 3그루)과 성목인 과수(사과, 서양배)는 가능한 보존하고 있고, 어쩔 수 없이 벌채한 수목은 그 묘목을 식재하였다. 그리고 식재 관수용으로 쓰여질 우수를 저수할 수 있는 물받이 구조를 채용하고 있다.

04 에너지 효율화 건축정책

캘리포니아

캘리포니아주의 에너지 상황

에너지 소비를 효율화하는 수많은 사례는 세계의 상이한 기후와 지역에서 볼 수 있다. 그러나 에너지 자원이 풍부하고 기후도 온난함에도 불구하고 에너지 소비 효율화를 위해 민 · 관이 일체가 되어 종합적이고 다양하게 창의적으로 연구를 하고 있는 곳이 바로 미국 캘리포니아 주이다.

미국에서도 캘리포니아주는 에너지 정책이라는 측면에서 가장 앞서가고 있는 주의 하나이다. 그 배경에는 캘리포니아주가 지니고 있는 심각한 에너지 문제를 들 수 있다. 캘리포니아주의 1990년 인구는 2,900만 명이었으나, 15년 후인 2005년경에는 1,100만 명이 증가하여 4,000만 명이 될 것으로 예상된다. 이러한 인구증가에 대비하여 에너지의 생산증대와 소비절감이라는 목표를 동시에 달성하지 않으면 안 될 처지에 놓여있었다.

미국은 광대한 국토를 가지고 있음과 동시에 풍요로운 생활을 영위하고 있다. 그러나 이것은 광활한 국토를 자유자재로, 각자의 의지로 움직이는 자동차라는 것이 없었다면 성립할 수 없었을 것이다. 자동차야말로 미국적 라이프스타일을 실현시켜 주었다. 도시를, 교외를, 마을을, 그리고 광대한 자연을 각각 연결하는 8차선의 고속도로망freeway network. 이것은 풍요로움의 상징이었으나 현재의 이러한 풍요로움은 미국을 고통스럽게 하고 있다. 에너지 소비가 심각하기 때문이다. 낭비만이 아니다. 도시에서 빈발하는 교통정체, 이것이 시간낭비를 일으키고 있다. 고속도로에서 움직이지 못할 정도로 무익하고 정신적으로 고통스러운 시간은 없을 것이다. 그리고 이 정체가 대기오염을 유발하고 있다. 1991년 통계에서는 에너지 소비의 48%를 자동차 등 교통 · 운송이 차지하고 있다. 이 수치는 생활 12%와 생산 31% 합계 43%를 웃도는 것이다.

자동차 사회의 국가, 즉 미국의 생활상은 이 수치로부터 잘 이해할 수 있다.

자동차에 의존하는 미국 사회(출전 3) ▶

에너지 공급원을 살펴보면, 과거에는 대부분의 에너지원을 석유에 의존해 왔지만, 최근 15년간의 공급원 다양화 정책에 의해 1991년에는 40% 이상이 석유 이외의 자원으로 대체하는 것이 가능케 되었다. 전력에 대하여 살펴보면, 천연가스가 37%를 차지하고 있지만 나머지 60%는 다양한 에너지원이 개발되었다.

그러나 문제는 자동차와 교통체계에 관한 것만은 아니다. 에너지 소비형 생활태도를 반성하지 않으면 공급은 따를 수가 없을 것이다. 그래서 에너지 효율화 정책이 중요한 정책과제로 부상하게 된 것이다.

캘리포니아주 인구예측 ▶
21세기 초에는 400만 명이 된다.(출전 3)

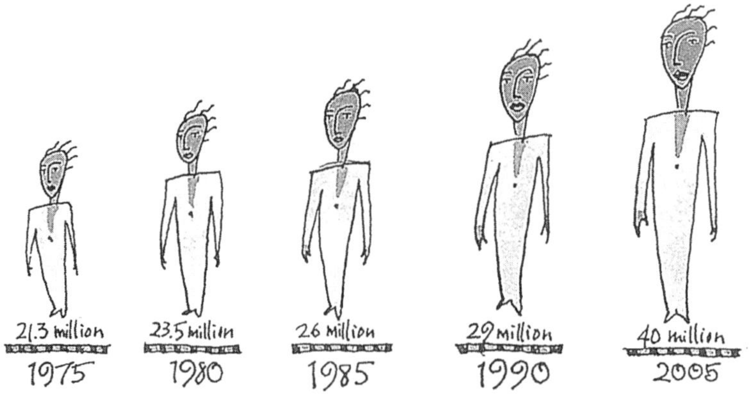

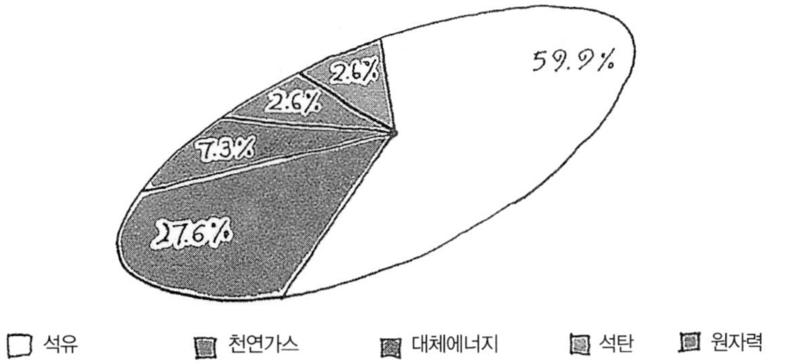

캘리포니아주 에너지 자원의 구성(1991년)
석유가 60%에 달한다.(출전 3)

에너지 효율화 정책

캘리포니아주 에너지 위원회가 2년마다 발표하는 '에너지 계획' 보고서 1992~1993년도 판에는 다음과 같은 내용이 있다. '현재 일본과 독일은 미국과 똑같은 제품을 생산하는데 미국이 사용하는 에너지의 절반 밖에 소비하지 않는다. 만약 캘리포니아의 기업이 세계 시장에서 경쟁력을 유지하고자 한다면 이러한 에너지 효율화의 중요성을 인식하지 않으면 안된다.'

이러한 위기감을 인식한 캘리포니아의 기업은 경쟁력이라는 측면에서 큰 성과를 거두고 있다.

그러나 1992년 주의 전력수요총량은 4만7천 메가와트에 이를 것으로 예상되고 있고, 1970년대부터 대부분의 에너지를 석유와 천연가스에 의존하고 있던 정책들을 변경해야만 할 상황에 처해 있었다. 재생가능한 에너지 자원의 이용을 늘리거나, 에너지 절약의 장려 그리고 보다 유효한 에너지 기술개발 등 석유 의존적인 체질을 어떻게 해서든 탈피하려고 다양한 실험과 다양한 에너지 공급원의 개발을 위해 온 힘을 쏟아야 하는 상황을 인식하게 되었다.

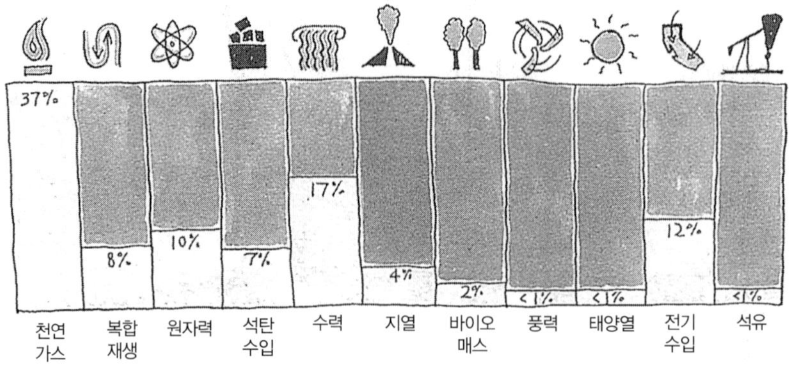

캘리포니아주 석유 이외의 전원내역(1991년)
다양한 에너지 자원개발의 방향으로 향하고 있는 것을 알 수 있다.(출전 3)

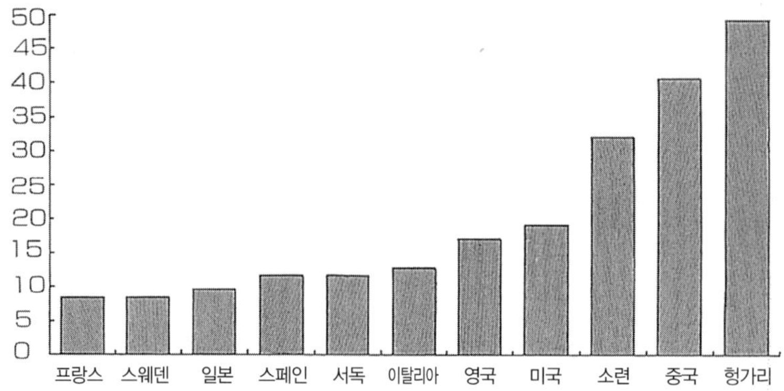

주요국가의 에너지 효율(1983년)
국민총생산 1달러당 에너지 사용량. 단위는 메가주울.(출전 2)

'에너지 계획' 에서는 캘리포니아의 장래를 다음과 같이 예측하고 있다.

'우리들이 캘리포니아에서 도전하고자 하는 환경문제에 대한 대응, 화석연료에 대한 의존체질의 개선 등은 지금까지의 에너지에 대한 우리들의 태도를 변경하도록 요구하고 있다. 효율 좋은 전원개발, 자연의 연료, 교통수단의 효율화, 건축과 설비의 에너지 소비 효율화 등의 대책을 추진하여도 에너지 소비가 극도에 달하는 절정기에는 현재보다 75% 증가가 예상되어지고 있다. 전체적으로는 50% 증가, 천연가스도 30%의 증가가 전망되고 있다.

그러나 만약 지금의 에너지 소비 효율화 정책을 실시하지 않으면 2009년 절정기에는 현재의 150%를 넘을 정도의 전력이 필요하고 전체 전력소비량도 전술한 예측치의 50%에 11%를 더하게 되는 셈이 된다. 천연가스의 경우에는 30%에 31%를 더한 61%로 증가하게 된다. 이러한 소비증가에 대응하여 건설하지 않으면 안될 발전소는 건설비용, 운전비용 등 막대한 자금이 소요될 것이고, 이 자금들은 고스란히 주민들이 부담해야만 한다. 효율화 정책이 성공하게 되면 2009년까지는 1만 5천 메가와트, 즉 8백 메가와트의 능력을 지닌 란쵸의 세코 원자력발전소를 19개소 건설하지 않아도 된다. 이것만이 아니다. 19개소의 원자력발전소에서 발생하는 오염물질도 삭감될 수 있다. 추측해서 계산해보면 이렇게 함으로써 대기 중에 방출되는 탄소를 12만 1천 톤이나 삭감할 수 있다고 한다.'

캘리포니아의 주민들은 이러한 에너지소비 효율화 정책에 의해 전력부문에서 19억 달러, 천연가스부문에서 11억 달러를 각각 절약할 수 있을 것이라고 말하고 있다. 이 정책은 에너지를 위해 지출되는 가계부담을 줄여줌과 동시에 환경파괴에 대하여 브레이크를 거는데 유익하다고 에너지 위원회는 설명하면서 주민들에게 협조를 구하고 있다.

에너지 절약형 건축을 위한 정책

에너지 효율화 정책 중에서 가장 중요시되고 있는 것이 건축부문에서의 에너지 효율화이다.

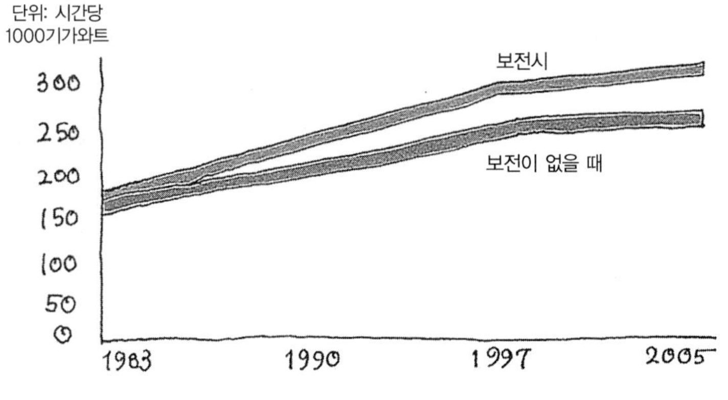

◀ **효율화 정책에 의해 절약 가능한 에너지**(출전 3)

건축의 에너지 효율화 정책만으로 도시 전체의 에너지 소비량을 현저히 감소시킬 수 있는 것은 결코 아니다. 그러나 이 정책은 일반주민과 기업 등에게 직접 호소할 수 있기 때문에 일상생활 속에서의 에너지 교육과 계몽활동이 가능하다는 점에서 주요한 의미를 지닌다. 에너지 절약형 라이프 스타일을 확립시키고 환경문제를 생각하면서 또 자연과의 접촉을 통해 삶을 영위하는 가치를 터득하는 등 그 영향을 미치는 범위는 매우 넓고 깊다.

'에너지 계획' 에서 행동단계의 두 번째 항목에서 건축과 설비에 관한 에너지 효율화에 대해 언급하고 있다. 그것에 의하면 향후 3년마다 새로운 건축에서 경제효율성을 가미한 에너지 소비절약 목표를 현재의 5%로 설정하고 있다. 이 삭감목표를 달성하기 위해 건축기준 및 에너지 효율기준 등을 도입하고 있다. 가령 이러한 기준을 미국 연방정부가 실시하지 않더라도 캘리포니아주에서 독자적으로 실시한다는 내용이다.

세 번째 행동단계에서는 일반주민이 에너지 절약을 위해 투자함으로써 얻게 되는 이익을 제시하면서, 에너지 효율화 주택을 모색하도록 장려하고 있다. 이것을 지원하기 위해 공공사업, 주택과 단지개발 관련 당국, 은행, 저축대여부 · 국 등의 협력을 요청하고 있다. 저소득층에게도 이러한 정책이 보급하고 있다. 기후에 맞게 다양한 기준치를 도입하는 것과 기술의 개발, 지방자치단체, 학교, 병원 등의 공공건축에서 에너지 절약을 위한 기술개발과 자금지원을 하게 된다. 이렇게 현재의 주정부는 에너지 효율이 높은 건축을 추진하기 위해 다양한 정책을 개발 · 추진하고 있다.

이러한 정책들 중에서 여기서는 건축과 관련된 흥미로운 두 가지 정책을 소개한다. 하나는 에너지 효율화를 위한 건축 규격이고, 또 하나는 다음 절에 소개되는 주 정부의 에너지 절약형 모델 건축이다.

에너지 효율화를 위한 '건축규격'

건축가, 디자이너, 건설업자, 주택 소유자, 상업시설의 임차인 등을 대상으로 에너지 절약을 위한 빌딩과 설비에 관한 에너지 효율규격이 설정되어 있다. 이것은 건축 계획단계에서 디자인과 동시에 열에너지 효율을 고려하거나, 주택을 소유하고자 하는 사람에게 에너지 소비비용의 지출을 줄일 수 있는 쾌적하고 조용한 주택을 홍보하기 위한 것이다. 행정기관의 건축담당자가 에너지 효율화에 대한 사고방식을 높여주기 위해서도 이 규격은 활용되고 있다.

건축규격은 캘리포니아주에 건설되는 신규 건축물에 적용된다. 또한 주에서 판매되는 냉장고, 급탕시설, 가스렌지, 보일러, 냉난방기구, 형광등 등의 기구류에 대해서도 이 규격은 적용된다.

건축규격은 에너지 삭감 그 자체를 위한 것이라기보다 효율을 중시한 것이다. 왜냐하면 쾌적성을 잃지 않으면서 에너지 절약을 달성하기 위해서는 효율이라는 것이 비용 이상의 가치를 지니고 있기 때문이다. 예를 들어 에너지 효율을 고려한 조명과 냉난방, 환기기구 등을 사용함으로써 결과적으로 쾌적하고 건강하며 매력적인 에너지 절약형 건축이 보급 · 확산될 것이라는 생각이 통용되고 있다.

에너지 절약형 건축에 대한 규격에는 다음 세 가지 요소가 있다.

① 임벨로프envelope; 실내 마감-외피에 대한 규격

② HVACHeating, Ventilation and Air Conditioning(난방, 환기, 공조)에 대한 규격

③ 조명의 규격

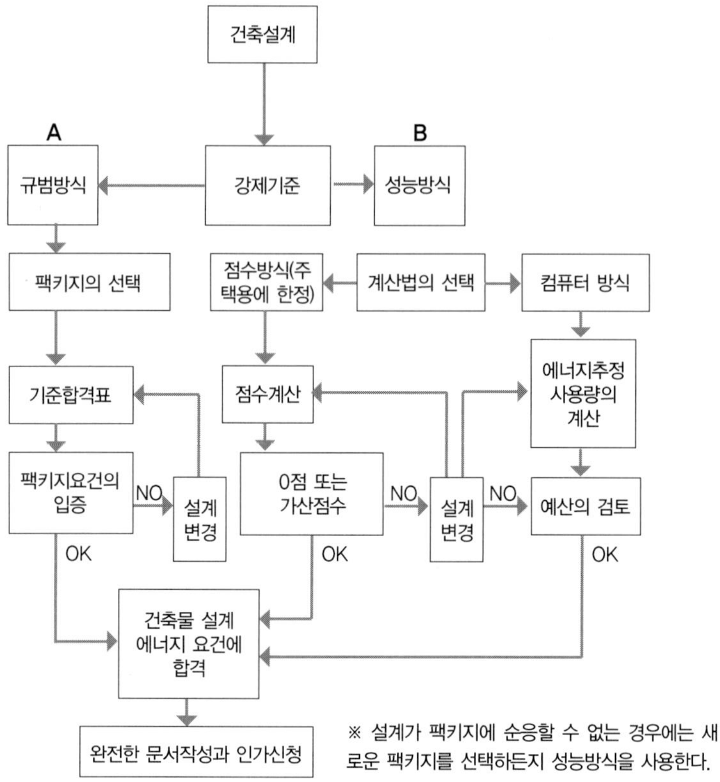

에너지 절약형 건축규격 달성을 위한 두 가지 방법(기본적인 준거방식)(출전 14)

임벨로프 규격은 벽, 천장, 마루, 문, 창 등이 적용대상이 된다. 특히 집 외부에 접하고 있는 창과 문은 공기가 새는 것을 막기 위해 디자인 단계, 건설단계에서 점검하게 된다. 또한 건축벽면에 대한 창문의 수, 유리종류와 햇빛 차단효과, 천창의 모습, 건물 자체의 축열효과(예를 들면 콘크리트, 적벽돌, 돌 등 열을 평준화하는 소재를 사용할 것) 등까지 상세하게 체크하도록 규정하고 있다.

임벨로프 규격은 비주거계 건축보다도 단독주택에 대한 요구가 보다 엄하게 적용되고 있다. 그 이유는 주택에서는 24시간 에너지가 사용되며, 또한 쾌적성에 대해서도 높은 수준이 요구되기 때문이다.

HVAC 시스템은 주거, 비주거를 불문하고 에너지 소비삭감에 상당한 역할을 담당하고 있다. 시스템 설치 상황에 따라 설비 형태, 크기, 효율성, 운전방식, 배관방식, 환기장치, 화력 · 연료절약장치 등을 점검하게 된다.

주택조명은 에너지 위원회에서 결정된 규격에 따라 주방과 욕실 등에서 에너지 효율이 높은 형광조명을 사용하는 것 등이 요구된다. 대량의 에너지를 소비하는 비주거계 건축은 많은 제약이 부과되고 있다. 바닥면적 당 사용 와트수 규격에 따르도록 요구하고 있다. 신규로 건축이 신청되거나 기구류가 설치되는 경우에는 이러한 규격에 맞추어 에너지 효율화 시책에 응하도록 요구되고 있다.

건축설계가 이상의 규격이 적용되기 위한 과정을 흐름도flow chart로 제시한 것이 84쪽의 그림이다. 이것에는 두 가지 사양이 있다. 하나는 규범방식이고, 또 다른 하나는 성능방식이다. 이 두 가지 방식 중 하나를 선정하여 각 기준에 대상 건축물이 합격하게 되면 문서가 작성되고, 건축 인가신청 단계로 넘어갈 수 있다.

■ 에너지 절약형 건축규격 달성을 위한 두 가지 방법

A. 규범방식

규범방식은 규격을 맞출 수 있는 가장 간단한 방법이다. 규범방식에서 디자이너는 여러 개의 대체부품 패키지 중에서 하나를 선정하여, 그 패키지에 나열된 기준을 선정함으로써 규격에 대한 기준근거를 표시한다. 각 패키지 내에는 개별부품에 대한 개별적인 요구가 적용되며, 벽, 지붕 및 바닥단열, 열 질량, 빛 총량을 계측하기 위해 기초가 되는 유리공사, 차광특성(계수) 및 창의 전열능력과 스카이 라이트 유리, 조명 및 HAVC 등이 포함된다. 규범방식은 주거용 및 비주거용의 건축을 위한 옵션이고 기후풍토와 건축양식에 따라 요구되거나 중시된다는 다양한 특징을 지니고 있다.

이 대체부품 패키지는 공통의 에너지 보존방법을 도입하고 있기 때문에 용이하게 건축설계에 적용시킬 수 있다. 이 패키지는 기후풍토에 따라 변화한다. 왜냐하면 기후가 열악한 지방에서는 더욱 엄격한 에너지 보존을 위한 노력만이 양호한 효율성을 생산해낼 수 있기 때문이다.

규범방식은 빌딩 건축설계에 대하여 매력적이고 비교적 간단하기 때문에 대체부품 패키지 특유의 제약하에서도 만족스럽게 설계할 수 있다.

B. 성능방식

성능방식은 다양한 설계전략이 가능하고 규범방식보다 융통성이 크다. 성능방식에서는 기후풍토와 기타의 특성을 기반으로 하여 건축물의 허용 '에너지 예산'(공조된 공간 1평방피트 당 연간 사용 에너지 양으로 표시된다)이 규격에 의해 정해진다. 성능의 계산방법으로는 점수방식과 컴퓨터 방식의 두 가지 대안이 있다.

① 점수방식

점수방식은 주택규격만으로 에너지 예산을 맞추기 위해 단순화된 성능방식이다. 이 기준방식에서는 단열, 유리공사, 열질량, HVAC 및 물 가열과 같은 여러 가지 타입의 보존방법에 점수가 매겨진다.

플러스(+) 점수는 표준 에너지 예산을 추진하는데 사용되는 수준을 넘는 에너지 특성이나 성능수준에 맞추어 부여된다. 마이너스(-) 점수는 표준 수준 이하의 항목에 부여된다. 합계점수가 0 이상으로 나오면 '수용, 거래'가 이루어진다.

② 컴퓨터방식

에너지 위원회는 주거용 및 비주거용의 건축물에 사용되는 에너지를 계산할 수 있는 몇 가지 컴퓨터 프로그램을 인가했다. 이 방법은 건축물의 총 에너지 사용량을 모의실험 또는 모델화한 것이다. 일반적으로 컴퓨터방식은 가장 상세하며 가장 융통성 있는 준거방식이다. 총 에너지 사용량이 허용에너지 예산과 같거나 적은 경우에는 다양한 형태의 에너지 특성을 사용할 수 있게 된다.(출전 14)

05 에너지 절약형 공공건축물에의 도전

캘리포니아

워킹투어 Walking Tour

캘리포니아주의 새크라멘토시에는 그곳에 위치하는 주 정부의 건축물을 견학하는 투어가 있다. 제목은 '에너지 절약형 주 청사 견학 워킹투어' 이다. 캘리포니아 에너지 위원회가 기획하고 있는 견학용 안내책자에는 다음과 같이 쓰여 있다.

'캘리포니아는 대체에너지 기술혁명 분야에서 세계의 리더이며, 이러한 컨셉을 실제로 새크라멘토에서는 실행에 옮기고 있다.'

그러한 구상을 위해서 캘리포니아 주도의 역사적 건축물인 이사당에서 가까운 보행권역 내에, 주 정부는 에너지 효율, 경관미, 양호한 근린사회의 형성이라는 사회환경 만들기에 기여하면서 주 스스로가 에너지 정책을 실천하고 있다는 것을 보여주는 사례로서 캘리포니아주의 청사를 4개 건설했다. 이 건물들에서 이루어지는 에너지 소비의 삭감이 납세자의 세금을 절약시켜 주고 있다.

이 안내책자에는 4개의 주청사에서 채용되고 있는 에너지 효율을 중점적으로 다루면서 각각의 건물특성에 대해 설명되어 있다.

"당신이 워킹투어, 즉 걸어서 그 청사건물들을 견학하게 된다면 각 청사의 로비까지 자유롭게 들어가 보십시오. 로비에는 각 청사 건축물의 에너지 절약의 특징에 대해 가장 완벽한 해설이 된 패널이 전시되어 있을 것입니다."

▲ 에너지 절약형 주청사 견학 워킹투어 안내책자(출전 15)

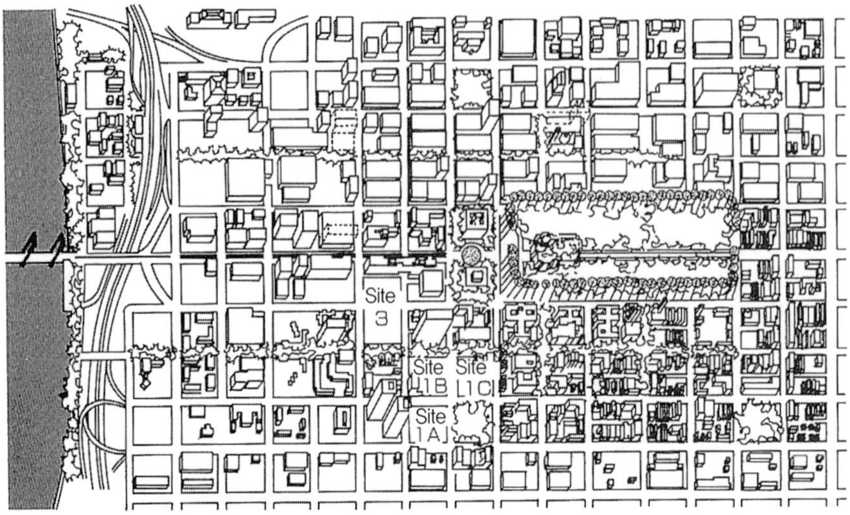

▲ **캘리포니아주의 수도, 새크라멘트시** / 주의사당과 주변지구. 기호는 에너지 절약형 주청사를 나타냄.(출전 16)

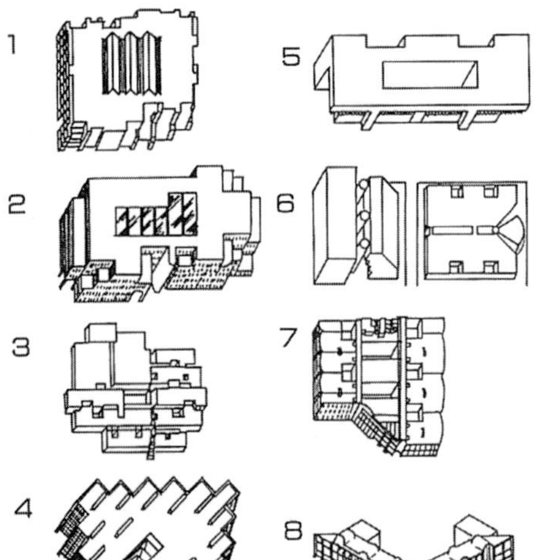

1. Site 1A	주수도 지구(새크라멘트시)의 그레고리 · 베이트슨 동
2. Site 1B	주수도 지구의 에너지 위원회 동
3. 재판소	새크라멘트 교외 법원 동
4. 롱비치시	롱비치의 주청사 동
5. 산타로사시	산타로사의 주정부 청사
6. Site 3	주수도 지구의 고용촉진 동
7. 산호세시	산호세시의 주청사 동
8. Site 1C	주수도 지구의 본더슨 동

▲ **새크라멘트시 및 주 내부 주요도시의 캘리포니아주 정부 에너지 절약형 모델 청사**
남북으로 긴 해안선과 내륙부 등 캘리포니아주의 다양한 지형, 기후에 맞추어 그 토지에 적합한 에너지 절약형 모델 건축을 청사에 실현했다. 중정, 꺽어진 회전부, 다공질, 톱날형태 등 에너지 절약에 있어 합리적인 건축형태를 채용하고, 그것이 매력적인 건축이 되어 가로 경관에 융합되어 있다.(출전 16)

캘리포니아주 에너지 위원회를 방문한 우리 일행은 이 안내책자를 가지고 위원회 스텝의 안내로 이 투어에 참여했다. 실제로 걸어보았더니 4개의 에너지 절약 청사 건축물을 관람하는 데는 30분 정도면 충분했다. 그러나 그 짧은 시간에 에너지 효율화에 대한 뜨거운 정열, 창조성이라는 것이 실감있게 전해져왔다. 각 건물들의 창의성, 풍부한 감성, 가로경관에 대한 배려, 녹음에 둘러싸인 환경, 예술성 있는 광장과 모퉁이 공간 등 그곳에는 본 계획을 실현시킨 팀워크까지 느낄 수 있었다.

에너지 위원회의 스텝과 회합을 한 후에 이러한 느낌은 한층 더 확고해졌다. 본국으로 돌아온 후, 일본의 관공서에서도 이러한 에너지 절약형 건물을 채용하게 되었다는 것이 최근에서야 결정되었다는 기사를 신문에서 보았다. 그러나 캘리포니아주 청사에서의 시도는 마을만들기 그 자체의 사상과 연동되어 있다는 점에서 일본과는 근본적으로 다르다고 할 수 있다. 주정부 의사당 주변에 건설된 에너지 절약형의 모델 건축인 주정부 청사 4개에 대해 개략적인 설명을 하기로 한다.

▲ 의사당이 보임

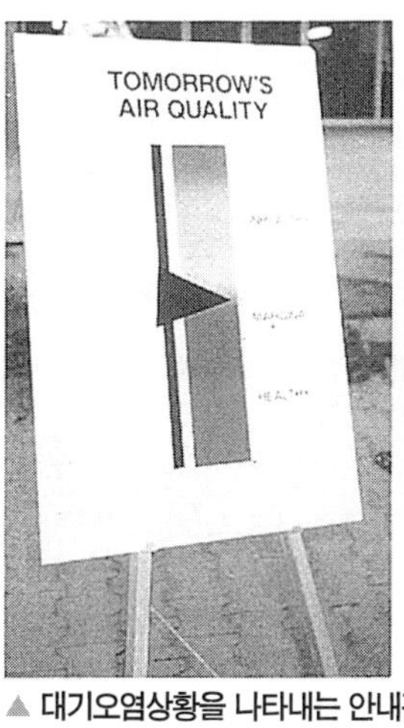

▲ 대기오염상황을 나타내는 안내판

▲ 반지하가 된 법원의 측벽을 녹화

청사의 네 가지 특징

캘리포니아 에너지 위원회 동

위원회의 두 가지 목표는 에너지 효율화와 에너지 절약을 구체화한 건축물이다. 건축의 냉난방에 낮 동안의 온도변화를 이용하고 있다. 거친 마감의 콘크리트는 야간에 냉기를 머금어 새크라멘토의 더운 여름철에 냉방부하를 경감시켜주는 축열 저장고로서의 기능을 하고 있다. 조명으로 개방적인 오피스의 형태를 갖도록 하고, 자연광을 가능한 한 사용하도록 하고 있다. 창에 있는 가동식의 루버는 태양의 이동에 따라 자동적으로 움직여 그늘을 만들어 방으로 들어오는 빛을 조절하고 있다.

그레고리 베이트슨 동(개발국, 보건국, 경제국 등의 합동청사)

저층으로 몇 개의 건물집합인 베이트슨 동은 새크라멘토의 기후에 맞추어 격자 및 자동적으로 조절되고 있는 그늘막으로 외부와 연결되어 있다. 건물을 밀폐시킨 상태에서의 냉난방이 아닌 기후에 순응하고 자연자원을 사용하는 다양한 기술을 사용하고 있다. 건물에 둘러싸인 중정은 건물 내부로의 이동, 모임, 휴식, 회합 등에 사용된다. 중정을 덮고 있는 천장에 설계되어 있는 통기구는 중정의 환경이 적절한 쾌적함을 갖게 하는 역할을 한다. 베이트슨 동의 조명으로 사용되는 전력은 일반적인 기술계 사무실에서 사용되고 있는 전력의 약 50% 정도로 마무리 짓도록 되어 있다. 화장실과 카페테리아에서 사용되는 온수의 85%가 태양열 에너지에 의해 공급되고 있다.

홀 R. 본더슨 동(캘리포니아 수도국)

중정이 있는 건물의 중심부는 하늘을 향해 개방되어져 점심식사나 휴식을 위해 매우 적합한 장소가 되어 있다. 도로에 접해 있는 건물 정면은 도로의 스케일에 맞추어 도시경관에 배려하면서 변화를 주는 것으로 하며 또 에너지절약 효과도 노리고 있다. 남과 동측의 창문에는 덧창이 설치되어 있어 여름의 뜨거운 햇살을 막아주고, 겨울에는 태양을 실내로 유인하는 기능을 담당하고 있다.

고용촉진국 동

네 번째 고용촉진국 건물은 '에너지 효율화 사무실 건축' 개발을 위해 캘리포니아 주에서 실시한 전국 규모의 현상공모 당선작이다. 이 창의적인 복합건축은 6층 건물로 각층마다 태양열을 모으는 '태양열판'이 공원에 면하여 설치되어 있다. 공원 아래에는 사무실이 만들어져 있다. 건축물은 에너지 절약의 다양한 기준을 만족하고 있다. 태양에너지의 포착, 축열, 재이용. 여름과 겨울 동시에 자연광을 실내로 끌어들이려는 노력과 함께 저층건물로 계획하여 엘리베이터의 이용을 가능한 한 줄이도록 하고 있다.

▲ **에너지 위원동** / 오른쪽 사진에서는 옥상에 아트리움 천장에 설치된 태양광 조절을 위한 루버의 일부가 보인다.

이상 4가지 청사 건축물을 소개하였으나, 그 외에 주 청사 건축물도 에너지절약형 건축으로 건설되어 있다.

에너지 절약형 건축은 무엇보다도 새로운 건축에서만 적용되어지는 것이 아니라 역사적인 의사당 건축물의 복원공사에 있어서도 내부에 벽을 설치하여 에너지 효율을 높여주거나 오래된 벽을 헐어내어 조명효과를 상승시키기도 하고 있다.

캘리포니아주가 이와 같은 에너지 효율화를 위해 건축물까지를 대상으로 한 철저한 실천활동에 오르게 된 것은 어떠한 동기에서 일까? 이것에 대해서 '에너지 효율을 위한 디자인Design for Energy Efficiency' 에 근거하여 이하에서 소개한다.

에너지 절약형 건축에 대한 경위

1950년대 캘리포니아주 건축국은 놀라울 정도로 관료주의에 의해 지배되고 있다. 1,200명의 건축 스텝이 주청사의 건축디자인과 시공을 감독하고 있었다. 현재는 그 수가 300명이 되었으나 디자인은 주 내외의 건축가에게 위탁하는 것으로 건축의 모든 것을 전담시키고 있다.

주 청사의 필요성 및 그 기능은 지사가 바뀔 때마다 크게 바뀌어왔다. 에드먼 브라운 지사의 지휘 아래 건축되어진 청사는 절호의 기회와 10여년의 시간여유가 있음에도 불구하고 격식위주, 형식에 치중한 것밖에는 만들어내지 못했다. 이 건축물은 시가지에 활력을 부여한다고 하는 의도는 갖지 못했었다. 빈민가에는 재개발이 이루어지고 있었으나 경관을 배려하는 계획은 없었으며, 캘리포니아주의 수도임에도 불구하고 그 중심부조차도 밤에는 황폐한 거리와 같았다. 로나르도 레가가 지사가 되어서 새로운 건축이 조금씩 승인되어졌으나, 의회당 근처 주가 소유하고 있는 토지는 공터 그대로 방치되어 있었다. 1970년대에 들어서면서 제리 브라운 지사의 밑에서, 특히 새크라멘토의 주소유의 건축으로 직원을 통합하여 20% 이상의 경비 효율화를 도모해야 한다는 결론이 나왔다. 새로운 건축정책이 이 때 시도되게 되어 건축국은 에너지 효율과 양호한 근무환경을 만들기 위해 솔선수범하여 봉사하게 되었다. 1976년 브라운지사는 반 라인Van Ryn씨를 주임 건축가로 임명하고 바클레이를 위시로 한 캘리포니아 주립대학의 협력을 기반으로 에너지 절약형 건축의 구체화를 향해 출발하게 되었던 것이다.

브라운 지사와 건축가 라인은 수년 전에 선종禪宗 계통의 수행에서 만나, E. F. 슈마허가 제창했던 '작은 것은 아름답다' 등 많은 부분에서 의기투합했던 친구였다.

아트라움 천장의 지붕, 남북에 각각의 면이 대면하고 있는 톱날형태를 한 구조가 되어 있으며, 북측면은 태양광의 조절, 남측면은 온도조절이라는 서로 다른 기능을 갖고 있다.

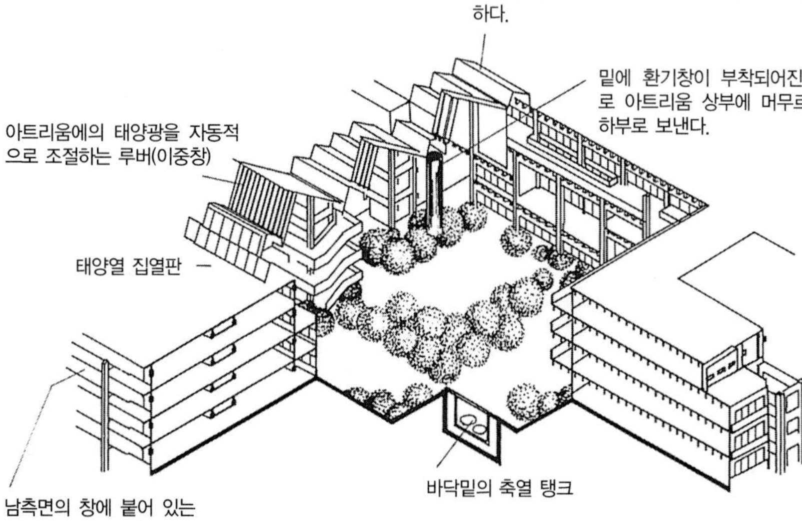

▲ **그레고리동 아트리움의 구조** / 다양한 에너지 절약 장치가 설치되어 있다.(출전 16)

▲ **그레고리동 아트리움**
환기용 덮개의 튜브가 보임.

▲ **그레고리동 외관**
건물의 외벽에 설치된 다양한 소규모 휴게공간이 건물에 변화 있는 외관을 갖게 해준다.

도시계획 속에서의 위상

건축가 라인 밑으로 모여든 건축가들에 의해 의사당 주변의 주 소유 토지에 대한 계획이 입안되었다. 주도지구계획Capital Area Plan이라 명명된 주 소유 토지를 활용하는 새크라멘토 도심활성화계획은 이 지구에 건설계획이 있는 주 정부의 건축군을 에너지 절약 정책의 모델건축으로 하고, 그 건설을 통해 이 지구에 24시간 안락한 커뮤니티를 창조하는 것을 골자로 만들어졌다.

주 정부의 건물만으로는 야간에 과소지대가 되어버린다. 그래서 주택과 상업지구가 사무소 기능 유지를 위해서는 필수불가결이라는 점에 주목해야 했다. 게다가 보행자에게 있어서 쾌적한 공간을 만들어야 하며, 자동차이용을 감소시켜야 한다. 그러기 위해서는 시의 경계지역에 주차장과 이 새로운 지구를 연결하는 소형버스를 개발하였다. 이러한 계획에 의해 본래 의미의 다운타운을 만들어내고자 한 것이다.

각각의 건축에 관해서는 스케일과 볼륨이 검토되었다. 엘리베이터를 설치하지 않도록 한다. 또한 작은 스케일의 환경을 소중히 한다. 그리고 태양에너지가 쉽게 얻어지도록 건물의 높이를 4층으로 제한한다. 건축물은 부지 경계선에서 후퇴하여 도시경관에 기여토록 할 것. 특히 건축물의 크기는 하나의 구획의 1/4 정도로 하는 것 등 건축의 볼륨이 거론의 대상이 되었다. 그러한 작업들이 지구 내 건축물의 다양성을 촉진시켜 보행자를 활기있게 만드는데 커다란 역할을 하였다. 어찌되었든 목표는 주청사의 이미지를 근본적으로 바꾸고, 관청건물을 시가지 속에 섞여 들어가도록 하여 도심을 활성화시키는 데 있다고 하겠다.

그러나 이러한 계획은 반드시 순조롭게 진행되지는 않았다. 이 재개발지구에 주택을 건설하고자 의도했던 라인씨는 개인주택 개발을 담당하는 과를 발족시키고자 하였으나 이 제안은 제도상 반대에 부딪히고 말았다. 반대가 생겨나게 된 것은 새로운 청사를 계획하는 경우에 그곳에서 근무하는 사람 및 방문하는 사람들의 입장을 생각하는 자세가 그때까지는 없었기 때문이었을 것이다.

그럼에도 불구하고 건축은 규격품만으로 건설되어지고 있었다. 그러나 수많은 장해에도 굴복하지 않고 새로운 시도에 도전하는 건축가가 출현하였다.

▲ **고용촉진국 건물의 전경**

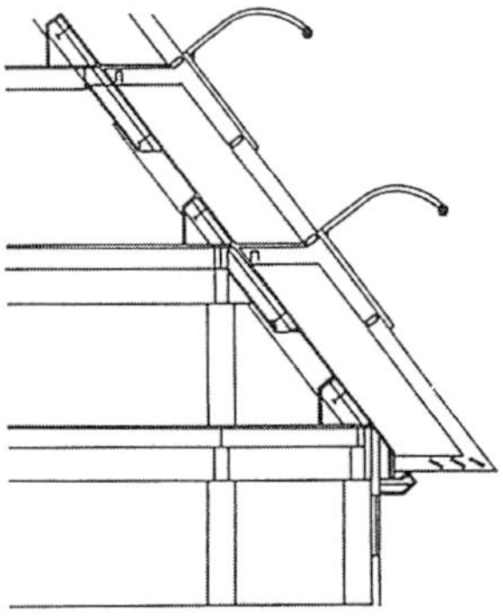

▲ **고용촉진국 건물의 솔라슬라브와 창덮개의 구조**(출전 16)

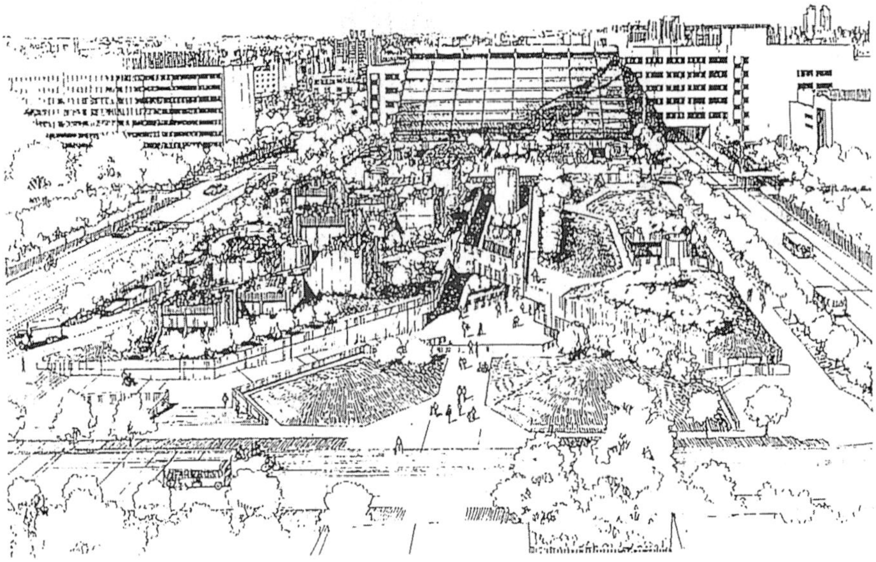

▲ **고용촉진국 건물의 스케치**(출전 16)

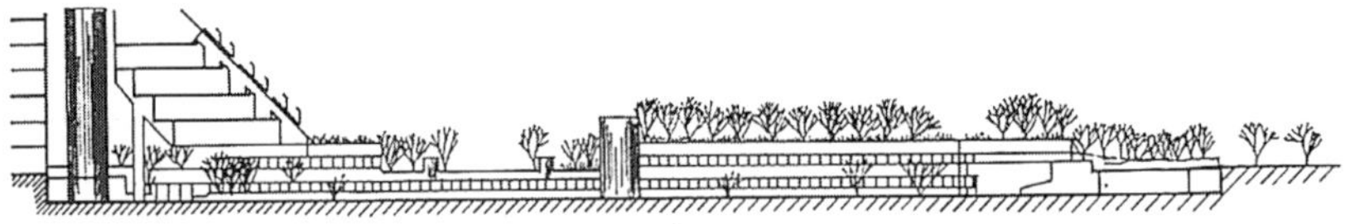

▲ **고용촉진국 건물의 단면도** 6층 건물의 전면에는 솔라슬라브가 부착되어 있다. 공원 밑은 사무소로 되어 있다.(출전 16)

새로운 사법성司法省 덕택에 프로그램을 작성한 건축가 보비 스 후드Bobbie Sue Hood는 사람들이 서서 쉽게 돌아볼 수 있다는 점과 빌딩을 방문하는 사람들에게 빌딩입구를 쉽게 찾을 수 있다는 점에 특징을 두었다. 계단이 눈에 잘 뜨이도록 설치하여 엘리베이터를 사용하는 사람도 계단의 위치를 즉시 알 수 있도록 배려했다. 주청사에서 근무하는 사람들에게는 근무장소의 환경을 인식하고 수용하는 사람의 입장뿐만이 아니라 빛이나 공기와 함께 에너지도 스스로 국부적으로 조절하는 것이 가능하다는 생각을 도입했다.

특히 전기량을 줄이거나 빌딩 내 전체의 온도를 낮추어 에너지 절약을 시행한다. 빌딩 자체 겉모습의 크기만을 앞세우지 말고 보다 인간적 스케일과 환경지향형이라는 점이 중시되어졌다.

수도지구계획capital area plan은 이와 같이 도심주거의 이상을 실현하고자 한 도시계획이라고도 칭한다. 그곳에서는 근무지에서 그다지 떨어지지 않은 에너지 효율이 우수한 주택에 살거나, 근무지까지 가는 길에 있는 상점이나 찻집에 잠시 들르는 것이 가능하다. 그러한 것들에 의해 도심이면서도 도시마을urban village의 라이프 스타일을 실현하는 것이 가능했던 것이다.

그러나 실현에는 수많은 난관에 부딪혔던 것도 사실이다. 수도지구 개발기구는 부지 안에 주택을 조합해 집어넣자고 하는 생각이 있었으나, 사무소 내의 부지 가운데 한곳에서만 주택이 포함되어 있는데 그쳤다.

어떤 건물에서는 정말로 건설될 수 있을 것인가, 경비면에서도 가능할 것인가와 같은 마크로 스케일macro scale에서부터 창 앞에 해가림 장치를 설치한 경우 어떻게 창을 닦을 것인가 라고 하는 마이크로 스케일micro scale까지 여러 가지 장해가 있었다. 이러한 장해는 주정부에 근무하는 사람들이 실제로 문제에 부딪혀가면서 해결하는 가운데 개선책을 찾는 좋은 테마가 되었다.

이 절 마지막에 모델건축으로서 가장 전형적인 사이트site A의 그레고리 베이트슨 건물에 대해서도 같은 에너지 효율화를 위한 디자인이란 관점에서 상세하게 소개하기로 한다.

베이트슨 건물의 에너지 절약 시스템

캘리포니아주 건축사무소에서 설계된 사이트 A는 그 후에 계속해서 건설되어지는 주 청사에 앞서 에너지 절약의 선례가 된 건축물이다. 건축디자이너는 이 건축을 통해 에너지 절약의 모범건축이 될 수 있도록 의도하여, 다수의 주요한 건축법칙을 특히 발전시켰다.

디자인팀은 일원인 피터 갤스로프Peter Calthrope는 이 건물을 생물학을 응용한 전형적인 건물이라고 규정지었다. 게다가 살아있는 유기체와 같이 이 건물은 생명이 스며들어가 빛과 대기에 반응한다. 생물사회가 갖는 에코시스템과 같이 다양한 환경조건에 민감하게 반응하기 쉬운 기구를 갖추고 있다.

▲ 일광조절 판넬 예 1

▲ 일광조절 판넬 예 2

▲ 일광조절 판넬 예 3

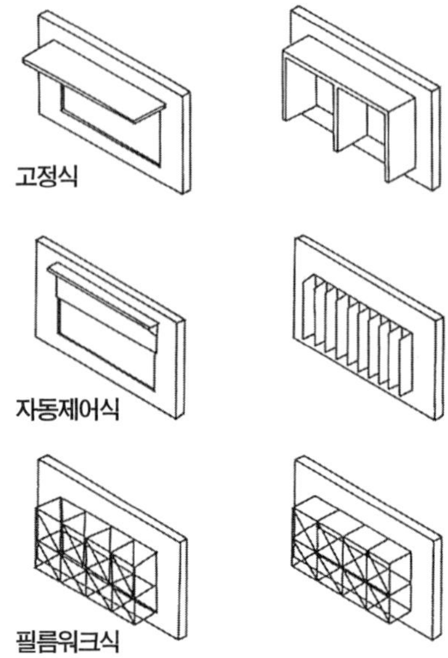

▲ 덮개형식

건물남측 창에 설치된 다양한 형태의 덮개. 고정적인것, 자동제어식인 것과 다양한 형태가 개발되어 실내온도를 조절하고 있다. 이와같이 서로 다른 형태의 덮개는 건물 외관에 변화를 갖게 해준다.(출전 16)

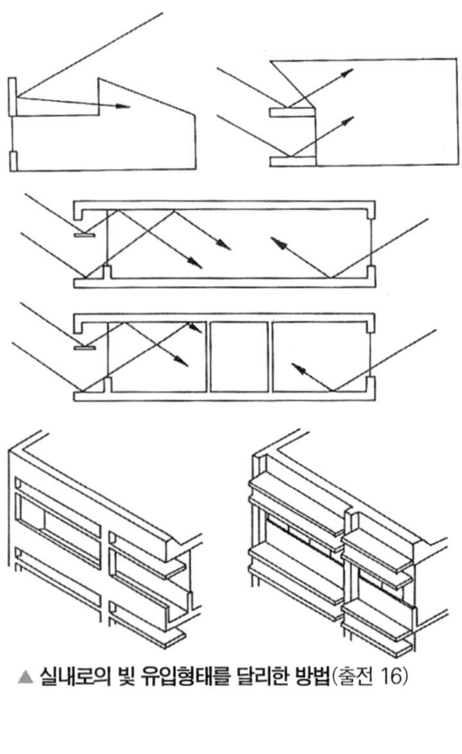

▲ 실내로의 빛 유입형태를 달리한 방법(출전 16)

예를 들면 외벽의 마감표면은 콘크리트로 넓게 덮여져 있어 보온효과가 높아진다. 다양한 해가림 장치도 있으며 앞에 튀어나온 창틀에 붙어 있다. 건물과 유리 사이에 나무를 집어넣거나, 발코니에 나무 손잡이를 설치하는 일은 다른 구조적 부분의 이미지 및 컨셉을 특히 강조하는 역할을 하게 된다.

내부에 있어서는 일렬로 된 직선계단은 지진에도 대비할 수 있고, 기계조작으로 움직이는 송수관의 장소도 명확하게 알 수 있으며, 가운데 복도도 아주 눈에 잘 뜨이도록 되어 있다.

건물 외관에는 획일적이 되지 않도록 경관적인 배려가 이루어져 있다. 건물 밖에 설치되어진 일련의 작은 실외공간은 건물이 부각되지 않도록 하고, 특히 언제인지 모르게 밖에서 안으로 녹아들어갈 것 같은 효과를 갖고 있다.

사무소 내부에는 빛을 비춰주기 위해 만들어져 있는 발코니와 해가림 장치는 변화 풍부한 파사드를 만들어내고 있다. 건물의 높이는 길을 걷는 사람이 4층 건물의 벽에 위압감을 느끼지 않도록 부드럽게 단계적으로 올라가고 있다.

이 건물을 이용하는 사람들이 이 에너지 절약형 건물의 컨셉을 인지하게 되면서, 중요하다고 느끼는 공간은 이 건물 중심에 위치하는 네 개층이 뚫려 있는 아트리움일 것이다. 기능적인 점에서는 아트리움은 이 건물의 사교장소이다. 이 아트리움에는 서로 다른 층에서 몇 개의 계단이 각 방면에서 구심적으로 설치되어져 있으며, 하나의 부서에서 다음 부서로 이동하는 사람들은 이 아트리움을 반드시 이용하게 된다.

아트리움의 에너지 절약에 대한 주요한 특색은 다음과 같다. 아트리움의 톱날과 같은 형태의 지붕은 외부기온에 대하여 계절별뿐만 아니라 매일 조절 가능하도록 설치되어진 것이다. 조절기능의 창살당김 장치를 갖춘 커다란 남향의 높은 창은 겨울철에 직사광선을 받아들이며, 여름철에는 해가림의 역할도 한다. 아트리움의 중앙에는 버드나무 발로 골격을 씌운 다채로운 튜브 덮개가 씌워져 있다.

이 튜브의 밑에는 환풍기가 설치되어 있어 매일 아트리움의 상부에서 하부쪽으로 따뜻한 공기를 집어넣어 주고, 공기조절을 하여 깨끗한 공기의 순환이 이루어지고 있다. 아트리움 바닥 밑에 있는 석판재질의 저장탱크는 온도를 올리거나 내리거나 하는 역할을 하고 있다. 아트리움 속에는 강제적인 냉난방시설이 없기 때문에 여름에는 생각했던 것보다는 조금 온도가 높은 상태이며, 겨울에도 온도가 낮은 상태 그대로이다. 그러나 공공이 이용하는 광장이라고 생각한다면 이 정도의 기온조절만으로도 충분한 쾌적함이 보장될 수 있을 것이다.

어찌되었든 이 아트리움에 들어와 있으면 왠지 온화한 분위기에 둘러싸여 버린다. 마치 어머니 뱃속에 있는 것 같은 착각에 빠진다. 환기튜브의 다채로운 색은 마치 전위적 조각과도 같으며, 그 밑에는 흡연코너가 있으며 대화에 열중하고 있는 사람들이 보인다. 잎이 풍성한 수목이 천장에서 들어오는 빛을 받아서 싱싱하게 잘 자란다. 캘리포니아주 정부청사의 건물은 마치 자연을 호흡하고 있는 생명체와 같은 개념으로 계획되었다.

06 오피스 빌딩의 새로운 철학

ING 은행본부

인간의 얼굴을 한 오피스 빌딩

ING(구 NBM) 은행본부 건물을 소개하는 안내책자에는 다음과 같은 자랑스러운 메세지가 쓰여져 있다.

'ING 포스트파크 그룹은 은행으로서는 지금까지 볼 수 없었던 혁신적이며 높은 질과 내용을 추구하는 시설을 실현해냈다. 이 본부의 건축은 그 성과가 디자인으로 반영되어져 있다. 그리고 이 건축에서 기본적으로 의도하고자 하는 것은, 건축은 그곳에서 일하는 사람들이 납득할 수 있는 것이지 않으면 안된다고 하는 생각이다.' 필자는 이 거대한 건축의 내부를 구석구석 안내받으면서 점차 명백하게 나타나는 그의 건축과 정원, 예술에 관한 다양한 이념에 감탄해버렸다.

은행이라고 하면 모든 것을 돈이라는 절대적인 척도로 계산하는, 차갑고 권위적이며 접근하기 어려운 장소라는 이미지가 머릿속에서 떠나지 않는다. 나이든 필자의 편견일지도 모르겠으나, 자연, 생명, 예술이라는 인간존재의 근원에 관한 가치와는 인연이 없는 것이라고 머릿속으로 생각하고 있었다. 이러한 '상식'을 깨뜨리게 해준 것이 ING 은행본부 건축이다. 그러나 인간이 건축에게 가장 필요로 하고 있는 환경을 은행이라는 건축물을 통해 실현하고 있다는 점에서 놀라움이 더욱 컸다.

그곳에는 종래 우리들이 생각해 온 일하는 장소로서의 오피스 건축 이상의 가치, 인간에게 있어 환경이란 무엇인가라는 질문에 충분한 대답이 될 수 있는 새로운 이념을 갖는 건축이었다. 은행은 물론 일반 사무소건축에서도 이만큼 철저하게 인간주의에 기초하여 지어진 건물은 본적이 없다.

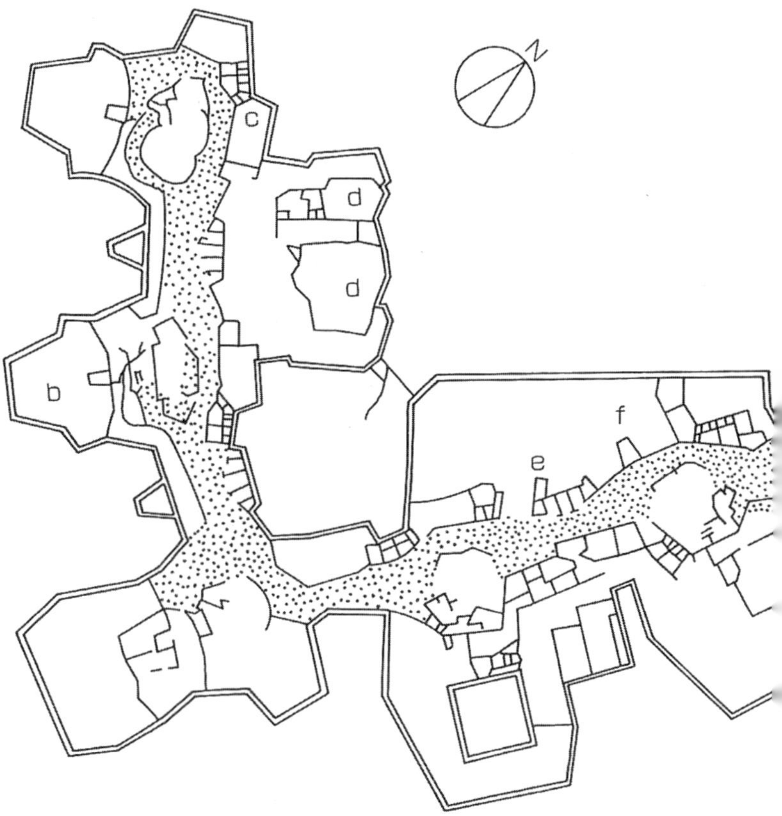

10동의 타워를 연결하는 S자 형태의 가늘고 긴 건물. S자의 내축에는 3개의 정원을 갖고 있다. S자형의 중앙은 도로를 갈라놓고 있다. 각각의 방은 건물 중앙을 통과하는 복도로 연결되어 있다.

a. 입구
b. 레스토랑
c. 회의실
d. 홍보센터
e. 우체국
f. 인쇄실

(출전 17)

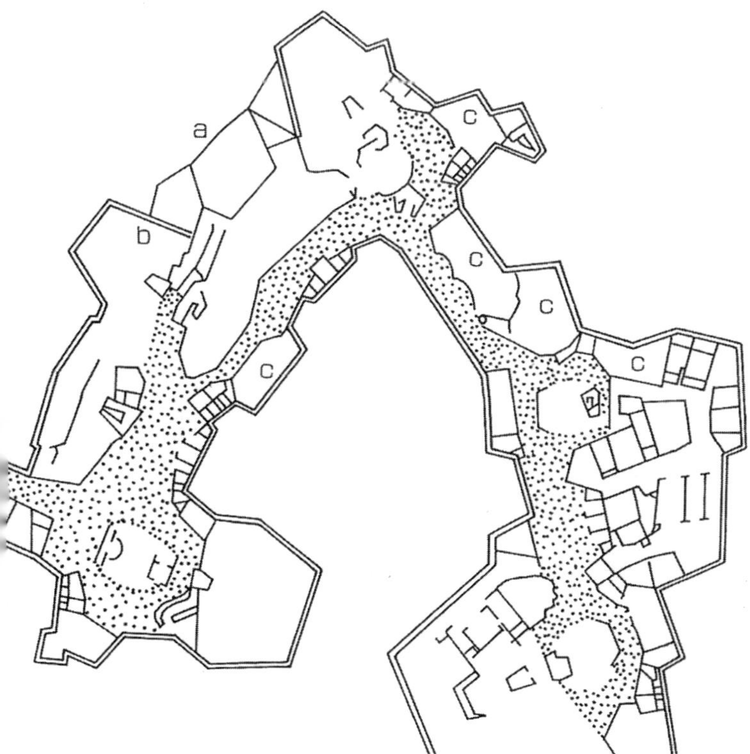

◀ 전경

10동의 타워는 350m의 긴 실내의 보행자통로로 연결되어 있다.

각각의 타워는 3층에서 6층까지의 높이 변화를 주고 표정에 개성을 느낄 수 있도록 하고 있다. 결과적으로 2000명이 근무하는 은행본부 건축물임에도 불구하고 거대함이 느껴지지 않고 또한 가로경관과의 통일감을 갖게 하고 있다.(출전 6)

▲ **ING 은행 전경** / 10개의 타워를 연결한 S자형태의 가늘고 긴 건축군. 이 형상이 3개의 서로 다른 독특한 정원을 감싸안고 있다.(출전 17)

이 건물을 내부에서 정원에 이르기까지 하루 종일 안내해준 것은 ING 은행본부 해외부 일본담당부장 얀 스켈팅거 코프만이다. 코프만의 부인은 이시다 아키코石田玲子라고 하는 일본인으로 암스테르담에 있는 광고대리점, 덴츠電通 네덜란드 지점에 근무하고 있다. 그래서 그는 일본어도 능숙했다. 이야기를 하다보니 그가 단순한 친일가일뿐만 아니라 일본인에 대해 강열한 비판정신을 갖고 있다는 것을 알게 되었다. 일본인과 일본이 좋기 때문에 일본에 대한 요구도 하고 싶다는 것이 그의 철학이었다. 이러한 자세는 일본의 고전문학을 배우기 위해 젊은 시절 일본에 유학했던 경험에서 생겨났다고 그는 말한다. '이 은행과 일본의 오피스건축과 비교해본다면 일본의 오피스건축이 아직도 비인간적인 환경에 있다는 것을 터득할 수 있었다' 는 것이 기본적으로 그가 일본을 판단하는 관점이었다.

은행을 뒤로하고 암스테르담의 역사지구에 17세기부터 있어왔다는, 그가 자주 찾는 술집에 들렀다. 그곳에서 그 자신의 이야기를 듣게 되었다.

일본에 추억이 있어 갔었는데, 절망하였다는 것이다. 교토京都에 와서 특히 실망했는데, 기요미즈데라清水寺를 올라가는 언덕길에 전신주가 여기저기 서 있는 모습을 보고는 쇼크를 받아서 한달 정도 아무 것도 할 수가 없었다고 한다.

이 근대건축의 기적이라고도 말하는 ING는 17세기부터 거의 변경되지 않았으며 그 술집과 운하가 그대로 남겨져 있는 암스테르담의 교외에 있으나, 무엇보다도 위화감이 없다. 그의 존재와 그의 일본 근대주의에 대한 비판, 교토에 대한 비판은 설득력이 있었다. 그런 건축이 대체 어떻게 해서 생겨나게 된 것일까?

건축개요

ING(구 NMB) 은행은 네덜란드 3대 은행의 하나이다. 본부의 경우 그곳에서 근무하는 사람들의 수가 2천명을 넘는다. 암스테르담 교외에 건설되어

5,000㎡ 면적과 20,000㎡의 주차장을 갖는다. 건물의 길이도 거의 1㎞에 이를 정도의 크기이다. 그러나 이 거대한 건축 덩어리는 인간을 억압하거나 거부하거나, 냉정하게 하지 않는다. 마치 어머니 품의 아이와 같이 편안하게 안겨져 따뜻하게 반기고 있는 듯한 느낌을 받게 된다.

건물을 첫 눈에 보면 종래의 건축과의 차이를 발견할 수 있다. 이 은행건축은 일반 예금자를 위한 창구업무는 취급하지 않는다. 순수하게 오피스빌딩인 것이다. 여기서 2,000명의 직원이 자연과 예술이 편안하게 도입되어진 환경 아래서 근무하는 것이다. 여기에서는 새로운 오피스빌딩에 대한 철학이 명확하게 나타나고 있다.

이러한 건축이 가능하게 된 가장 중요한 이유를 한마디로 표현한다면 '건축디자인에 대한 공동작업' 이다. 이것을 건축가의 설명을 빌어 소개한다.

거리와의 관계 ▶
정면입구 앞의 광장은 30년 된 14그루 플라타너스와 일체가 된 경관을 만들어내고 있다.(출전 17)

▲ **도로에서 본 가로경관의 신구대비**

ING 은행과 암스테르담 역사 지구의 가로경관(18세기경 건설). 대비시켜 보더라도 위화감은 없다.

건축가 돈 알버츠의 이야기

이 건축을 설계한 건축가 돈 알버츠는 설계에 관하여 다음과 같은 생각을 전하고 있다. '자연은 우리의 작품에 영감을 부여해주는 근원이다. 자연이 갖는 아름다움은 유기적인 건축과 연관되어 있다. 우리에게 있어 소위 건축이란 그것을 사용하는 사람들과의 공동작업 속에서 끓어오르는 무엇인가 특별한 것으로 자연스러움을 포함하고 있는 것이다. 건축의 형태, 색, 재료가 상호간 관련되어 가면서, 조화된 전체 형태가 모습을 드러내고, 그 가운데 인간이 주역이 되는 공간이 나타난다. 이 프로세스가 이와 같은 독특한 건축이 탄생되게 된 배경이다. 그러면서도 건축의 독특함과 함께 기능성과 유연함을 소홀하게 다루는 일은 없다. 아울러 건물의 유지비를 종래의 비용보다 낮은 가격으로 실현하고 있다.

이러한 것을 실현하기 위해, 작업을 시작하는 시점에서부터 관계자의 사이에서 협동작업을 반복해왔다. 단순히 클라이언트나 건축가뿐만이 아니라 각종 기술 전문가, 조경가, 아트코디네이터 등의 협동작업을 통해 새로운 성과를 부여하고, 소위 생태적으로 건강한 건축ecology sound building을 실현하는 것이 가능했다. 이러한 수법을 채용할 수 있었기 때문에 결과적으로 이 건축은 지금까지 어디에서도 볼 수 없었던 내용을 담고 실현되었다. 이것을 필자는 미래를 나타내는 건축이라고 믿고 있다.[4]

정원과의 어울림 ▶
발밑에 펼쳐지는 정원의 자연조형과 연계되는 건물외관(출전 17)

4) 'ING 안내책자' 로부터 인용

◀ **건축외관**
건축물 벽의 어디를 보더라도 수직이 없으며, 어느 두 개의 벽을 선택하더라도 평행된 면은 보이지 않는다.(출전 17)

직원의 건축설계 과정에의 참여

건축의 완성에 이르기까지의 다양한 참여 프로세스, 이를 철저하게 실행한 것이 이 건축의 독특함에 연관된다. 설계자 돈 알버츠씨가 말한 것처럼 완성에 이르기까지 각 단계에서의 작업과 결정에 다양한 전문가 및 그곳에서 근무하고 있는 사람들의 참여기회이 상호 이해에 연결되어 그 프로세스가 아주 새롭고 독특한, 즉 '특별한 것', '자연의 것'을 이끌어냈던 것이다.

기업의 건축, 하물며 은행 본점 건축이 되려면, 일본에서는 경영자 측의 사상, 사고방식, 전략 등이라는 외향적인 표정으로 결정되어 직원들의 의식을 집어넣을 여유는 결코 없다. 본사건물과 같이 중추기능을 갖는 건축은 그 기업의 상징이고, 그렇기 때문에 이름이 알려져 있는 유명한 건축가가 기용되게 된다. 통상 이러한 건축은 랜드마크가 되기 때문이다. 물론 이러한 프로세스의 건물은 독특하기는 하지만 비인간적, 위압적, 압박감으로 작용하여 그곳에서 근무하는 사람들의 마음과는 동 떨어진 형태로 이루어지는 경우가 종종 있다. 그러나 이 ING 은행본부에서는 프로세스의 상당부분을 스텝의 참여에 의해 실현시켰다. 본부건축의 위치이므로 다수결에 의해 가장 편리한 장소를 선택했다고 한다. 이와 같은 부분에서부터 직원들의 참여가 가능하기 때문에, 디자인 프로세스에서의 참여는 굳이 언급할 필요도 없다.

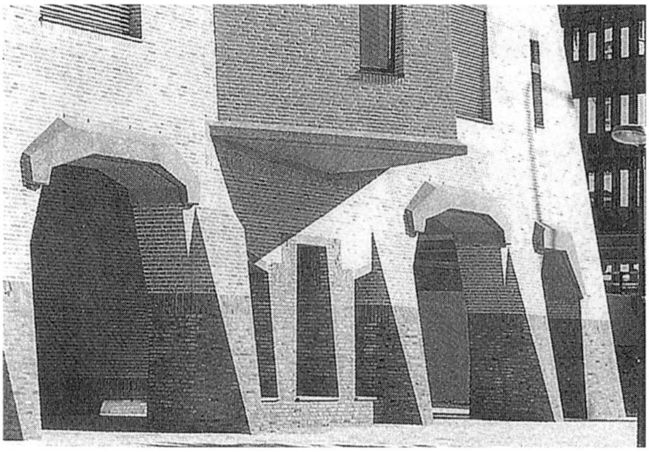

건물근처 ▶
통로를 따라서 사람들이 자유롭게 출입할 수 있는 복도가 만들어져 있어, 건물을 한층 더 매력적으로 만들고 있다.(출전 17)

코프만에 의하면 네덜란드에서는 노동자가 근무하는 환경에 대해서 고용주의 설계를 변경시킬 권리를 갖고 있다고 한다. 이와 같이 디자인 프로세스에의 철저한 참여는 직원들의 건물에 대한 애착을 양성시킬 수 있다. 그들은 순수하게도 '지나치게 오피스 환경이 좋기 때문에, 저녁에 귀가시간을 잊고 계속 오랫동안 머무는 사람도 있어요' 라고 말하기도 한다.

참여 내용은, 예를 들면 각각의 창으로부터의 조망, 냉난방 장치보다도 창의 개폐 시스템을 선택한다고 하는 것, 색채, 재료의 선택 등에도 미친다. 재료에 관해서는 대량생산의 부재 및 플라스틱 등은 피하며, 가능하면 '자연의 재료' 를 사용하자는 의견이 도입되었다.

이러한 참여형 건축설계 프로세스에서 건축가 및 각각의 전문가의 역할은 종래와는 다르다. 건축가 돈 알버츠씨의 역할은 소위 조정역에 역점을 두고 있는 것 같다. 누구든지 의논하는 과정에서는 평등한 입장이며 설계의 민주화라고 할 수 있는 환경이 만들어져 있다.

통상 이러한 방법은 유명한 건축가는 피하고 싶어 한다. 왜냐하면 대세의 의견이 들어가게 되면 디자인의 질은 낮아지며, 소박하고 어떤 흥미로움도 없는 평범한 것이 되어버리는 위험성을 갖게 되기 때문이다.

▲ **타워**
각 타워의 가장 중요한 요소는 최상부의 유리돔이 태양을 타워 내부로 집어 넣어 건축물 각층에 자연스런 밝음을 부여해 주고 있는 것이다. 타워에 면하는 창에 식물이 번성하고 있으나, 이 식물은 적당한 습도를 유지하는 역할도 하고 있다. 1층에는 조각이 놓여 있다.(출전 17)

▲ **유리돔의 최상부**(출전 17)

▲ **물이 흐르는 손잡이**(출전 17)

▲ **손잡이의 선단부분**

그러나 실제로 만들어진 것은 이러한 일반상식을 깨뜨리는 매우 독특하며, 흥분과 기대감을 주는 것이었으며, 게다가 은행본부라고 하는 기능에도 충분히 대응할 수 있도록 만들어졌다. 실제로 이 건물 내부의 어디를 보더라도 소위 인텔리전트 빌딩이라는 기분은 전혀 없다. 코프만씨는 이 건물에는 현대의 모든 정보통신 시설이 갖추어져 있다고 자랑한다. 정보기구의 성이라고도 할 수 있음에도 불구하고, 자연과 예술의 향기가 존재하는 건축물이다.

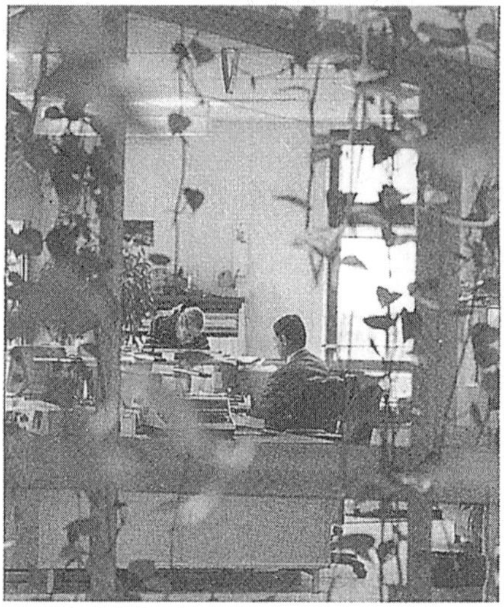

▲ **오피스**(출전 17)

▲ **오피스 내부의 식물**(출전 17)

▲ **레스토랑**

영국의 아티스트 폴리 호프에 의한 인테리어. 북측에 위치하는 여건을 고려하여 커버에는 흙색과 어울리도록 커텐과 판넬에는 바다와 사구를 이미지한 따뜻한 파스텔 색조가 사용되고 있다.(출전 17)

▲ **예술** / 타워 최상부의 유리돔에 있는 Judith Gor와 Joost Van Santen의 작품 선 · 페인팅은 태양빛으로 반짝반짝 빛난다.(출전 17)

경사진 외관

건물의 외관은 각각의 높이가 서로 다른 10개의 탑과 약간의 경사를 갖는 벽에 의해 특징 지워지고 있다. 이 건물의 외관에는 수직의 벽은 거의 찾아볼 수 없다. 10개의 타워 전부가 모여 있는 형태는 늘어져 있는 S자 형태가 되어 있다. 그 결과 작은 오피스 스페이스는 길을 따라 배치되어 있다. 경사가 있는 건물 외벽은 외부의 소음을 상부로 반사시켜 소음의 감쇠효과를 갖게 한다. 타워는 3~5층 높이이다. 커다란 외벽은 콘크리트로 되어있으며 그 표면은 수제 벽돌로 덮여져 있다.

녹음과 예술이 배려된 내부

어느 타워에서도 여름의 빛은 타워의 꼭대기에 붙어 있는 돔을 통하여 들어오며, 지붕으로 빠져나가도록 되어 있어 그 바로 밑을 통하는 회랑에 생기 있는 표정을 부여하고 있다.

이 건물을 네트워크 형태로 연결하는 복도에 면하여 응접실, 4개의 레스토랑, 스넥바, 우체국, 도서관, 영화관, 홍보센터, 회의실이 만들어져 있다.

이 복도에는 예술작품이 배치되며 녹색 식물들이 통상적으로 사용되고 있어 사무실 사이를 이동할 때 즐거움을 갖도록 해준다. 다양한 색채를 사용하여 엘리베이터를 인식하기 쉽도록 하고 있으나, 오히려 타워로 올라가는 계단 쪽으로 자연스럽게 발길이 향하도록 디자인되어져 있다.

각각의 타워에는 다수의 오피스 공간이 있으며 타워 각층으로 연결되어 있다. 10개의 타워를 합해보면 오피스층은 43개나 된다. '이 은행에는 누구든지 어디든지 ING 은행의 아트 컬렉션을 즐기는 것이 가능하다' 라고 안내책자에 적혀 있으며, 건물의 모든 장소에 예술작품이 각각의 환경공간에 잘 조화되면서 놓여져 있다. 이것은 내부뿐만이 아니라 정원에서도 풍경의 일부로서 도입되어져 있다. 작품은 단순히 미적인 역할만을 하는 것이 아니라 어떤 종류의 기능을 갖춘 장치가 되기도 한다. 예를 들면 복도에 설치된 도어에 부착된 예술작품은 조명기능도 갖고 있다. 대리석의 모자이크로 만들어진 마크는 비상시 계단 위치를 나타내는 사인이다. 이와 같은 것이 가능하게 된 것은 건설 중에서부터 종합적인 아트 실현을 위한 배려가 이루어졌기 때문이라 한다.

예술작품은 실내뿐만이 아니라 레스토랑에서 사용하는 수제품의 글라스나 정원에 이르기까지 매우 다양하다.

에너지 절약에 관한 사고

ING 은행은 네덜란드 건축연구조사기구에 의해 세계에서 가장 에너지 효율이 좋은 건축물로 인정받고 있다. 이 성과도 다양한 분야의 전문가가 일치하여 협력했던 귀중한 산물이다. 냉난방에서의 기본적인 사고방식은 건물의 구조, 설비, 재료 등에서 급속하게 따뜻해지거나 냉각되는 시스템을 절대로 선택하지 않는 결과를 낳았다. 또한 태양에너지를 최대한 활용하기 위하여 태양을 향해 경사진 벽면을 사용하고 있다. 벽면에 대한 창의 비율을 줄여주거나 각양각색의 독특함으로 대범한 시도도 하고 있다.

이하, '푸른 건축 Green Architecture' 이야기가 조금 길어지겠으나, 에너지 절약의 개요를 소개하기로 한다.

층에 대하여

층(보)은 외벽의 180mm 두께의 내층과 같은 철근 콘크리트이다. 이 고질량高質量 구조는 외면에 30mm의 공동을 갖는 100mm의 무기섬유 단열재와 벽돌 마감재로 싸여 있다. 그 주요한 역할은 사람, 컴퓨터, 조명 및 일광으로부터 열을 흡수하고 공기가 차가워지게 되면 나중에 열을 부여하는 것이다.

창과 외벽의 단열

이중유리는 금속 틀에 들어 있으며, 착색마감을 하여 보수의 필요성을 줄여주고 있다. 틀에는 단열재를 넣어 냉각 가능성을 줄여주고 있다. 내측과 외측 사이에의 단열을 좋게 하기 위해 단열재가 사용되며, 창의 개구부에는 별도의 단열라이닝이 부착되어 있다.

창에 대하여

근무하는 사람들은 양호한 자연채광과 양호한 환기를 희망하며, 또한 외부에서의 잡음을 차단하는 것을 희망한다. 설계팀은 이 요구를 만족시킴과 동시에 일광을 많이 받아들이기 위해 필요한 넓은 창 면적에 의한 열손실과 과

열도 피하지 않으면 안되었다. 그 결과 창의 전면적은 외벽면적의 20%에 제한되었고, 게다가 500룩스라는 높은 조도를 확보하여야 하였다. 자연채광은 나중에 반사루버를 부착한 유리 고정 틀을 창의 최상부에 설치하는 것으로 증가시켰다. 이 루버는 은색을 한 베네치안 블라인드처럼 보이며, 받아들인 햇빛이 방의 천장에 반사하면 천장은 다시 한번 그 빛을 공간의 뒷부분으로 반사시킨다. 이 창은 창에서 7m 이상 떨어진 곳에는 작업장소를 설치하지 않는 것으로 하여, 낮 동안의 에너지 수요량을 줄이는데 도움을 주고 있다.

10개의 사무동 레이아웃은 그 모든 동에서 필요한 일광을 받아들이도록 되어 있다. 이것으로 겨울철의 열 수요량을 줄이는 것이 가능했으나, 여름에는 에너지 수요의 관점에서는 바람직하지 않다. 그래서 원하지 않는 태양광을 차단하기 위하여 유리창 바깥 면에 컴퓨터 제어 블라인드를 설치하고 있다. 내부의 블라인드는 거주자가 일광이 지나치게 강하다고 느끼는 경우 스스로 조작할 수 있도록 되어 있다.

이와 같은 유리창 설계에 대한 연구는, 유리부분에서 에너지 손실이 많은 외관에 의존하지 않고, 양호한 채광과 좋은 조망을 제공할 수 있게 하였다. 또한 사무소에 근접된 탑은 유리천창을 갖고 있어, 이것이 내부통로에 조명이 된다. 아울러 커다란 면적의 천장 유리창 부분은 그 건축물의 에너지계의 일부로서도 사용된다. 5각형의 유리창은 태양에너지를 모아 건물로의 환기 예열에 사용되며, 외부기온이 7℃라도 내부의 온도는 중앙보일러 설비의 도움 없이 21℃로 유지된다.

축열조에 대하여

열은 4기의 커다란 단열탱크에 들어있는 100㎥의 물에서 생기며, 지하의 축열부에서도 받을 수 있다. 탱크는 일부 가스 또는 석유를 연료로 하는 건물 내의 발전기에서 배출되는 열을 수집한다. 배출열을 단열탱크에 '떨어뜨림'으로써 헛되이 그 열을 소산시키지 않고 건물 내에서 필요한 경우 설비조작원들이 사용할 수 있도록 저장할 수 있다.

에어컨 설비가 없다

이 건물에는 에어컨 설비가 없다는 것만으로도 에너지 절약이 가능하다. 건물 내에서 근무하는 사람들은 그 환경을 제어하길 원하며, 부분적으로 그 시스템을 마음대로 조절할 수 있도록, 창을 열거나 간단한 조작이 가능하길 원했다.

일반적으로 사무소 빌딩에는 에어컨이 있으며 그 결과 근무효율이 높다. 그러나 에어컨에는 냉방병과 같은 특유의 장해가 있어 반드시 쾌적한 작업 환경을 지속적으로 제공한다고는 하기 어렵다. 에어컨이 없는 건물을 선택함으로써 ING 근무자는 그 환경을 자신이 조금 더 제어할 수 있게 되었다. 이와 같은 환경제어 시스템은 분산형 방식과 그 건물을 창조한 분산계획방식을 반영하고 있다.

에너지 설계의 성공은 새로운 ING 본사와 동사의 구 사옥을 비교해본다면 알 수 있다. 신 사옥은 1㎥ 당 111kW의 연간 1차 에너지를 요구한다. 구사옥은 70년대에 완성된 것으로, 1,320kW를 사용한다. 에너지 비용절약은 연간 약 130만 파운드이나 에너지의 절약수단으로 필요한 추가비용은 이 금액의 4분의 1에도 미치지 못했다.

세 개의 정원

이와 같이 인간성에 충실하며 에너지 절약에도 탁월한 고려가 이루어진 ING 은행이었으나 환경디자이너인 필자에게 가장 흥미로웠던 것은 정원이었다.

S자형의 좁고 긴 건축물의 커브 안쪽에 건물에 안겨져 있는 것처럼 배치되어 모든 건물의 어디에서든지 볼 수 있다. 영국정원, 일본정원, 핀란드정원의 세 가지 타입이 있으며, 각각 개성을 기조로 하면서 예술적인 센스와 함께 생태적인 배려가 이루어져 있다. 세 개의 정원 모두 물이 흔하게 사용된다는 것이 특징이다. 이 수면을 찾아 북해와 지중해를 왕래하는 철새들이 계절에

따라 날아 온다고 한다. 위도가 높은 한랭지에 입지하고 있음에도 불구하고 식물은 다양하며 풍요롭다.

영국정원을 배경으로 한 코프만과 정원 관리인

일본정원(출전 17)

◀ **핀란드정원**(출전 17)

▲ **자연풍경식 영국정원** / 독특한 폭포를 따라 내려온 물은 그늘을 좋아하는 식물에 둘러싸인 작은 연못에 흘러들어 고인다.(출전 17)

◀ **생울타리**
영국정원 특유의 토피아리(출전 17)

일본정원은 정면 입구의 뒷부분 주차장 위에 설치되어 있다. 지하구조의 계단을 이용하고, 일본풍의 자연폭포를 만들어 그 특색을 나타내고 있다. 또한 식물은 일본에서 이 정원을 위해 일부러 가져와 식재할 정도로 정성을 들인 것이다. 중앙 주방에 면하고 있는 핀란드정원에서는 허브를 재배하고 있으며 이 허브는 요리에도 사용된다. 호수는 습지와 같이 야생의 식물군락에 의해 만들어져 있으며 천연의 자연 속에 있는 듯한 착각이 든다.

가장 출중한 부분은 영국정원이다. 입구에 인접하여 응접실을 겸한 중요한 회의를 위한 홀에 면하고 있으며, 이 가운데 물이 리듬 있는 음을 만들어내는 독특한 연못이 있다. 이 폭포는 특별히 영국 디자이너가 설계했으며, 몇 개가 계속 이어지는 폭포입구의 모티브는 인체의 장기를 표현하고 있다. 건물의 지붕 등에서 정원으로 들어온 물이 이 폭포에 의해 인체의 장기도 독성을 정화시키는 능력을 가지고 있으며 그 가능성을 시각을 통해 표현하고 있다.

도시에 제공된 야생의 수변
(보스톤)

제3장 ▶▶

생태공학 Eco Civil Engineering 의 전개

01 지구환경시대에 있어 기술공학 분야에 대한 기대

가르니에의 공업도시

근대화 과정에서 공업화에 따른 비자연, 반생태계를 비판하고 새로운 모더니즘의 흐름을 만든 계획가가 있었다. 그 사람은 19세기 말에서 20세기 초에 걸쳐 건축과 도시계획 분야에서 생태학을 도시계획에 본격적으로 도입한 프랑스의 건축가 토니 가르니에이다. 가르니에는 빌라 데이 메디아의 장학생으로 로마에 진출하여 주로 공업도시계획에 대한 연구에 몰두했던 것으로 전해진다. 그는 이러한 연구성과를 고향인 리옹으로 가지고 돌아가, 그곳에서 광대한 리옹 공업도시계획을 입안하는 작업에 들어갔다. 1899년에는 리옹 공업도시계획, 1909년~1913년에는 리옹시의 도살장, 1916년에는 리옹시 경기장, 1924년에는 리옹 공업중심지의 집합주택 등의 계획에 순차적으로 참여하고 실현시켰다.

1918년 가르니에는 35만인을 위한 공업도시계획에서 모든 주택에 햇빛이 들 수 있도록 하는 방법을 제창하였다. 그러나 이 흐름은 모더니즘의 본류로 간주되지는 못하였다. 가르니에가 구상했던 도시에 공업을 조화로운 형태로 도입하고자 한 의욕적이고 선구적인 실험은 압도적인 공업화, 즉 대량생산과 거대도시의 출현이라는 거대한 파도 속에 퇴색되고 말았던 것이다. 그 이후 20세기 백 년간을 통하여 공업과 도시와의 융화를 모색하고자 하는 움직임은 더 이상 없었다.

환경문제가 기술공학 분야에 대해 제기하는 과제

자연 생태계를 연구하는 생태학과, 자연을 변화시키거나 때로 파괴하기도 하는 공학은 서로 대립하는 위치에 있다고 해도 좋을 것이다. 공학은 늘 자연과 반대되는 성격을 지녀왔다고 할 수 있으나, 그런 특성에 의해 인간에게 거주공간을 확보해주고 인류를 번영으로 유도해 왔다. 그러나 인류에게 행복을 가져다주었다는 자만심에 빠져왔던 공학은, 자연에 대립되는 것이며 또한 최종적으로는 지구를 파멸로 이끌어 가는 요소가 될 상황에 직면하게 되었다.

자연 창조형 사회에서는 산성우와 오존층 파괴를 초래한 경제 · 사회 시스템과 기술을 기본적으로 부정하지 않으면 안된다. 과거의 잘못을 두 번 다시 반복해서는 안되기 때문이다. 특히 환경문제에 대한 사람들의 의식전환과 이에 대응하는 기술혁신이 주요 해결책이 될 것이다.

미국에서는 1960년대부터 환경에 대한 다양한 형태의 조직이 탄생되었으며, 환경운동이 전개되고 있다. 오늘날 '녹색 소비자운동(환경을 이해하는 자세를 지닌 기업의 제품을 구매한다)'은 지지층을 넓혀가고 있고, 친환경 제품만을 취급하는 상점의 수도 늘어가고 있다. 리사이클 제품과 흙으로 환원 가능한 재질의 제품을 개발하고 판매하는 것도 점차 확산되고 있다.

각 지역에서는 야외에서 레크리에이션을 겸하는 형태로의 자연교실이 개최되고 있다. 하이킹, 자전거, 승마, 급류타기, 뗏목과 카약 경기를 즐기는 등 자연애호가들이 아직 남아 있는 자연의 보호에 커다란 관심을 가지고 있다.

이러한 움직임과 더불어 자연과학 분야에서 생태계 및 인간과 자연의 관계에 대한 연구가 진행되고 있다. 또한 자연에서 발생하는 아주 작은 불균형이 거대한 자연에 결정적인 손상을 일으킬 수 있다는 시뮬레이션모의실험 수법의 개발 등 다양한 접근방법에 의해, 지금이야말로 이 인공적인 환경을 어떻게 고쳐나가야 하는가에 대한 합의형성이 진행되어가고 있는 중이다.

기술 분야에서는 특히 지구의 기후와 인간의 건강, 자연의 시스템, 자연의 생산성 등에 대하여 파괴적인 타격을 주지 않는 기술개발이 필요하다. 이를 위해서는 재생 불가능한 자원(예를 들면 석유)에 의존하지 않는 공업생산 수법의 개발, 자원의 재생산, 오염물질의 삭감, GNP 단위생산 당 소비에너지의 삭감, 태양열, 풍력, 지열, 바이오매스 등의 이용을 통하여 에너지 대체방법을 찾아내는 것이 시급한 과제로 대두되고 있다. 그리고 이와 같은 성과들은 개발도상국의 환경문제를 해결하기 위해서도 유용하게 활용되어야만 할 것이다.

그러나 우리들은 이러한 문제를 인식하고 있기는 하지만, 현재의 상황은 아직 스타트라인에 서있을 따름이다. 이 문제에 대해 명쾌하고 확고한 의식과 운동을 펼쳐나가기 위해 필요한 것은 이를 실현할 수 있는 기술력과 그것을 사회에서 효과적으로 운용할 수 있는 소프트웨어의 개발이다. 그렇기에 공학과 생태학의 결합이 요구되고 있는 것이다.

인간 욕구충족의 대상으로 여겨져 왔던 자연환경이 심각하게 훼손되고 있으며, 이것이 인류의 미래에 암운을 던지고 있다는 인식이 지금 널리 퍼지고 있다.

이는 20세기 말에서 21세기에 걸쳐 커다란 시대 사조를 형성하는 과정에서 인간과 자연과의 관계에 대하여 다음과 같은 인식 변화로부터 일어난 것은 아닐까 생각된다. 즉 자연환경이란 그것을 개발 · 이용하든, 혹은 보호하든 간에 인간의 일방적인 인식과 조작의 대상으로 간주되어서는 안된다. 오히려 자연환경과 인간이란 이를 테면 다이나믹하게 의존하고 간섭하면서 지속적인 유기체로서 결합되어야 하는 것이다.

이 프로세스는 결코 결정론적이 아닌 어느 정도는 대화적dialectic이라고 생각한다. 이러한 이유로 다음과 같은 태도가 필요하다.

첫 번째는 인간 · 자연환경계의 변천을 결정론적인 운동으로서가 아니라 하나의 역사 사실 내지는 문화현상으로 인식할 것. 이러한 역사 속에서 많은 교훈과 새로운 발상의 원천이 발견되길 기대할 수 있을 것이다.

두 번째는 자연환경을 인간이 마음대로 조작할 권리 대신에 자연환경에 대하여 공감대를 형성하여 조망하고, 해석하고, 의미를 부여하는 자연스러운 가치를 인정할 것. 이를 바탕으로 생태계의 논리로부터 배운 생활양식과 환경운영기술이 개발되고, 새로운 도시시스템에 대한 방향이 설정될 수 있기를 기대한다. 또한 자연에 대한 새로운 의미부여는 인간의 시적인 감성에 새로운 기운을 불어넣고 충실하고 풍요로운 인생을 보장해줄 수 있을 것이다.

이러한 생태적인 사고에 기초하여 자연에 과도한 부담을 주지않고 자연을 소중히 하면서 그 혜택을 활용한다면, 인간이 풍요롭게 지속적으로 발전할 수 있는 방향을 발견할 수 있지 않을까?

특히 도시에 있어서는 생태공학Eco-Civil Engineering에 큰 기대를 걸고 있다. 생태공학은 단순한 기술문제에 국한되는 것이 아니라, 환경과 관련된 사회시스템, 물질, 에너지 순환관리 등 자연 생태계에 도시를 도입하고자 할 경우 중요한 열쇠가 된다. 그래서 자연에 대한 감성적이고 시적인 접근이 필요하다고 인식되는 것이다.

▲ 토목학회에서의 생태공학에 관한 움직임
모더니즘이란 이름 하에 토목공학적 도시건설이 비자연, 비생태계적으로 자연정복형의 도시를 만들어 왔다. 최근 토목공학 분야에서는 생태계를 중시한 기술개발을 추진하고자 하는 움직임이 나타나고 있다. 일본토목학회에 설치된 환경시스템 위원회는 그러한 흐름 중의 하나이다. 이 위원회를 주도하고 있는 중심적인 인물은 위원장인 동경공업대학 나카무라 요시오中村良夫 교수이다. 그는 최근 위원회 주최의 심포지엄에서 '에코 시빌 엔지니어링을 향하여'라는 제목의 책자에서 위와 같이 서술하고 있다.(출전 18)

환경창조형 기술에 대한 전망

도시계획과 조경 분야에서는 인공적인 환경에서 공원과 녹지대를 조성하는 일이 예전부터 적극적으로 추진되어 왔다. 그러나 이들 공원도 야구장과 놀이터, 꽃 감상 등과 같이 인간의 복지, 건강, 즐거움 등을 위해 설치되는 경향이 많았고, 생물의 보호, 향토수종의 육성, 야생조류와 너구리 등의 작은 동물과 곤충의 서식환경을 공원과 녹지에 설치한다는 의지는 없었다.

도시를 조성하는 기술의 대부분은, 먼저 자연의 맹위로부터 자신의 몸을 지키고, 재산에 대한 안전을 확보한다는 것에만 초점이 맞추어져 이용되어져 왔다. 하천은 내린 비를 신속히 하류에 흐르게 한다든지, 도로는 자동차를 신속하게 목적지에 도달시킨다는 단순한 목적달성에만 주력할 뿐, 하천의 자연을 키워나가기 위한 풍요로운 환경유지 혹은 도로가 갖는 공간의 의미 즉 사람들의 의사소통의 장소로서의 기능에 대해서는 그다지 의미를 두지 않았다.

향후의 도시개발에 있어서는 이러한 비자연과는 완전히 다른 시점에서의 공학이 요구될 것이다. 공학이 자연과 만나게 되는 경우, 공학은 자연의 섭리를 공감할 것, 이해할 것, 그리고 자연의 섭리에 대해 가치를 부여할 것 등 자연에 대한 관심과 애정을 갖는 것이 최우선적으로 필요하다. 이와 같이 부드럽고 유연한 자연에 대응하는 것에서부터, 환경을 중시하는 생활양식이나 환경을 창조하는 기술개발이 이루어지고, 지금까지 생활환경을 만들어왔던 공학, 즉 건축과 도시공학의 존재형태를 바꾸고 새로운 환경공학으로 탈바꿈하는 것, 이것이 본 장에서 말하는 생태공학Eco-Civil Engineering이다.

여기에서는 기술은 단순히 자연에 부담을 주지 않는다는 관점에 머무는 것이 아니라, 자연이 지니고 있는 위대한 섭리를 활용하여 자연과 함께 지속적으로 발전한다는 생태공학에 대한 국내 사례를 중심으로, 저자의 연구소에서 몇 단계에 걸쳐 수행한 것을 소개하고자 한다. 이들 사례는 환경창조라는 점에서 대단히 독창적이고 대담한 것이라고 확신하고 있다. 사례 중에는 계획단계의 것도 있으나 이들 성과는 향후 도시환경을 창조하기 위해 당면하게 될 여러 가지 문제들을 해결하는데 유용한 자료가 될 것이라 생각한다.

● **현황**

① 지역에 대한 사업의 위상

개발사업 그 자체는 환경에 큰 영향을 미친다. 공단의 도시개발사업은 모든 도시계획사업이 포함되며, 도시계획 중에서도 보전해야 할 지구와 개발해야 할 지구가 구분되고, 동시에 환경영향평가 등의 절차를 거치고 난 후 사업화 된다. 또한 지구 내 공원녹지의 확보 · 정비 등에 대해서도 사업의 승인절차를 통해 정해지는 등 관계자의 합의를 바탕으로 사업을 시행하고 있다.

② 조성계획에 대한 환경자원보전

공단의 도시개발사업은 조성계획상 대부분이 규모가 클수록 이익이 남는 대규모 개발사업(대략 100ha 이상)이다. 택지공급량의 확보 등을 전제로 가능한 한 공원녹지와 슈퍼블럭super block 가운데 현재의 지형을 보전하고 습지를 포함한 그 주변 경관과 현존하는 수목과 실개천의 수계 등을 보전하도록 하고 있다. 또한 토지운반계획에 있어서는 표토의 보전 · 활용을 적극 강구하고 있고, 필요에 따라 표토를 일시적으로 쌓아 둘 장소를 확보하고 있다.

③ 자연환경의 활용(자연환경에 대한 친근감의 개선)

보전된 환경자원을 활용하면서 윤택한 생활환경을 실현하기 위해서는 남겨진 자연자원을 보완하는 새로운 자연환경을 창출함과 동시에 그것에 친숙함을 느끼게 할 구성 및 체계가 필요하다. 조성계획상 경관에 대한 배려를 시작으로 하여, 공원녹지 등 네트워크에 의한 이용증진, 수변환경의 개선, 자연환경을 활용한 도시디자인을 시행함과 동시에, 생물상보호구를 설정하거나 반딧불의 서식환경을 확보하는 등 생활에 장식을 더해주는 작은 동물과의 만남을 확보해주는 다양한 방안을 통해 배려하고 있다.

● **향후의 방향**

① 에너지 관련

열펌프heat pump, 열병합발전co-generation system, 폐열이용, 자연에너지 등을 이용하여 에너지 공급의 지역화(자립화)를 추진함과 동시에 지역에너지local energy의 이용과 송전손실 등의 현상에 대응하는 에너지 수요억제를 유도하는 시스템의 가능성에 대해 검토한다. 이러한 과정을 통해 최종적으로는 에너지 절약형 도시구조의 실현을 지향한다.

② 물 관련

우수침투시스템 등을 도입하여, 지구의 외부로 우수가 유출되는 것을 억제하고 수환경의 개선을 도모함과 아울러 수도시스템과 우수의 냉각수 이용시스템, 절수형 주택 · 빌딩의 도입 등에 의해 물 수요를 억제하고 지역이 종합적인 물 수급 및 유지를 종합적으로 개선한다.

③ 쓰레기 관련

쓰레기 분리수거, 재생, 리사이클 등을 시스템화 하여 쓰레기 발생을 억제함과 동시에, 소각시설의 지역에너지 공장화, 택지 내 쓰레기 처리기술의 도입에 의해 지역 내에서의 쓰레기 처리율 향상을 도모한다.

▲ **도시개발사업에 대한 생태공학의 시도** 생태공학(환경을 배려한 시공기술 · 사업수법)이라는 사고방식은 비교적 새로운 것이다. 지역에 있어서의 개발사업의 연착륙과 윤택함이 있는 생활환경의 창출이라는 관점에서 주택 · 도시정비공단에서는 이상과 같은 환경을 고려한 시공기술 등을 개발 · 도입하는 단계에 와 있다고 말하고 있다.

■ 우수를 저장하여 실개천을 보전하기 위한 시도

시가지개발에 따른 하천물의 고갈을 막고 자연의 실개천을 보전하고자 주택 · 도시정비공단에서는 종래 하수도를 흐르고 있던 우수를 지하에 저장한 후 하천으로 흘려보내는 '우수저류시스템'을 개발하여 효고현兵庫県 미타시三田市에서 추진하고 있는 호쿠세츠北摂 산다三田 우디타운woody town(603ha, 계획인구 4,800명)에 도입하고 있다.

호쿠세츠 산다 우디타운에서는 마을 중앙을 흐르는 히라타니천을 개수하여 뉴-타운의 심볼이 되는 수변경관조성을 계획하였다. 그러나 히라타니천은 전장 2.5m, 유역면적 2.6㎢의 소하천으로 유량이 적어 갈수기에는 실개천이 유지될 수 없었다.

따라서 공단에서는 우수를 지하에 설치하는 저류시설을 만들고 그곳에 물을 저장하여 갈수기에는 강으로 물을 흘려보내는 형식을 택했다. 마을 만들기와 친수공간 만들기에서 이러한 '우수의 재활용' 방식을 채택하는 것은 최초로 시도되는 것이었다.

시스템의 원리는 학교 운동장 부지를 1m 정도 파내어 바닥에 방수시트를 깔고 그 위에 직경 2cm 정도의 채석을 까는 것이었다. 운동장에 그대로 흙을 덮어버렸다면 원래의 상태로 되돌아갔겠지만, 채석층이 형성되어 있으면 운동장에 내린 빗물은 이 채석층에 머무르게 되는 것이다. 또한 배관이나 유입관으로부터의 우수도 채석층에 흘러들어와 저류된다. 저장된 우수는 방류지(수조)에서 모은 다음, 유량을 조정하여 강으로 흘려보낸다(환경사업계획 연구소 계획 · 설계).

뉴-타운 내에 9개소를 설치할 예정으로 이들 시설과 3개소의 조정지를 이용하면 고시엔甲子園구장의 운동장 부분에 3m의 물을 저장한 것과 같은 양(49,000t)의 물이 확보될 수 있다고 한다. 그런 이유로 전혀 비가 오지 않더라도 1개월 정도는 실개천이 마르는 일이 없을 것이다.

총 공사비는 약 6억 엔으로, 일부는 이미 완성되었으며 전체 시스템은 1994년도에 완성될 예정이다.

02 쓰레기 더미로부터 「세계의 숲」으로

츠루미鶴見 녹지

츠루미鶴見 녹지의 성립

오사카 도심부에서 15km 정도 동쪽에 위치하며, 1990년 국제화와 녹의 박람회가 개최되었던 츠루미 녹지. 그 중앙에는 '생명의 바다' 라고 불리는 커다란 연못이 있으며, 모세의 신화에 기초한 '바다가 둘로 갈라진다' 라는 주제의 쇼가 인기를 끌었던 적이 있다. 박람회 후에는 공원으로 정비되어 현재에 이르고 있으나, 지금도 '생명의 바다' 는 공원의 중심이 되어 있다.

그러나 이 지역도 1955년대 전반까지는 저습한 농지였으며 연근, 소귀나물 등이 생산되고 있었다. 농가는 연근 밭 등의 경작을 위해 낮고 척박한 밭에 배를 사용할 정도로 습지형 농업이 번성했다고 한다. 지금은 이와 같은 예전의 풍경은 없어져 버렸으나, 유일하게 당시의 풍경을 전달하는 원풍경이, 습지의 이미지를 전달하는 '생명의 바다' 인 것이다.

게다가 연근 밭과 습지가 펼쳐져 있는 이 지역은 고대시대까지는 오사카만이 파고들어와 바다였던 곳이었다. 긴 세월동안 얕은 해수역은 매립되어져 농업용지가 되어 왔으나, 물 빠짐이 나쁜 낮은 지형을 활용하여 연근재배가 왕성하게 이루어지고 있는 농업지대가 되었던 것이다.

이미 이 땅은 1941년 오사카시를 감싸고 있는 녹지의 일부로서 용지매수가 진행되었으나 전쟁 후 매수되었던 농지해방에 의해 방치상태에 놓여 있었다. 그러나 1960년대를 경계로 오사카 시가지가 확대하여 감에 따라 이러한 습지 지형도 조성되게 되어 주택 및 공장용지로 변화되어 갔다. 이 급박한 도시화에 의해 이 녹지의 중요성이 인식되어져 시민을 위한 쾌적한 레크리에이션의 장소이자 과밀 도시대책을 위한 공지로서 도시기능을 부담하는 녹지로 성격 지워졌던 것이다. 매수가 완료된 것이 1986년이었다. 녹지의 총면적은 123.48ha이다.

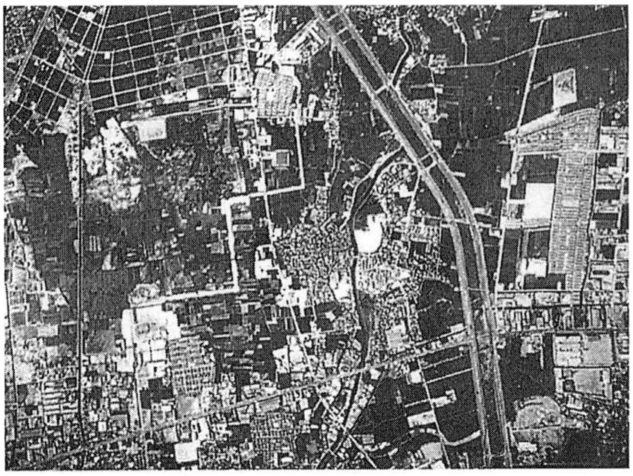

츠루미녹지가
완성되어
가는 역사

1968년 매립전의 풍경 ▶
습지대가 펼쳐져 있음.
(출전 19)

1986년 7월 츠루미녹지 ▶
이미 츠루미 신산이 보여, 세계의 숲과 시민농원이 정비되어 있는 것이 보임.(출전 19)

1990년 3월 ▶
국제 꽃과 녹지의 박람회 회장 완성 직전
(출전 19)

오사카 센리 오카리쿠에서 1970년에 개최되었던 오사카 만국박람회 당시 도시화는 멈출줄을 모르고 오사카 시역을 넘어 이미 주변에 초기단계의 뉴-타운이 건설되고 있었다. 모리구치시守口市와의 경계에 위치하는 츠루미鶴見 지구도 자연이 급속하게 감소하여 자연을 적극적으로 재생하는 일이 필요하게 되었다. 이 커다란 스케일의 부지를 기본으로 하여 1970년 대규모 공원녹지의 정비가 시작되었던 것이다. 1972년에는 이미 시민 스스로가 '흙에 친밀한 녹음을 키워나가는 시민원예촌(임대농원)', 요즘으로 말하면 '시민농원'이라는 것이 건설되어졌다. 대규모 잔디밭, 승마원, 대규모 스포츠시설을 포함하는 청소년의 숲 등이 점차 정비되었던 것이다.

츠루미鶴見 신산新山의 출현

필자의 연구소에서 이 대규모 녹지의 일각에 '세계의 숲'의 설계를 위임받았던 것은 1980년이다. 123ha 가운데 약 30% 정도에 위에서 설명한 시설이 완성되어 시민들에게 개방되어져 있었으며, 나머지 부분에 본격적인 정비를 착수하게 되었다.

▲ **74년 조성 중인 현장** / 쓰레기에서 발생되는 메탄가스에 불이 붙어 쓰레기가 타고 있다.

▲ **매립공사**

설계 전단계의 조사를 위해 처음으로 이 땅을 방문하고 놀랐던 일은 지금까지도 선명하게 기억하고 있다. 녹지를 만들고 그곳에 세계의 숲을 조성해 놓았으나 그 대상이 되는 토지는 적어도 수목이 식재되기에 적합한 형상 및 토양조건을 갖추고 있을 것이라고 굳은 믿음이 자리하고 있었던 것이다. 왜냐하면 이미 츠루미 녹지의 이름은 널리 알려져 있었으며, 이미 정비되어져 있는 녹지시설에 인접하여 조성되었던 곳에 '세계의 숲'을 계획하는 일만을 생각하고 있었던 것이다.

그러나 실제로 그 토지를 눈앞에서 보니 쓰레기가 높이 쌓여져 있는 황량한 풍경이었다. 더군다나 그 쓰레기가 쌓여 있는 장소에서 소각되고 있으며 연기가 가득 차 있었다. 현장을 조사할만한 장소가 아니었다. 연기가 눈에 스며들고 강한 악취를 참을 수 없어 급히 그 자리를 떠나지 않을 수 없었다. 나중에 알아보았더니 이 쓰레기에서 발생한 화염과 연기는 쓰레기를 소각시킨 것이 아니라 우연히 매립된 소각시킨 쓰레기가 다시 연소되어 불이 났던 것이라는 것을 알았다.

▲ 현재 생명의 바다

▲ 현재 세계의 숲

'세계의 숲'은 이 눈앞에서 타고 있는 '쓰레기의 산' 위에 만들어졌다는 것을 오사카시의 담당자로부터 설명을 듣고 다시 놀랐다. 이 쓰레기의 산은 '츠루미 신산'이라고 불리워 1990년 '국제 꽃과 녹의 박람회'가 개최되었다는 것은 세계적으로 알려지게 되었으나, 그 중심에 있는 이 산은 오사카 시내에서 제일 높은 인공 쓰레기의 산이라는 점은 그다지 알려져 있지 않다. 그것은 바로 쇼와昭和 시대에 만들어졌던 인공의 산 '쇼와 츠루미 신산' 이었다. 이 쓰레기 산인 츠루미 신산은 엄밀하게는 도시에서 발생하는 쓰레기와 지하철 굴삭에 의해 생겨난 잔토를 이용하여 만들어진 것이다. 1965년경부터 본격적인 공원녹지를 위한 매립공사가 시작되었으나, 이 매립에 도시에서 발생하는 쓰레기와 흙을 사용했던 이유는 당시 오사카 개발상황이 배경이 되기도 했다. 1965년경에는 오사카시에서도 도시화의 물결을 타고 생활 및 생산 스타일도 대량소비 시대를 맞이하고 있었다. 대량의 쓰레기가 도시주민 사이에서 발생했던 것도 이 무렵이다. 이와 같은 대량의 쓰레기를 처분하는 장소와 시설을 지방자치단체 공간 내에 건설해야 했다. 그러나 쓰레기를 소각하는 시설을 만들자면 막대한 건축비용이 필요하게 되며, 시역 내에는 적당한 건설 장소가 발견되지 않았던 것이다. 궁지에 몰린 오사카시가 눈을 돌렸던 것은 이 츠루미 녹지였다. 당시 아직 용지도 130ha 중에서 60ha가 취득되지 못했었으나 매수를 진행하여 습지를 쓰레기로 매립하고 도시녹지를 만들어가자는 일석이조를 지향하게 되었던 것이다.

쓰레기와 지하철 굴삭잔토의 활용

그러나 쓰레기만으로 매립하는 것은 지반의 안정성 등에서 여러 가지 문제가 생겨난다. 쓰레기는 대량의 흙과 혼합하여 매립에 사용하지 않으면 안된다. 대량의 흙을 시외에서 가지고 들어온다는 것은 곤란하다. 그러나 지금까지 운 좋게도 1970년 센리千里에서 개최된 오사카 만국박람회를 위해 건설되는 지하철 공사에 동반하여 대량의 공사잔토를 사용하는 것이 가능했던 것이다. 이렇게 해서 최종적으로는 가정폐기물 291만m^3, 지하철 굴삭잔토 561만m^3에 의해 시가지에 표고 45m의 쇼와 신산이 출현했다.

매립방법으로는 쓰레기 1층의 두께를 평균 3m, 쓰레기와 쓰레기 사이에 흙을 2m로 하여 샌드위치 상태로 쌓아 올라갔다. 최종적으로 쓰레기는 6층이었으며 최정상부만 표면을 1~2m 양질의 흙으로 덮어주었다.

이렇게 해서 모두가 운 좋은 과정을 통해 완성된 것처럼 보였으나, 그 후 많은 문제가 발생했다. 첫 번째는 음식 쓰레기를 매립했기 때문에 대량의 메탄가스가 발생하였다. 세계의 숲은 이 매립지의 위에 식재되었지만 이 메탄가스가 식재에 커다란 영향을 미치게 되어 묘목을 말라죽게 했던 것이다. 이 메탄가스를 쓰레기에서 빼어내기 위해 가스의 연소와 가스배출장치 23기를 설치하게 되어 사태는 잠잠해졌다. 현재는 거의 메탄가스가 발생되지 않고 있다.

두 번째 문제가 됐던 것은 인공적으로 만들어진 신산의 경사면 붕괴였다. 산의 표면은 흙을 덮어둔 것뿐이기 때문에 비가 오게 되면 침식을 일으키게 된다. 침식방지에는 급속한 경사면의 녹화가 필요하다. 그래서 도입하게 된 수단이 하수처리장에서 나오는 처리층 저면에 침전되는 오니였다. 이것은 대단히 입자가 세밀하고 점착력이 있다는 특성을 갖고 있다. 이것을 흙과 혼합하여 표면을 피복함으로써 경사면 붕괴를 막아주었던 것이다.

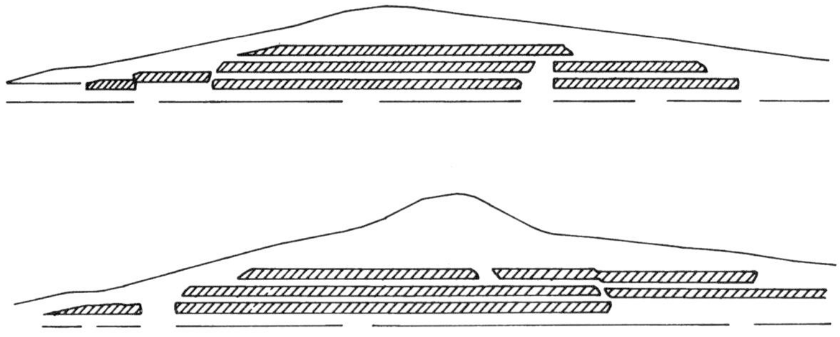

쓰레기 매립단면도 ▶
가정폐기물 291만㎥, 지하철 굴삭잔토 561만㎥에 의해, 시가지에 표고 45m의 인공적인 쇼와 신산이 출현했다.

이와 같은 공사는 생각지 못한 결과를 초래했다고 당시를 회상하면서 모리시타 모토유키森下元之씨(오사카시 건설국 츠루미 녹지 건설사무소장)는 말했다. 이 슬러지에 의해 덮인 신산에서 다른 잡초와 섞인 상태로 토마토와 오이가 자라고 있다. 이 씨앗은 인간의 신체를 통하여 하수처리장에 유입되었고,

슬러지에 의해 이 인공산에 들어오게 되어 다시 생육하게 되었던 것이다.

세 번째는 쓰레기와 잔토의 산처럼 쌓여 만들어졌기 때문에 지반침하가 현저하게 나타났다. 당초 45m가 40m가 되었다. 약 10년 사이에 5m의 침하가 일어난 것이다.

쓰레기 위의 세계의 숲

세계의 숲은 이렇게 만들어진 인공의 산으로 쇼와 신산 전역을 커버하는 것으로 계획되었다. 자연이 풍요롭고 편안한 공원으로서 츠루미 녹지의 기조가 되는 부분이다. 세계의 숲은 그 후 '국제 꽃과 녹의 박람회' 에 의해 그 대부분이 「산의 지구」로서 가꾸어지고 바뀌었으며, 박람회 후에는 산의 지구 중 정원 전시부분을 기조로 한 '국제정원' 으로 재정비되었다. 이미 '환상의 세계의 숲' 이 되어버렸으나, 여기서는 츠루미 녹지의 매립, 인공산의 조성, 녹화에 대한 노력 등을 파악한 후에 '환상의 세계의 숲' 에 대해 소개하기로 하자.

세계의 숲에서는 일본을 포함한 세계를 블럭으로 구분하고 대표적인 수목을 가능한 한 많이 수집하여 삼림을 만들었으며, 식재방법 등도 각국의 특징을 살린 수법으로 수림경관을 연출하도록 신경을 썼다.

세계의 숲 만들기는 단순하게 세계 수목의 견본원이나 진귀한 종을 구비한 식물전시장에 머물지 않고 세계 각지의 자연의 숲을 이미지화하는 경관 만들기에도 힘을 기울였다. 지금도 숲을 배경으로 하여 세워져 있던 풍차는 네덜란드에 펼쳐지는 튤립 밭의 심벌로서 만들어졌던 것이었다. 풍차에 의해 그 주변의 식생과 경관이 네덜란드의 숲과 풍경이었던 것을 알리고자 의도했던 것이다.

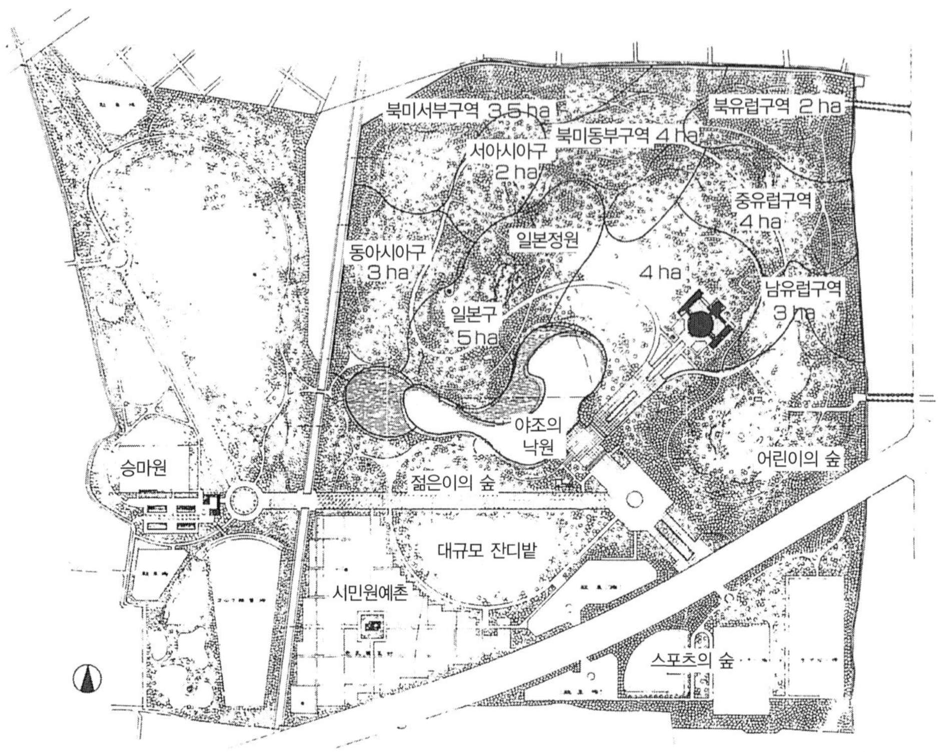

▲ **박람회 이전의 츠루미 녹지 전체 평면도**

츠루미 녹지는 과밀도시 대책의 일환으로, 시가지를 정비하고 도시기능의 향상을 도모함과 동시에 시민에게 쾌적한 레크리에이션의 장소, 커뮤니티의 장소를 제공하기 위하여 계획된 오사카시를 둘러싸는 4대녹지의 하나로, 오사카의 동북부 츠루미구와 모리구치시에 이르는 계획면적 161.92ha(49만평)의 대규모 녹지이다. 녹지는 크게 4개의 존으로 나뉘어진다. '세계의 숲'은 그 가운데 자연식물원 지구로 계획되었다. 당시 '시민농원'과 '레크리에이션의 숲 지구의 플라타너스의 길', '잔디밭화단', '청소년의 숲 · 승마원'은 이미 오픈하여 일반에게 개방되어 있다.

전체적으로 기초적인 경관구성은 9개의 통합된 경관을 설정했다.

① 밝은 초원-개방적인 수림(오스트리아)

② 폐쇄적인 정원 공간(북아메리카 동부)

③ 침엽수림에 둘러싸인 호수(북아메리카 서부)

④ 다양한 수림에 둘러싸인 산개림散開林(북아시아)

⑤ 높은 산에 자라는 침엽수림(서아시아 히말라야)

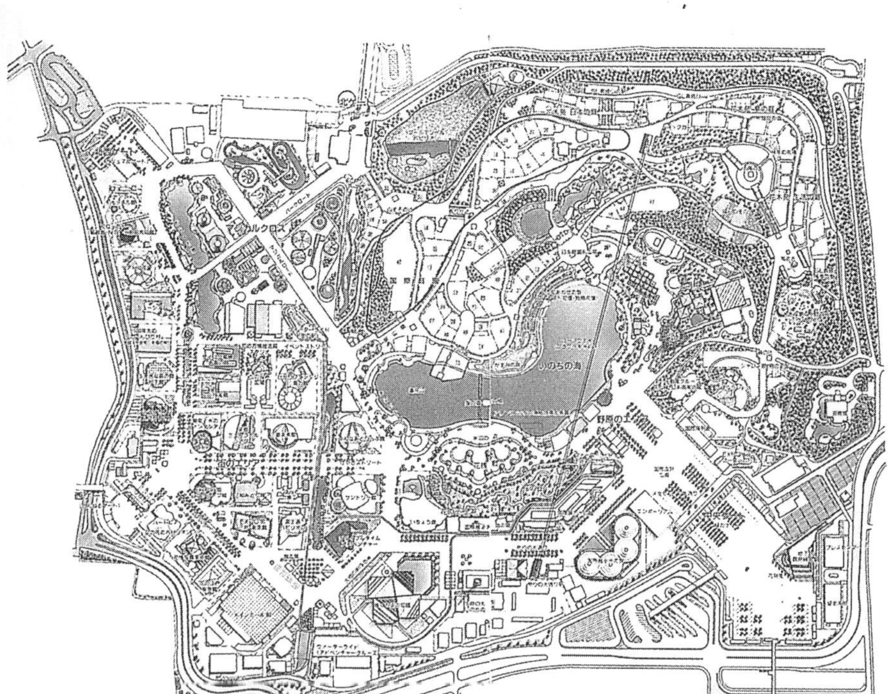

▲ **박람회의 전체 평면도**(출전 19)

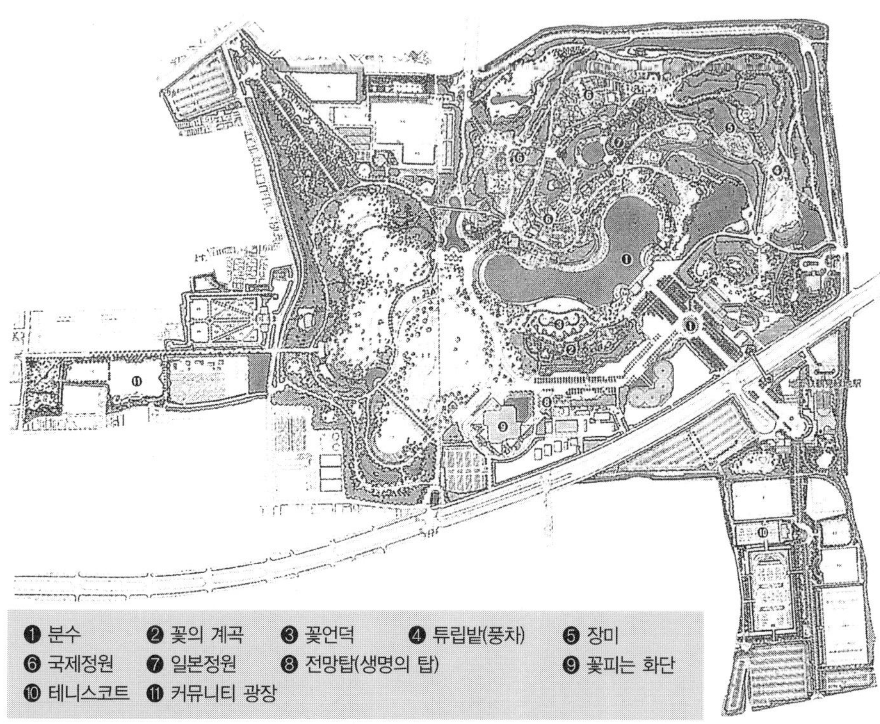

▲ **박람회 후의 츠루미 녹지 정비 계획도**(출전 20)

⑥ 단조롭고 밝은 소생림疏生林(북유럽)

⑦ (중앙 유럽)

⑧ 약간 어둡고 습한 숲(일본)

⑨ 태양의 빛을 받은 건조한 황야와 저목림(남유럽-지중해)

츠루미 녹지의 숲 설계에 있어서는 1971년에 설계한 오사카 만국박람회 기념공원(4장 3절 참조)의 숲이 참고가 되었다. 쓰레기에 의한 산의 조성, 특히 그 위에 숲을 무성하게 하는 노하우는 금후 도시환경 창조의 응용문제를 풀고 소중한 열쇠를 제공하고 있다고 생각한다.

▲ **세계의 숲의 풍차(박람회 이전)**(출전 19)

03 하수처리수를 이용한 냉난방

사쿠야코 꽃전시관

꽃 박람회의 대온실

츠루미鶴見 녹지는 국제적인 환경연구 및 교류의 장소로서 새롭게 다시 태어났다. 그 중에서 박람회 당시에 건설된 오사카시의 가설전시관pavilion인 '사쿠야코 꽃 전시관'은 '세계의 꽃과 녹의 박람회'가 이곳에서 개최되었던 것을 나타내는 기념비적인 시설이며, 다른 가설 전시관들의 대다수가 철거된 이후 흔적이 남아 있다. 지금도 연간 1백만 명 이상의 입장객을 불러들이는 인기 있는 장소이다. 물에 뜬 유리로 된 대온실은 연꽃이 수면에서 개화하고 있는 모습을 이미지화 하여, 공원의 심벌로서 당시의 '세계의 꽃과 녹의 박람회'의 기억을 남기고 있다.

이 '세계의 꽃과 녹의 박람회'에 출품된 오사카시의 대온실은 원래는 '플로랄 센터Floral Center'라고 불려, 전세계의 식물을 수집해 놓은 다채로운 온실과 이벤트를 개최할 수 있는 홀 기능을 지닌 독특한 시설로서 구성되어 있다. 부지면적은 13,381㎡, 건축 연면적은 7,000㎡로 거대한 규모이다. 전시와 관련해서는 온실 내 2,140㎡, 2층 전시실 3,000㎡로서 합계 5,000㎡에 달한다.

사쿠야코 전시관은 박람회의 전시물로 건설되었던 특수한 배경 때문에 일반 식물원처럼 온실과 외부의 식물전시 부문이 일체적인 전시형태로 되어있지는 않다. 즉 외부에서 대대적인 식물전시를 하지 않는 온실이라는 점에서 특수한 시설이라 할 수 있다. 그 대신 열대정원 등 6개의 외부정원 1,763㎡를 보유하고 있다.

사쿠야코 전시관의 탄생과 외관의 흥미로움 이외에도 향후 자원재활용 및 녹과 꽃이 있는 도시로서의 의미를 생각하게 하는 시설로 각광받고 있다. 이 대온실에는 열대지역에서 고산지대, 건조지대, 극지까지 자연환경을 재현하고 있으나, 실은 이러한 세계의 자연환경을 만들어내는 에너지는 하수처리수를 열원으로 공급하고 있다.

사쿠야코 꽃전시관 ▶ 대온실의 형태는 습원에 떠있는 한 포기의 수련을 이미지하여 디자인되었다.

츠루미 녹지가 쓰레기 매립지 위에 조성되어, 그곳에서 꽃과 녹색의 박람회가 개최되었고, 게다가 이 녹지의 소유자이자 박람회 주최자 중의 일원이기도 한 오사카시가 가설전시관에서 생기는 처리수를 열원으로 재활용하였다. 이것은 단순히 에너지 절약에 의한 시설유지라는 차원이 사실이 아니라, 우리들의 일상생활에 윤택함과 편안함 그리고 자연과의 접촉 환경을 만들어내기 위해서는 자원의 재활용이 지대한 역할을 하게 된다는 것을 보여주는 좋은 사례가 되고 있다.

그러나 사쿠야코 전시관을 방문하는 대부분의 사람들은 온실시설의 화려함에 눈을 빼앗기게 되어, 그것을 지원하고 있는 시스템에는 관심이 없다. 이와 유사한 사례로 쓰레기 매립지에 조성된 세계의 숲과 국제정원을 들 수 있다.

이하에서는 이러한 귀중한 자원의 재활용이라는 점에 주목하면서 사쿠야코 꽃 전시관을 소개하기로 한다.

세계 8가지 유형의 기후를 재현

이제부터는 하수처리수의 열원을 이용하여 어떻게 자연이 연출되는 지에 대하여 살펴보기로 하자. 사쿠야코 꽃 전시관에서는 지구상의 다양한 기후와 지역에 생육하는 식물 약 2,600종 15,000 개체를 전시하고 있다. 이 규모는 일본 최대시설이다.

'사람과 녹색의 공생-그리고 21세기를 위하여' 라는 주제를 원칙으로, 관내에는 온 · 냉실 내의 개별공간과 보완관계에 있는 6개의 외부정원이 있다.

① 열대 수생식물 코너 – 열대 수련과 큰 가시연 등 열대 정글의 수변에 서식하는 식물을 전시

② 열대우림 식물실 – 반다, 카틀레아나 고무나무 등이 울창하게 생장하며 키가 큰 양치식물과 덩굴식물을 중심으로 식재하여 열대 정글을 재현

③ 열대 수초실 – 3개의 대형 수조에는 아마존 식물과 인도네시아 워터 팬 등 아마존과 동남아시아 등의 열대지방의 연못과 강을 재현한 각종 열대수목을 전시

④ 식충식물실 – 열대지방의 다년생 식충식물, 끈끈이주걱, 벌레잡이통풀 네펜데스, 끈끈이귀개 등 곤충을 영양원으로 하는 식충식물을 전시

⑤ 열대 화목실 – 히비스커스, 부겐빌레아, 야자나무 등 남반구의 섬을 연상시키는 꽃과 열매 맺는 나무를 중심으로 전시

⑥ 선인장, 다육식물실 – 사막, 건조지대를 재현. 아프리카, 마다가스카르, 중남미의 각 존으로 구분하여 꽃기린, 바오밥나무 등 각 지역의 식물을 전시

⑦ 고산식물실 – 메코놉시스Meconopsis, 에델바이스, 금강초롱 등을 수집하여 히말라야와 알프스, 일본의 고산지대를 재현. 실내 중앙의 테마화단에는 각 계절에 맞추어 고산식물을 전시

⑧ 극지식물실 – 오로라 조명이 빛나는 실내에 유리로 된 전시상자를 설치하여 극한의 환경에서 생육하는 툰드라이끼 등 전시

실내 전시동에 인접하여 연꽃 정원Lotus garden, 열대정원Tropical garden, 화목정원Blossom garden 가든, 지중해정원Mediterranean garden, 사막정원Desert garden, 암석정원Rock garden 등 6개의 외부정원이 설치되어 관련되는 식물을 식재하여 전시하고 있다.

▲ **사쿠야코 꽃전시관 전경**(출전 21)

열펌프와 하수처리수

그러나 세계의 8가지 유형의 기후를 한꺼번에 재현한다는 것은 쉬운 일이 아니다. 왜냐하면 한쪽에서는 냉각시키고 또 다른 한쪽에서는 난방을 해야 하기 때문이며, 이것들을 따로따로 하려면 대형 냉난방 시스템과 막대한 전력이 필요하다.

그래서 착안한 것이 하수처리장에서 배출되는 따뜻한 처리수로부터 얻을 수 있는 열원이었다.

▲ **열대우림 식물실**(출전 21)

▲ **플라워 홀**(출전 21)

▲ **열대 수생식물 코너**(출전 21)

▲ **선인장, 다육식물실**(출전 21)

통상 온실의 열원은 보일러를 사용하여 발생하는 증기를 이용하는 것이 일반적이었다. 그러나 에너지를 대량으로 소비하는 대규모 온실은 현대에는 적합하지 못하다는 점은 물론이거니와, 국제박람회 주최도시인 오사카시가 출품하는 전시실로서 보다 적극적으로 시대를 앞서가는 꽃과 녹에 어울리는 테마를 설정해야만 했다.

이미 언급하였으나 이 츠루미 녹지는 그 자체가 쓰레기 산 위에 조성되었다. 이 공원에 들어가면 지금도 매립된 쓰레기에서 발생하는 매탄가스를 추출하는 장치가 여기저기 설치되어 있다. 쓰레기 위에서 세계의 꽃과 녹의 박람회가 개최되었다는 것이야말로 시대를 앞서간다는 의의가 있다. 오사카시가 건설한 이 독특한 공원에 어울리는 온실의 열원은 시대를 앞서가는 것이며 향후 도시의 바람직한 모습에 대해서도 무엇인가 문제를 제기하는 것이었으면 좋겠다고 생각하였다. 이와 같이 매우 다양한 배경을 갖고 착안된 것이 하수처리수를 열원으로 이용하는 열 펌프였다. 이 시스템은 오사카시와 칸사이關西 전력이 공동으로 개발하였다. 그리고 최초로 이 시스템에 관심을 가졌던 칸사이 전력 시장개발부 이케가와 에이조池川惠三 과장(당시)은 다음과 같이 말하고 있다.

'새로 만들어진 츠루미 산에서 주위를 내려다보면서 지도와 비교해 보았더니, 공원 북쪽 약 800m 쯤에 하수처리장이 위치하고 있었다. 혹시 이것을 활용할 수는 없을까? 저 굴뚝은 뭘까? 쓰레기 소각장인가? 그렇다면 이건 가능성이 있겠다! 라고 판단하고 신중하게 조사해 보았더니, 하수처리수의 수로가 대온실 바로 옆을 지나고 있었던 것이었습니다.' [5)]

현지조사 후 이케가와씨는 바로 기본구상을 정리하여 발주처인 오사카시에 제안하였고, 그 이후 이 독특한 열원을 이용하는 대온실이 돌연 실현 가능성을 갖게 된 것이다.

이 열원에는 인접하는 모리구치시守口市의 하수처리수가 이용되었다. 그러나 당시 일본에서는 본격적으로 하수처리수를 열 펌프의 열원으로 사용한 예는 거의 없었다. 그래서 구체적인 실현방법을 찾아내기 위해 북유럽 스웨덴의 우프라시의 문헌을 가져다 참고로 하였다고 한다.

5) '緑' No. 33에서 인용

시스템의 개요

열대식물은 기온을 대개 25℃ 이상으로 유지시켜 주어야만 한다. 고산식물은 평균기온이 12 ~ 23℃로 유지되어야만 생육할 수 있다. 그러나 오사카의 여름은 매우 덥고 도심기온은 40℃까지도 올라간다. 그리고 겨울에는 여름과는 반대로 영하로 떨어진다. 이러한 가혹한 조건 하에서 1년 내내 12℃에서 25℃를 유지한다는 것은 경제적으로도 큰 어려움이 동반되는 일이다. 예를 들면 겨울, 봄, 가을철에는 열대식물을 위해 난방이 필요하며, 여름철에는 고산식물을 위해 냉방이 필요하다. 이 냉방에 필요한 에너지만 해도 하루에 2만 메가칼로리, 일반 가정에서 사용되는 냉방에너지로 환산한다면 약 300채 분이 필요하게 된다. 이러한 경제적인 문제를 해결하기 위해 고안해 낸 것이 바로 열 펌프였다.

하수처리수의 온도는 여름에 대략 28 ~ 29℃, 겨울에는 12 ~ 13℃이다. 즉 하수처리수는 여름에는 기온보다 낮고, 겨울에는 반대로 외부기온보다 따뜻하다. 이 온도차를 이용한 냉난방 시스템이 열 펌프이다.

이 열 펌프에 의해 대략 4 ~ 7℃의 시원한 물과 50℃의 따뜻한 온수를 만든다. 이 열 펌프는 두 종류의 서로 다른 온도의 물을 사쿠야코 전시관에 공급하는 시스템이다. 열대식물은 보다 더 높은 온도가 필요하기 때문에 50℃를 80℃로 조정한다. 이것을 기본으로 하여 온실 내의 다양한 기후에 맞추어 기온을 제어하는 것이다.

이렇게 일단 처리된 물을 활용하는 시스템에서 반드시 주의해야 할 사항은 처리수에 잔류하는 박테리아 등이다. 이들 박테리아는 기자재를 파괴하거나 인체에 영향을 미칠 가능성이 있다. 그래서 이 시스템을 개발함에 있어서는 처리수에 잔류하는 미세한 부유물과 박테리아가 열교환기에 부착되지 않도록 두 개의 여과기와 살균력이 강한 오존 주입장치를 장착하였다.

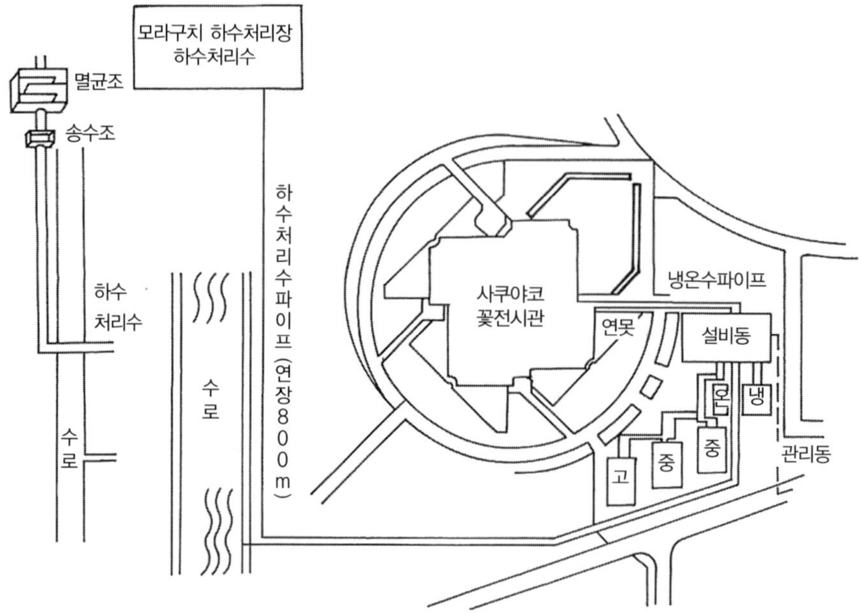

▲ **사쿠야코 꽃전시관 에너지 공급 시스템** / 이곳에는 하수처리수는 열원으로 한 열펌프를 설치하고 그 동력원으로 청소공장의 폐열을 전기에너지로 전환시켜 이용하고 있다.(출전 22)

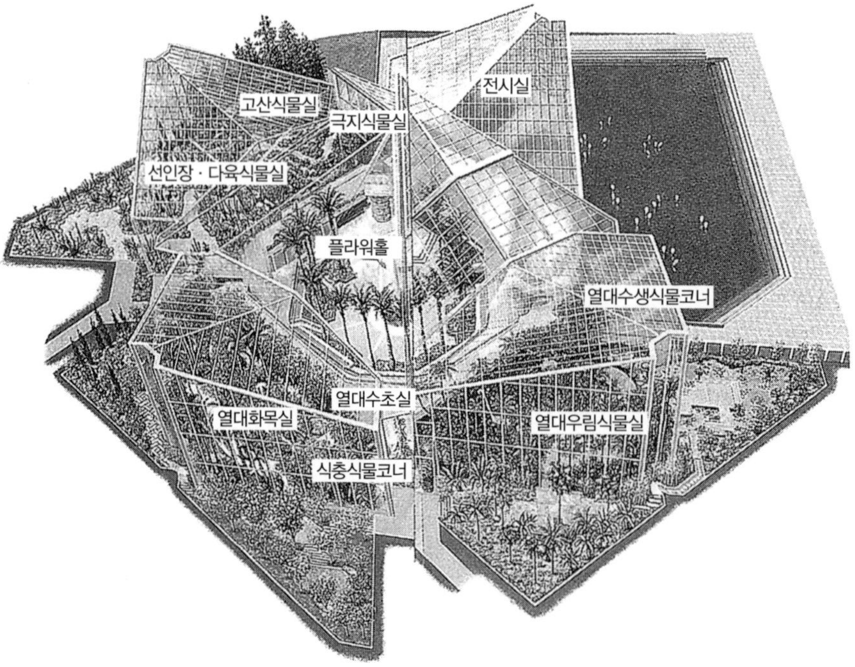

▲ **사쿠야코 꽃전시관의 대온실과 각각의 전시실** / 온실은 기후별로 8개의 존으로 나뉘어지며, 관내 전체로서는 열대권에서 극지대권까지 지구상의 다양한 기후조건을 재현하는 전세계에 생육하는 식물, 약 2600종, 15000주가 전시되어 있다.(출전 23)

이 열 펌프 시스템은 보일러를 사용하지 않기 때문에 지구온난화의 원인이 되는 탄산가스를 방출하지 않는다. 또한 하수처리수를 이용한 열원이라는 것은 일반적인 냉방장치와 같이 건축물의 외부로 열을 방출하지 않는다. 즉 보통 냉방시설을 가동하면 실내는 냉각되지만 역으로 동일한 양의 칼로리(열)가 밖으로 배출되게 되어 이것이 도시 전체의 온도를 높이게 된다. 하수처리수의 이용은 이러한 점에서도 환경문제의 해결에 기여할 수 있다.

또한 열 펌프 시스템은 중앙 감시장치에 의해 24시간 자동운전 되기 때문에 안전하고 비용도 적게 든다.

더욱 특이한 점은 냉 · 온수의 파이프를 땅속에 매설하여 온실을 냉난방하는 지중가온, 냉각방식을 채용하고 있다는 점이다. 또한 하수처리수의 수온은 상온보다 여름철에는 5 ~ 6℃ 낮고, 겨울철에는 높기 때문에 안정된 열원으로서 이용가치가 높다고 한다.

사쿠야코 전시관의 또 하나의 특징은, 동력원으로 오사카시의 츠루미 청소공장의 쓰레기를 소각 발전해서 얻은 전기를 활용하고 있다는 점이다. 사쿠야코 전시관에서는 여름철에는 1,300kw, 겨울철에는 1,800kw의 전기가 필요하지만, 이 전력 모두를 소각공장에서 배출되는 열을 이용한 터빈발전기가 담당하고 있다. 이 발전기는 12,000kw의 발전능력이 있기 때문에 충분히 이 관에 공급할 능력이 있는 것으로 보고 있다.

일반적으로 하수도 및 쓰레기 처리장이란 부정적 환경이라 하여 기피하는 경향이 많지만, 실은 열에너지의 보물창고이다. 이것에 의해 상당한 규모의 에너지 절약을 달성할 수 있다는 것을 사쿠야코 전시관은 꽃과 녹의 박람회를 통하여 실현시킨 것이다.

그러나 문제는 운영경비의 절감은 가능했지만, 이와 같은 시설의 건설을 위한 막대한 자금이 필요했다는 점이다. 수목 식재를 포함한 사쿠야코 전시관의 전체 건설비용은 56억 엔, 그 중 20억 엔이 열 펌프 시스템 등의 설비에 소요되었다. 운영비 절감과 어떻게 균형을 맞출 수 있을까? 또한 하수처리장과 쓰레기 소각공장이 비교적 가까운 곳에 있다는 양호한 조건의 혜택이 있다는 점도 놓칠 수 없는 조건이었다.

그러나 이러한 계획의 실현이 도시재개발 등에 대한 새로운 관점을 심어주었다는 점은 명백한 사실이다. 향후 하수처리장과 쓰레기 소각장이 풍부한 자원의 보고로 인식되고, 지구단위의 커뮤니티에서는 풍요로운 자연과 문화의 거점으로 자리잡을 가능성이 넓어져 가고 있다고 해도 과언은 아닐 것이다. 그 위에 선구적인 사례라고도 할 사쿠야코 전시관이 꽃박람회에서 오사카시의 상징으로 출품되었으며 박람회가 끝난 후에도 공원의 상징으로 남아 있다는 것은 21세기의 커다란 선물이라고 말할 수 있다.

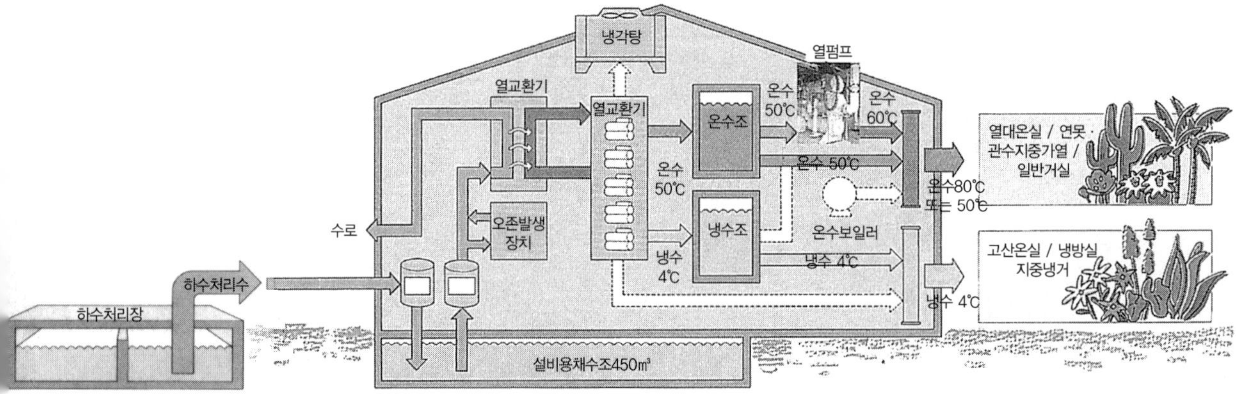

▲ 하수처리수를 이용한 열 펌프 시스템의 개요
일반적으로 펌프란 낮은 곳의 물을 높은 곳으로 끌어 올리는 것이다. 그런데 이와는 대조적으로 열펌프란 온도가 낮은 곳에서 온도가 높은 곳으로 열을 밀어 올리는 작용을 하는 것을 말한다. 사쿠야코 전시관에서는 송수관에서 송수된 25℃~28℃의 하수 처리수를 채수탱크에 저수하고, 이 물과 물이 열교환기를 경유하여 80℃의 온수와 4℃, 7℃의 냉수를 만들어 파이프를 통해 송수하는 시스템이다.(출전 23)

04 대지의 실험실

랜드 랩

우에스기 다케오上杉武夫씨와의 재회

'세계 꽃과 녹의 박람회'가 1990년 오사카시 츠루미 녹지에서 개최되는 것이 그 수년 전에 결정되었다는 뉴스를 보고 필자는 감회가 깊었다. 필자도 참여하였고, 이미 10년이란 세월이 흘러 산림으로서의 품격도 겸비할 정도로 성숙된 '세계의 숲'이 있는 츠루미 녹지에서, 세계를 무대로 한 꽃과 녹의 만국박람회가 개최될 줄이야. 그것만이 아니다. 만국박람회는 이미 오사카에서 1970년에 개최되었고, 20년이란 공백이 있음에도 불구하고, 그 두 번 모두 관여할 수 있다는 행운을 얻게 된 것이다.

숲은 무無에서 다시 탄생한다는 점에 대해서는, 나중에 다시 언급하겠지만, 이미 만국박람회 기념공원 내지 세계의 숲에서 경험해 보았다. 이 20년만큼이나 필자는 만국박람회로 시작하여 다시금 만국박람회로 향하고 있었다. 20년 전에는 가설전시관이 설치되고 다시 철거되었던 장소에 자연의 숲이 재현되었다. 그로부터 10년이 지나 쓰레기 산에 세계의 숲이 조성되었다. 오사카시는 분명 환경시대에 어울리는 흥미롭고 독특한 실적을 일본이나 세계보다 앞서 쌓아 올려왔던 것이다.

이 실적의 연장에 무엇인가 의미 있는 제안을 위해 위탁사업이 아닌 스스로 기획하는 형태로 참여하고 싶었다. 20년간 축적된 경험이 활용될 수 있는 새로운 도시의 시대가 도래하고 있음을 느꼈기 때문이다.

이 무렵 미국으로부터 귀국한 우에스기 다케오上杉武夫씨와 재회하였다. 그는 조경가로서 교토대학京都大學에서 조경학을 공부한 후, 미국에 이주하여 현재 캘리포니아 주립 공과대학California State Polytechnic University의 교수로 있다. 그는 공공조경에서 개인정원에 이르기까지 폭 넓은 작품설계를 통하여 새로운 조경의 위상을 연구하여 왔다. 특히 그는 최근에 조경에 대한 가능성을 도시계획이나 환경계획과 접목시키기 위한 방법을 찾는데 관심을 갖고 있다. 그리고 필자가 꽃박람회 계획에 종사하고 있는 시기에 맞추어 일본으로 돌아온 그와 만날 수 있었다.

그는 그의 대학에서도 현재 이 만국박람회에 어울리는 계획이 입안되어 실행하고 있다고 말했다. 이 소식은 필자를 매우 기쁘게 했으며, 그 즉시 그가 체재하고 있는 캘리포니아주 로스앤젤리스시 교외의 파모나 대학을 방문하게 되었다.

그리고 그곳에서 만나게 된 것이 랜드 랩Land-Lab, 즉 대지 실험실이었고, 그곳에서 소개받은 분이 라일Lyle 교수이다.

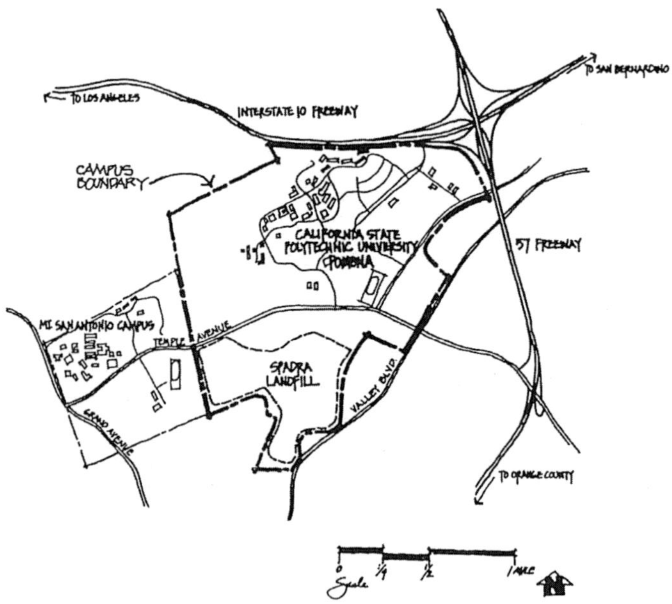

▲ 랜드 랩의 위치도

스팬들러 매립사업과 자원보호 프로젝트는 캘리포니아 주립 공과대학, 로스앤젤리스 카운티, 그리고 공중위생국 등 3기관이 공동으로 추진하고 있는 장기 사업이다. 스팬들러 매립지는 캘리포니아 주립대학 파모나교의 남쪽 템플 대로에 인접해 위치하고 있다. 대학 캠퍼스에 속하는 변화무쌍한 지형 위에 건설된 '대지 실험실'(토지자원 실험실)을 합하면 137ha에 달할 정도의 광활한 부지이다. 주변에는 서쪽으로 샌안토니오 대학, 남쪽으로 주택지, 동쪽 부지경계를 따라 산호세 운하가 흐르고 있다. 그 동쪽에는 이동주택을 위한 부지와 대학생 기숙사가 있는 한적한 거주지역으로 둘러싸여 있다.(출전 25)

라일 교수와의 만남

라일 교수는 랜드 랩의 연구팀 리더였다. 그는 건축가이지만 오랫동안 환경보전과 환경계획, 특히 도시의 에콜로지 시스템에 종사해온 실적이 있다. "Design for Human Eco-system" 이라는 책의 저자로서도 유명하지만, 그는 현대도시에서 여러 형태의 오염과 환경파괴가 진행되고 있는 동안, 도시가 정상적으로 기능하기 위해서는 혁신적인 변혁이 필요하며, 이를 위해서는 도시 내부에 물질 순환계를 만들고 그것을 자연 생태계의 시스템과 연결시키는 것이 중요하다고 했다. 그렇게 하지 않는다면 도시의 존재가 지구 그 자체를 파괴하고 말 것이라는 관점이다. 이러한 시점에서 그는 캘리포니아 남부의 패사데나시에 흐르는 로얄세코강을 대상으로 자연회복 문제와 미국과 멕시코 국경을 넘어 일어난 하수처리수에 의한 환경오염 문제에 몰두하고 있었다.

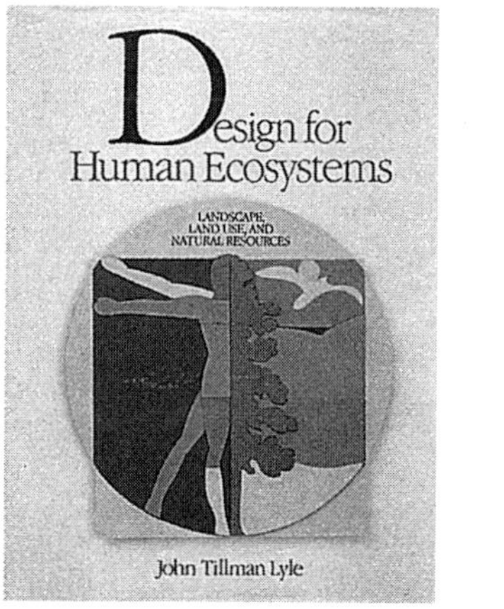

▲ **라일 교수 저서의 표지**(출전 26)

하수처리 문제는 인공정화습지를 조성함으로써 해결하고자 했다. 그는 이러한 실적을 활용하여 랜드 랩의 구성을 시작하였다.

랜드 랩의 부지는 미국 캘리포니아주 로스앤젤리스시 교외마을인 파모나에 있는 캘리포니아 주립 공과대학과 인접한 지역에 있다. 이곳은 파모나시와 산가브리엘San Gabriel 분지로부터의 배출물을 처리하는 곳으로서 1957년 계획된 197에이커(80ha)의 매립사업에 의해 조성된 장소이기도 하다. 이 지역에서 배출되는 쓰레기는 지역환경에 위기를 초래할 정도로 증가할 것으로 예상되었고, 이 매립사업은 이것을 해결하기 위해 필요한 사업이었다. 이 매립지에서 캘리포니아 주립 파모나대학의 실험팀과 로스앤젤리스 지방정부와의 협동으로 완전히 새로운 테마에 대한 도전적인 실험이 이루어 졌다. 이것이 랜드 랩, 즉 '대지 실험실' 이다.

실제로 대학참여가 이루어진 것은 1985년부터이며, 군과 대학은 이 쓰레기 매립사업을 추진함에 있어서 쓰레기의 리사이클, 에너지로의 전용, 환경에 대한 영향 등 계획 및 실험 기회를 대학에 제공하는 데 합의하기에 이르렀다. 이 때의 중심적인 인물이 라일 교수였던 것이다.

피렌츠 건설예정지 ▶

태양발전을 위한 실험시설 ▶

랜드 랩의 전체 구상

'대지 실험실' 이라고 불리는 랜드 랩을 소개하는 팸플릿의 서두에는 다음과 같은 글이 실려 있다. '우리들은 얼마나 우리 집 뒤뜰에 쓰레기 처리장은 안돼! 라고 말하고 싶은 유혹을 견뎌 냈을까요?'

그러나 타이틀에는 "매립지는 좋은 이웃을 사귈 수 있게 한다" 라고도 쓰여 있다.

누구라도 쓰레기 처리장의 필요성에는 찬성하지만, 막상 그것이 자신의 뒤뜰에 설치되는 경우라면 그 즉시 쓰레기 처리장 설치에 대하여 소극적이 되거나 반대하게 될 것이다. 자기 주변에 불쾌한 기피시설이 설치되는 것은 원하지 않기 때문이다. 그래서 이러한 혐오시설을 지역사회에 친숙하게 만들고, 좋은 이웃으로서, 또한 사회적인 공동시설로서 소생시키기 위한 프로젝트로 기획된 것이 랜드 랩이다.

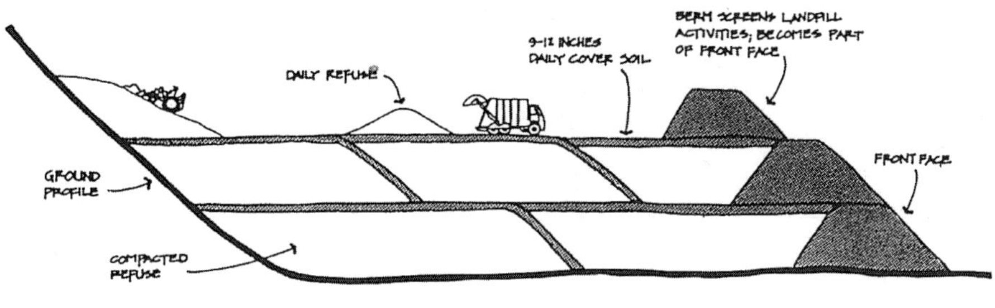

▲ **스팬들러 매립지 단면도**

스팬들러 매립지에서는 무해한 고형, 액상의 쓰레기를 취급하고 있다. 매립은 일단 18~20 피트의 높이로 압축되며 그 후 흙을 덮는다. 이 최소단위를 '셀' 이라 부르고 있다. 셀은 몇 개의 층으로 만들어져 쌓이게 된다. 최종적으로 정상의 평탄부에서는 5피트, 경사면에는 7피트의 흙으로 덮여 완성된다.(출전 25)

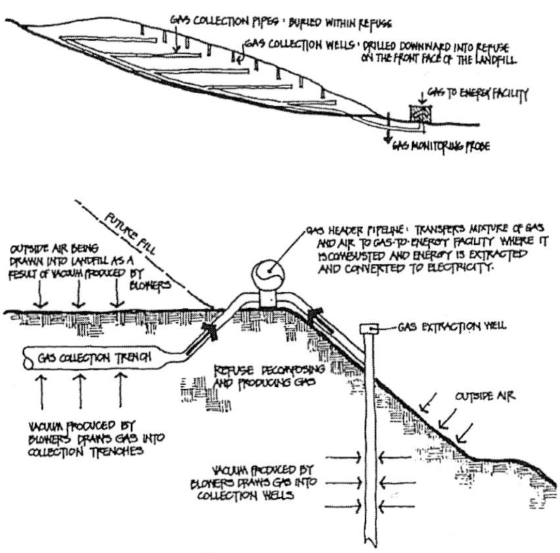

◀ **가스 제어시스템**

쓰레기로부터 얻어지는 에너지에는 두 종류가 있다. 가스에너지 시스템에서 가스는 평행으로 매설된 집적파이프와 수직으로 설치된 가스우물에 의해 히터파이프로 수집된다. 이곳에서 가스가 연소되어 전기에너지로 바뀌게 된다.(출전 25)

▲ 매립 완료시의 토지이용계획도(완료시기는 미정)(출전 25)

① 인포메이션 리서치 센터: '대지 실험실'의 중심시설. 다양한 연구를 제어하기 위한 실험실과 사무실을 갖추고 있다. 또한 센터는 방문자의 접수를 받을 뿐만 아니라 랜드 랩의 제반 활동도 전시하고 있다.

② 캘리포니아 인디언 거주지의 재현: 유럽인들이 미국에 이주해 오기 전에 살고 있던 원주민 인디언의 생활과 건축을 재현하고 당시에 생육하고 있던 식물도 식재하고 있다.

③ 재생산시스템학 연구소: 자원보호와 재생기술을 일상생활에 적용하는 것을 목적으로 하고 있다. 이곳에서는 90명의 학생이 실제로 거주하면서 식물을 생산하거나, 에너지를 발생시키고, 물과 쓰레기의 리사이클에 종사한다. 이를 위해 다음과 같은 간단한 것부터 고도의 것까지 다양한 기술이 활용된다. 농업, 수경재배, 임업, 수동적 냉난방, 오수의 리사이클 등이다. 4에이커 중 일부는 고도의 기술이 필요 없는 제 3세계의 간단한 기술실험실로 사용된다. 예를 들면 수작업으로 이루어지는 석유를 사용하지 않는 농업, 수경재배 등이다.

④ 실험시설

⑤ 식물연구와 전시관: 이곳에서는 식물을 캘리포니아 남부의 기후와 토지에 적응시키는 실험이 이루어진다. 비가 많은 겨울과 건조한 여름의 지중해성 기후와 유사한 세계 5개의 존에서 생장하는 특이한 원예종을 실제로 이곳에서 실험하고, 일반인들이 견학할 수 있도록 하고 있다.

⑥ 야생종 생육지: 여기에서는 토지의 고유종과 이동하며 사는 종을 위해 연못을 설계하여 식물을 재배하고 있다. 야생동물에게 있어서 이곳은 야생으로 돌아가기 위한 훈련 공간이며, 낮 동안의 거주지로서도 유용하게 이용되고 있다.

⑦ 곡물 밭: 연구와 교육을 위해 여러 가지 종의 곡물을 재배한다. 연구목적은 쓰레기 매립지에서의 농업의 가능성, 토지개량을 위한 하수의 이용, 관개용수를 재활용수로 사용하는 연구 등이다.

⑧ 목초지: 연구와 견학을 위한 가축 방목지

⑨ 여가용지: 피크닉과 필드 스포츠 등에 이용된다.

⑩ 트레일 시스템: 승마하는 사람, 보행자, 자전거를 위한 도로로서 일반인에게도 개방된다. 이들 트레일은 다른 장소를 가로질러 네트워크를 형성한다.

⑪ 에너지자원 재생센터: 가스와 쓰레기 에너지시설, 변전소 등을 포함한다.

재생산시스템학 연구소 구상

이 중에서 특히 흥미를 끄는 것은 대학의 재생산시스템학 연구소Regenerative Study Institute 구상이다.

연구소는 부지 전체면적 137ha 중 6.47ha를 차지하고 있고, 에너지, 물, 식물생산, 폐기물처리 등의 다양한 기술과 그 응용실험이 가능한 많은 시설들을 갖추고 있다. 이 시설의 독특한 점은 교육목적으로 건설되었다는 점이다.

이 시설은 미국 학생들만 아니라 특히 개발도상국 학생들의 활약이 기대되고 있다. 왜냐하면 자원 재활용이 농업생산에 크게 공헌한다는 것을 실제 생활과 실습을 통하여 배울 수 있기 때문이다. 파모나교에서 배운 유학생은 이 연구소의 시스템을 자국 실정에 맞게 응용하여, 농업 등 식량생산에서 시작하여 사막녹화에 이르기까지 광범위한 문제들을 해결할 수 있다.

물론 이 시설은 교육적인 가치에만 국한되는 것은 아니다. 이러한 과정을 일반 시민들에게 홍보 · 설명하기 위한 전시시설을 겸비하고 있기 때문에 환경문제에 관심 있는 시민, 그룹에 대한 지도, 기술습득에 대한 원조, 컨설팅 등을 지원하는 것도 가능하다.

90명이 거주하는 소우주

연구소의 토지는 2개의 능선에 의해 형성되는 동서로 긴 계곡을 이루는 특징을 가진 곳으로, 그 속에 4개의 작은 언덕이 있다. 이렇게 변화무쌍한 지형은 세계 각지에서 오는 찾아오는 학생들을 위해 각국의 기후와 지형환경을 만들어내어 다양한 식물재배지에서의 실험을 적합하게 하였다. 부지는 다음의 6개 지구로 나누어져 있다.

① 양식, 하수처리, 쌀 생산을 시작으로 물을 많이 사용하는 식물생산 등 물에 관련된 실험을 위한 계곡 지구The valley

② 계단식 경작 및 곡물생산을 위한 낮은 동산의 정상 지구The knoll tops

③ 야채 재배를 위한 낮은 동산의 기슭 지구The bases

④ 정상과 골짜기 사이에 있고 언덕에서의 식물생산을 위한 낮은 구릉이 있는 사면 지구The knoll sides

⑤ 인간이 실제로 거주하기 위한 건축물이 세워지며 태양의 복사열 이용이 제공되어지는 인간 사용지구The human use

⑥ 상록성 식물을 재배하기 위한 급사면 지구The steep slopes

따라서 랜드 랩 연구소는 인간생활을 끌어들인 생태계의 폐쇄시스템을 실제로 만들고자 하는 자기 완결적인 소우주microcosmos라고 말할 수 있다. 이곳에서는 인간 생태계에 관한 여러 가지 형태의 실험이 가능하다. 부지 내에서 만들어지는 에너지와 물질을 최대한 활용함과 동시에 부지 밭에서 공급되는 에너지와 물질을 최대한 활용토록 한다. 이 과정에서 수집되는 물질은 리사이클 시스템을 저해하지 않도록 계획되어 있다.

이곳에는 90명이 생활할 수 있도록 되어 있다.

주방과 욕실에는 통상의 도시공급수를 사용할 수 있다. 사용 후의 오수는 생물학적인 처리를 거쳐 인공연못에 일단 저장된 후 양식용과 관개용수로 쓰여진다. 포모나시의 오수처리장에서 공급되는 처리수는 양식용 연못에 저장되어 양식용 내지 관개용수로 이용되게 된다. 건물지붕에서 떨어지는 물에서 시작하여 표면배수에 의해 수집된 물은 저수탱크에 저장되게 되며, 그 후 세척 및 화장실용으로 이용되게 된다.

인간의 배설물에 포함되어 있는 유기물은 하수처리 과정을 거쳐, 수변식물의 비료로 이용된다. 이들 식물은 가축사료가 되기도 하며 그 폐기물은 메탄가스 처리장에서 바이오가스로, 그리고 퇴비가 된다. 동물의 폐기물은 연못의 물고기 사료로, 또는 작물의 비료로 이용되게 된다. 고형 폐기물은 퇴비로서 재이용되게 된다. 퇴비는 대온실에서도 만들어지고, 그 과정에서 생겨나는 열은 온실의 온도보존에 쓰이게 되며, 퇴비화 과정에서 생겨나는 탄산가스는 식물의 성장을 돕는다.

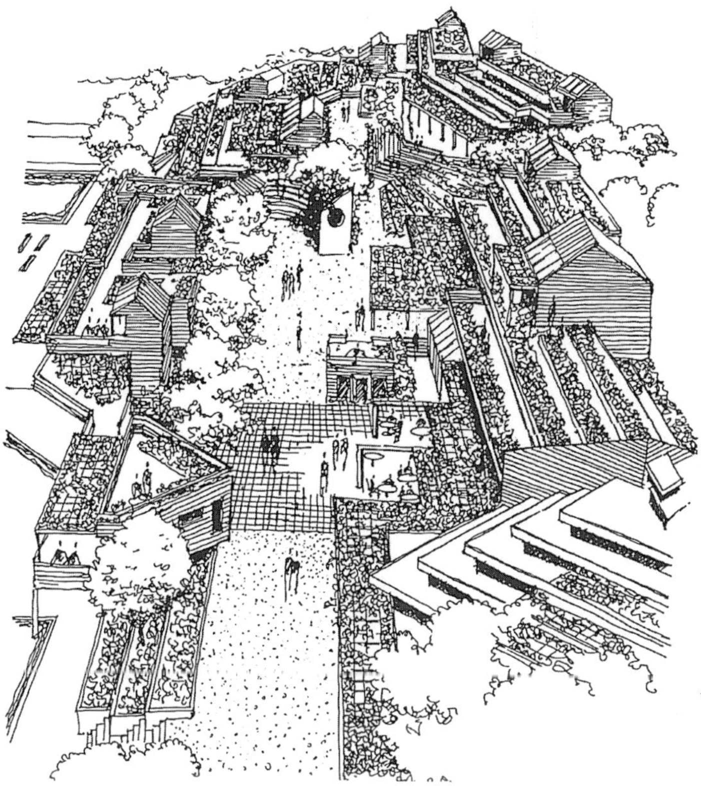

◀ 빌리지의 경관. 오른쪽은 주민센터
(출전 25)

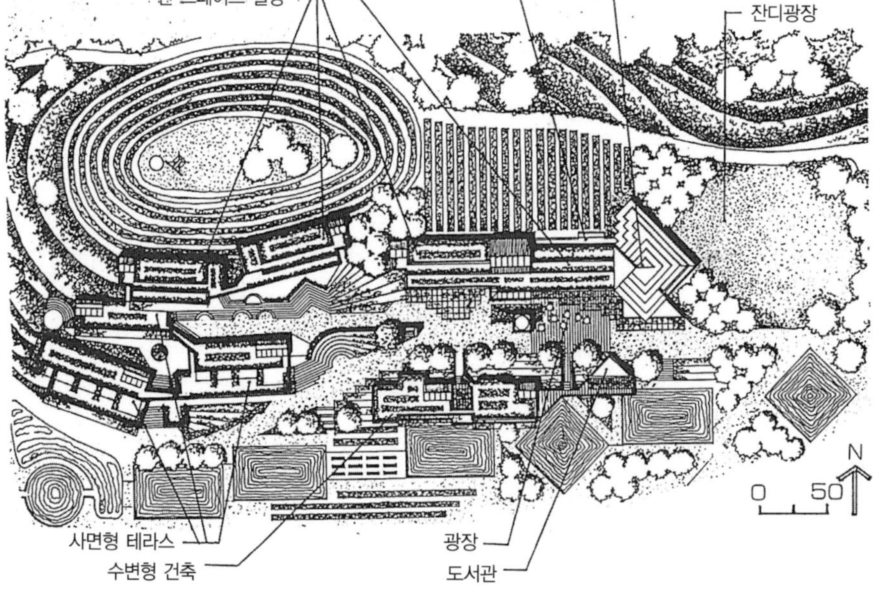

▲ **재생산시스템 연구소 · 빌리지의 계획평면도**(출전 25)

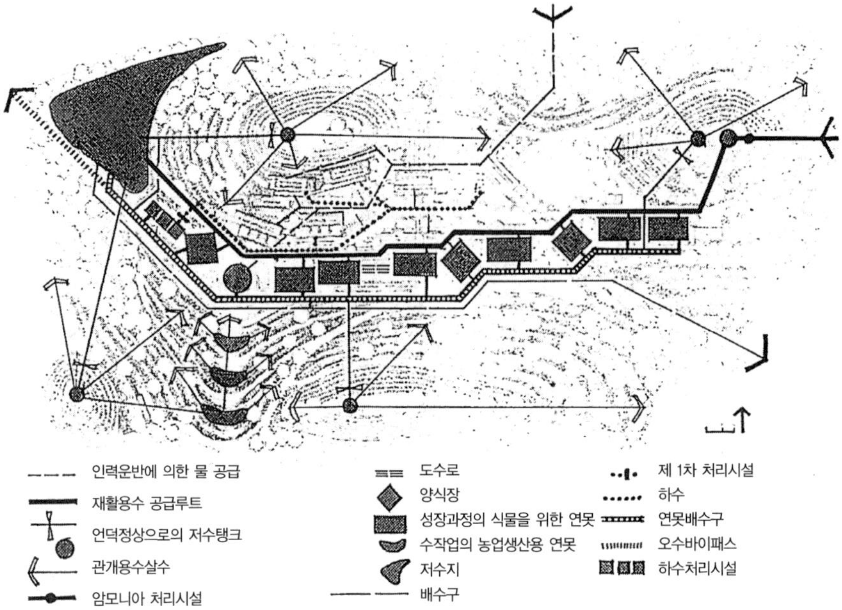

▲ **연구소의 물공급 계획도**(출전 25)

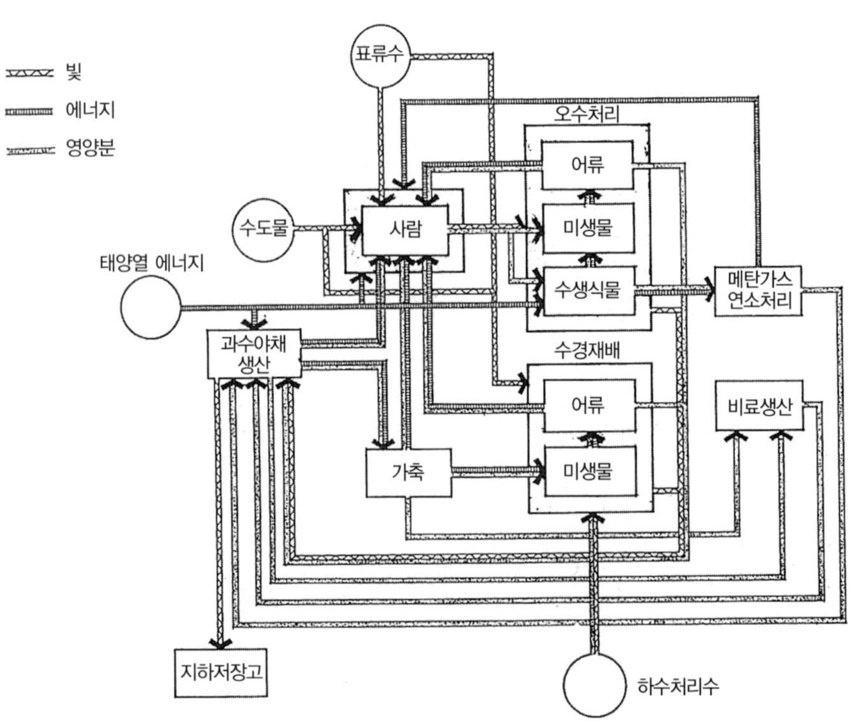

▲ **에너지, 영양분, 물의 순환 과정**(출전 25)

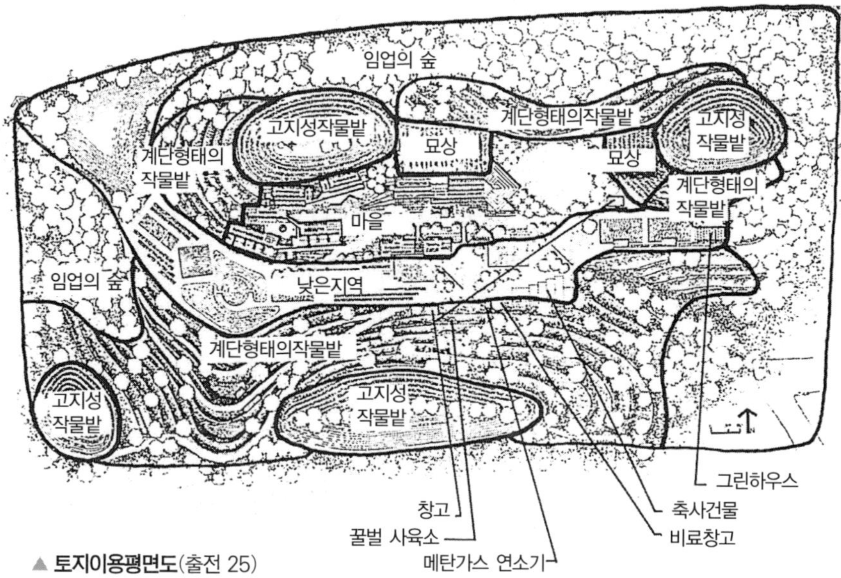

▲ **토지이용평면도**(출전 25)

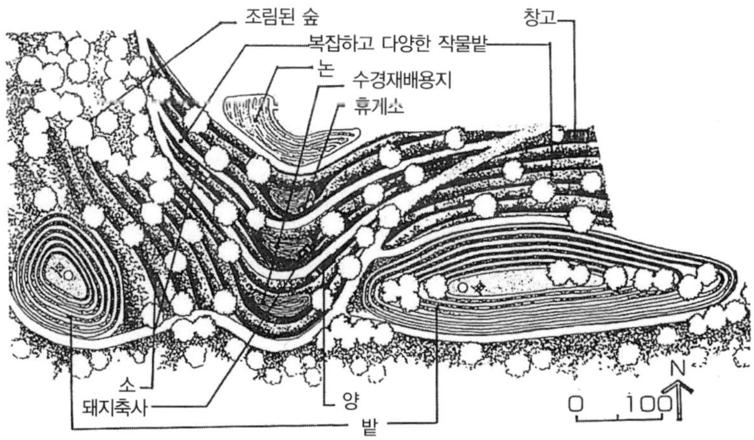

▲ **수작업에 의한 농업생산지구**(출전 25)

태양에너지 이용도(출전 25) ▶

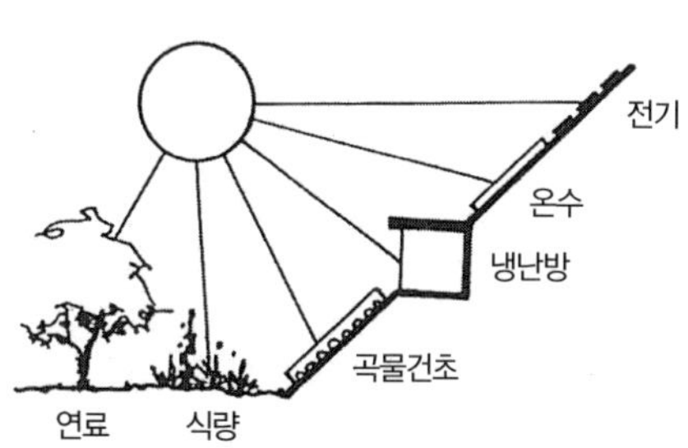

앞으로의 전개

랜드 랩의 중심시설인 재생산 시스템 연구소는 약 6.4ha 정도의 소규모이다. 그 한정된 공간자원 속에서 그곳에서 거주할 예정인 약 90명의 연구자는 소위 자원, 에너지 생산, 소비 리사이클을 자연이 지닌 재생산 능력에 의존하거나 일치시키면서 생활하게 된다.

물 시스템, 주거 시스템, 폐기물 시스템, 식품생산 시스템 등 인간의 활동을 가능한 한 자기 완결적, 자율적으로 토지이용에 포함시키고 있는 것이 특징이다. 따라서 이것은 일명 도시와 농촌 생태계의 작은 모델이라고도 할 수 있다.

이 연구소의 건설은 이제 막 시작되었지만 다음 두 가지 사항에 주력하고 있다는 점이 흥미롭다. 하나는 화석연료가 사용되기 이전의 고대 농업기술을 다양하게 이용하고 있다는 점이다. 이것은 이 연구소가 개발도상국의 각 지역에 이러한 기술보급을 목표로 하고 있다는 배경이기도 하다. 다른 하나는 이 프로젝트는 다양하고 이질적인 전문분야가 협력하여 학제적으로 연구를 진행하고 있다는 점이다. 예를 들면 토목공학, 인류학, 건축학, 조경학, 농학, 수문학, 물고기 양식 등 연구소의 마스터플랜 작성에 관여한 전문분야는 실로 다양하다.

재생산은 지속가능성을 전제로 한 재생산 시스템을 의미하는 것이며, 이 시스템이 인간의 거주와 자연의 지속적인 공생을 가능하게 할 수 있다면, 인구 급증지역 및 빈곤과 기아로 고통 받고 있는 다수의 개발도상국에 응용할 수 있을 것이다.

05 환경수로

칸사이 신공항 린쿠臨空타운과 고베神戸 하버랜드

도시 속의 환경수環境水

도시의 거대화, 과밀화, 고층화에 의해 도시환경이 급속히 악화되고 있다. 열섬heat island 현상 때문에, 한 여름의 도시에서는 밤에도 온도가 내려가지 않아 잠 못 드는 사람이 많다. 빌딩과 아스팔트와 같이 온도를 저장하는 소재가 많아지게 되면 태양의 복사열에 의해 온도가 상승하게 된다. 자동차의 배기가스, 냉난방에 의한 열의 배출 등도 도시를 뜨겁게 한다. 녹지와 수면은 이러한 열을 냉각하는 이를 테면 냉방기의 역할을 한다. 그러나 도시개발에 의해 자연적인 공간이 감소하게 되면 온도상승을 억제할 수 있는 공간도 그만큼 없어지게 된다. 건조화도 문제가 되고 있다. 고층화에 의한 음지공간의 증대, 수질의 악화, 이러한 현상을 '도시의 사막화' 라고 부르고 있다.

특히 도시에서는 물과 관련한 문제가 대두되고 있다. 지금까지 도시에서 물에 대한 대책은 그 대부분이 치수 · 지진재해 · 화재에 관한 것이었다. 그러나 최근에는 '도시의 사막화' 에 대응하기 위한 '환경수' 의 필요성이 중시되고 있다. '환경수' 라는 말은 익숙하지 않은 전문용어이나, 이것이 주목받게 된 것은 최근의 급속한 도시화로 인한 우리들의 일상적인 생활에서 눈으로 보고 실제로 접촉하면서 친숙해 있던 하천과 연못 등의 지표수가 한쪽 구석으로 밀려나거나 없어지기까지 해버렸기 때문이다. 예를 들면

- 자동차 교통에 방해가 된다.
- 보행로를 좁게 만든다.
- 수로에 어린이가 추락하여 관리상의 문제를 발생시킨다.
- 해충이 발생하여 위생상의 문제를 발생시킨다.

등등 인간에게 편리하다는 이유만으로 도시에서 수변의 모습들이 사라져

▲ 린쿠 타운 상업업무지구 완성모형
(출전 27)

버렸다.

그러나, 최근에는 역으로 환경형성을 위해서 물은 빼놓을 수 없는 요소라는 인식이 널리 보급되고 있다. 즉 도시사막 속에서의 물의 존재는 이를테면 사막에서 오아시스를 만났을 때와 동일한 가치가 있다는 것이다. 사막화된 도시공간에 물을 사용하면 매력적이고, 주민과 방문객에게 즐거움을 줄 수 있는 환경을 만들 수 있다.

그러나 일단 없어져 버린 물을 다시 되돌려 놓는다는 것이 그리 쉬운 일은 아니다. 환경수의 수원은 일반적으로 지하수와 하천수를 생각할 수 있지만, 지하수로는 대규모의 물 이용이 불가능하다. 게다가 지하수를 끌어올리는 것에 대해 대부분의 도시에서 규제가 이루어지고 있다. 한편 하천수는 수리권水利權 문제, 하천기능(농업용수 등) 확보 등의 이유로 하천수로부터 안정적으로 물을 끌어들이는 것은 불가능하다.

다만 대도시의 하천에서는 사정이 좀 다르다. 대도시는 대개 강의 하류에 자리하고 있으며, 또 대도시에서는 농업의 쇠퇴 등으로 수리권에 관해 그렇게 큰 문제는 발생하지 않는다. 게다가 취수량도 하천수량에 중대한 지장을 초래할 정도의 수량도 아니다. 이러한 이유에서 하천수를 끌어들인 친수공원에 대한 정비가 대도시권을 중심으로 진행되고 있다.

또 하나의 환경수로서 사용할 수 있는 물이 도시에 존재하고 있다. 대도시에는 하천수 이외에도 하수처리에 의해 방출되는 처리수라는 것이 존재한다. 대도시지역에서 하수도 보급은 우선적인 과제로 되어 있다. 이 때문에 매년 정비가 진행되고 있고 유입되는 하수량도 증가하고 있다. 또한 환경수로서의 안전성을 유지하기 위해 재처리를 행함에 있어서도 처리대상수의 수질을 어느 정도 예상할 수 있다는 등의 이점이 있다. 게다가 최근 수년간 도시에서는 만성적인 물 부족 현상이 일어나고 있는데, 이것은 자연계(하천)로부터의 취수가 증가되었다기 보다는 물을 아껴야 한다는 이미지가 생겨났기 때문이라 판단된다.

이러한 관점에서 본다면 대도시는 현재로서는 새로운 수자원 개발이 가능하게 되었고, 이러한 수자원은 오아시스, 도시기후의 조정, 수경修景, 생태계 회복 등 다양한 분야에서 활용될 기회가 많아졌다고 인식되고 있다.

이제부터 린쿠 타운에 초점을 맞추어 그 가능성을 생각해 보자.

◀ **린쿠 타운 전경**
린쿠 타운은 24시간 가동하는 국제공항의 지원 · 보완기능을 하는 장소임과 동시에 지역의 환경개선, 지역진흥을 목적으로 건설되었다. 전체 면적 600ha 중 318.4ha가 매립에 의해 조성된 부지임. 앞쪽이 상업업무지구, 뒤쪽이 남부지구임.(출전 27)

린쿠臨空 타운 구상

린쿠 타운에서는 하수처리수의 재활용 용도로, 실개천 몰mall과 친수공원에서의 이용을 생각할 수 있으며, 이들을 토지이용계획에 적절하게 포함함으로서 린쿠 타운의 이미지 제고와 친수대책으로서 유효하게 기능하도록 계획하고 있다. 이러한 관점에서 린쿠 타운이 지향하고자 하는 물 순환 시스템에 대하여 기본구상단계를 중심으로 소개한다.

현재 일본에서 가장 주목받고 있는 개발 중의 하나가 1994년에 개항한 칸사이關西 신공항이다. 오사카 남부의 오사카만 앞바다에 대량의 흙을 매립하여 조성된 이 국제공항은 칸사이에서는 최초로 24시간 가동하는 공항이다. 공항시설은 국제공모에서 1위로 선정된 이탈리아의 렌조 피아노의 작품이다. 피아노씨는 유명한 퐁피두센터의 설계자이기도 하다. 파리의 역사지구 한가운데 건설된 초현대적인 건축은 건축설비를 건축의 표면에 노출시켜 공사 중이라고 생각되어질 정도의 외관을 지닌 문화센터로서, 통상적으로 말하면 적어도 역사지구에는 어울리지 않는 건축물이다. 건설 당시부터 이 건축물은 논란의 대상이 된 바 있다.

그 피아노씨가 세계적으로 주목받고 있는 오사카 국제공항을 설계하였다. 이 건물의 특징도 종래의 공항건축의 상식을 초월하는 대담한 설계로, 특히 녹색을 아낌없이 도입한 생태건축이라는 점에서 전 세계적으로 큰 화제를 일으킬 것으로 기대되었다.

이 국제공항의 육지부에 공항과 동시에 건축된 것이 린쿠 타운이다. 1974년 8월 항공심의회는 칸사이 국제공항의 위치로서 이곳이 최적지라고 답하였다. 그 답신설명서의 맺음말 – 칸사이 국제공항의 실현을 위하여 – 중에는 '주변지역을 환경보전에 유의하면서 공항건설과 연계하여 적절하게 정비한다면 양자의 조화와 번영은 가능하리라 확신한다' 고 기술하고 있다.

이 답신의 요지를 바탕으로 칸사이 신국제공항의 바로 옆 건너편 해안에 공항을 지원, 보완하면서 아울러 지역이 종래부터 안고 있던 과제를 동시에 해결하기 위해 오사카시가 매립한 지역에 계획된 것이 미나미 오사카해안(린쿠 타운) 정비사업이다.

린쿠 타운의 토지이용은 공항의 지원 · 보완 및 지역의 환경개선이라는 목적을 달성하기 위해 상업 · 업무, 유통, 주택, 제조업 등 10종류의 용도가 결정되었고, 이것을 기본으로 마을 만들기가 추진되고 있다.

린쿠 타운이 오는 21세기를 맞이하여 일본의 현관답게 활력과 매력있는 도시로서 발전하기 위한 기본적인 방향을 설정하기 위해 토지이용 마스터플랜이 수립되었다.

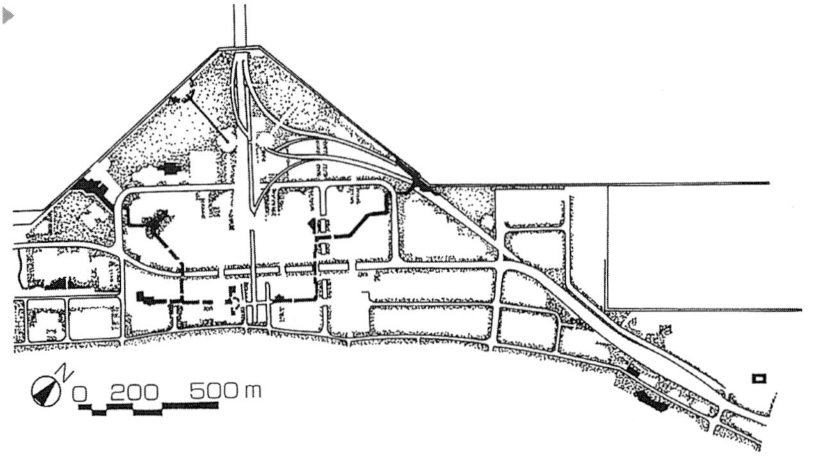

상업 · 업무지구 평면도 ▶ 공항관련 관리 · 지원센터 기능을 지닌 린쿠 타운의 가장 중심이 되는 지구. 공항으로의 연락도로가 한가운데를 관통하고 그 양쪽에 2동의 상징 게이트 타워가 서있다. 그 아래 부분에 전철역사가 있다. 업무, 상업, 문화, 오락, 국제교류, 숙박, 그 외 지원기능을 지닌 이 지구는 교통에 의해 4개의 블럭으로 분리되지만, 이 지구들을 연결하는 것이 캐널과 프롬네이드이다.(출전 27)

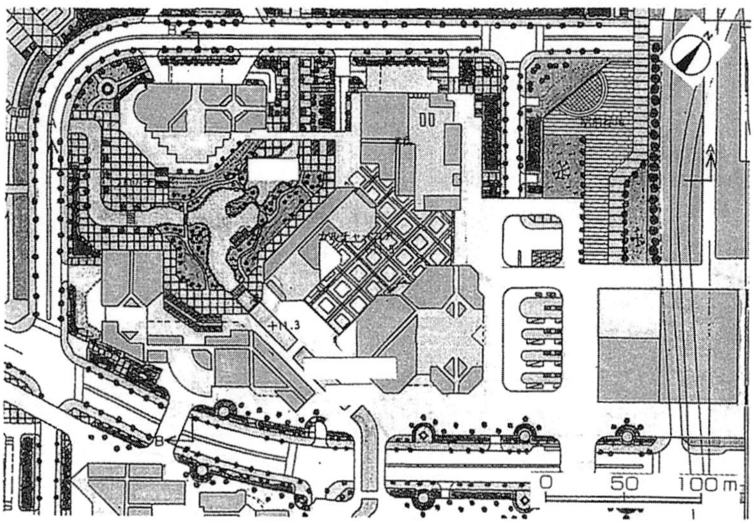

▲ **블럭 3지구의 평면도**

상업, 숙박, 체재기능을 중심으로, 소매, 호텔, 업무빌딩이 입지하는 이 지구에는 캐널과 프롬네이드가 이즈미사노泉佐野, 타리지田尻, 이즈미미나미선泉南線을 고가로 연결하고 있다. 문화핵심지구culture core와 함께 캐널은 이곳에서 자연스러운 인공연못으로 변신하여 시구에 안성감과 풍요로운 자연을 제공한다. 또한 이 수로는 오사카만과 마주하는 상징녹지를 향하고 있으며 웅대한 석양을 배경으로 칸사이 신공항을 다이나믹하게 조망할 수 있도록 되어 있다.(출전 27)

하이 어메니티High Amenity의 창출

마스터플랜에서는 특히 환경측면에서 세심한 배려가 이루어지고 있다. 환경과제로서는 다음의 두 가지가 중요하게 인식되고 있다.

① 오사카만은 수질환경기준의 달성과 부영양화 방지 등 환경상의 제반과제를 안고 있으므로, 주거지역과 공장지대가 복잡하게 섞여 있는 내륙부를 포함한 지역환경을 개선하기 위한 대책을 강구할 필요가 있다.

② 아울러 공항의 대안부는 어메니티가 있는 해안재생과 국제공항의 관문에 어울리는 도시환경의 창조가 요구되고 있다.

오사카 남측 해안 정비사업 토지이용계획위원회의 보고서 '린쿠 도시의 형성'에서 제시한 가장 중요한 계획목표는 '하이 어메니티high amenity 도시환경의 창출'이다. 24시간 가동되고 아울러 상시 외국인들이 왕래하는 국제공항이 입지하고 있는 소재지로서 쾌적성은 가장 중시되어야만 한다. 특히 린쿠 타운에서는 새로운 국제교류의 장소로서 매력을 겸비하여 기업·시설의 집적을 위한 잠재력을 향상시키는 것이 도시기능으로서 가장 중요한 요건이다. 이를 위해서는 린쿠 타운에 거주하고, 근무하고, 연구하는 사람과 린쿠 타운을 방문하고, 놀고, 쉬고, 즐기는 사람들이 안전·쾌적하게 시간을 보낼 수 있도록 각각의 목적에 대응되면서 만족스러운 활동이 가능하도록 하이 어메니티의 도시환경을 실현하는 것이 필수조건이 된다.

이러한 시점에서 본다면, 오사카만 앞바다에 입지하는 공항과 더불어 해안선 즉 임해부의 린쿠 타운이 공통적으로 고려해야 할 환경과제는 워터프론트 즉 수제와 웅대한 바다풍경을 현대적으로 어떻게 활용하느냐에 달려 있다. 바다 가운데 있는 공항과 임해부의 린쿠 타운은 그러한 의미에서 현대적인 경관을 창조함에 있어서 중대한 역할을 담당하고 있다고 할 수 있다.

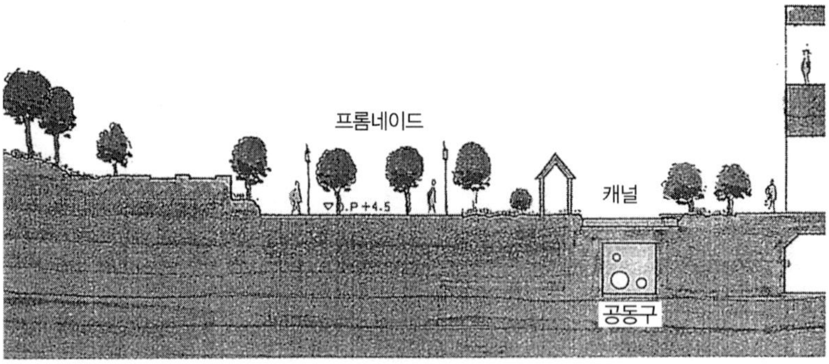

▲ **캐널과 공동구**

캐널은 원칙적으로 공동구의 상부인 인공지반 위에 조성된다. 폭 10m, 수심 0.5 ~ 1m 로 수변경관의 창출뿐만 아니라 배를 교통기관으로 이용할 수 있도록 규격화되어 있다.(출전 27)

◀ 바다로 향하는 대로의 이미지 스케치
(출전 27)

린쿠 타운에 있어 환경창조에서는 이러한 워터프론트의 자원을 활용할 수 있도록, 다음과 같은 사항이 구체적으로 제안되고 있다.

- 바다의 수제선은 그 전체를 공공공간으로서 인식하고, 아울러 공공접근성public access을 제고한다.
- 평탄한 매립지에 인공부지를 조성하여 '새로운 석양의 언덕' 을 창출한다.
- 또한 완경사 호안과 인공해변, 상징녹지 주변에 프롬네이드 등 친수성이 높은 공간을 조성한다.
- 인공수로canal, 실개천, 연못 등 도시 전체에 풍부한 수변공간을 창출하여 물과 친수공간을 이용할 수 있도록 도시를 조성한다.
- 인공수로canal변에는 바다로 향하는 대로를 설치하여 시가지 안쪽에서도 바다와 석양이 보이는 도시를 만든다.
- 해변에는 소나무 숲을 재현하여 미래도시의 경관과 역사적 경관과의 조화를 창출한다.

공급처리시스템을 수경修景의 체계로

린쿠 타운에서는 이상과 같은 쾌적한 환경을 실현함과 동시에 수질환경기준의 달성과 부영양화 방지 등 제반 환경문제도 해결해야만 할 과제를 안고 있다. 린쿠 타운의 기본구상에서는 이러한 과제를 단독으로 해결하는 것이 아니라 주민참여 도시계획 과정에서 해결방안을 찾아가는 것이 주요 테마로서 제안되고 있다는 점에서 주목할 만하다. 이를 위해서는 어메니티 환경을 창출하는 사업과 연계시키는 것이 일반 시민의 협력을 얻기 쉬우며 또 효과적이기도 하다.

그러나 이러한 사업은 이론적으로는 가능성이 있어 보이지만 막상 실행에 옮기려고 하면 쉽지만은 않다. 여기에서는 환경수로에 국한시켜 소개하기로 한다.

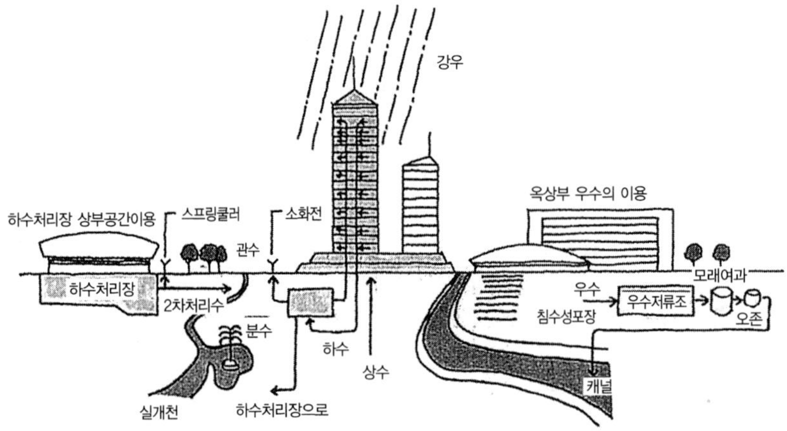

▲ **린쿠 타운의 물 순환 시스템 개념도**(출전 27)

린쿠 타운의 물질대사에서는, 지역냉난방, 폐기물 수집을 위한 에너지 공동구 등 시스템은 단순히 물의 처리 · 재활용에 머무는 것이 아니라 수변공간의 창출에 의한 워터프론트 도시를 실현하는데 크게 기여하고자 하고 있다. 특히 오사카만의 수질보전, 수자원의 유효이용이란 관점에서 하수처리수의 재활용을 위해 녹지와 일체시켜 정비된 실개천으로의 방류를 적극적으로 추진하고 있다. 인공수로는 상업 · 업무지구의 공동구 설치공간 상부를 활용하여 수면폭 10m, 수심 0.5m ~ 1.0m 정도의 운하(캐널) 규모를 계획하고 있다.
우수 등을 저류하여 린쿠 타운 고유의 풍경을 형성하는 것을 목적으로 하고 있다. 린쿠 타운에서의 물환경 시스템에 의한 다양한 수변공간의 창출은 여가기능을 부여해줄 뿐만 아니라 생태계의 회복, 재생 그리고 열섬현상을 완화한다는 점에서도 중요한 역할을 담당하고 있다.

먼저 이곳의 공급처리 · 기반시설 시스템의 개요는 다음에 소개되는 그림과 같다. 특히 공급처리 · 기반시설 시스템은 도시활동에 있어서 필수불가결한 생명선life line으로서의 기능을 수행할 뿐만 아니라, 도시의 활력과 매력을 높여주는 주요 시스템이라는 관점이 도입되고 있다는 점이 흥미롭다. 공급처리 · 기반시설 시스템의 정비에 있어서는 다음과 같은 점이 고려되어야 한다고 지적하고 있다.

- 효율성, 안정성
- 자원 절약, 에너지 절약
- 환경보전
- 유지관리 배려

이러한 메타볼리즘[6]metabolism 공급처리체계의 기본적인 사고방식을 바탕으로 린쿠 타운에서는 '교류와 하이 어메니티를 기조로 하는 활력과 매력있는 도시'에 어울리는 체계를 정비하기 위해 장래의 기술동향을 우선 도입한 시스템을 끌어들임으로써 21세기를 향한 모델 실험도시를 지향하고 있다. 이를 위해 구상단계에서 다음의 내용이 검토되었다.

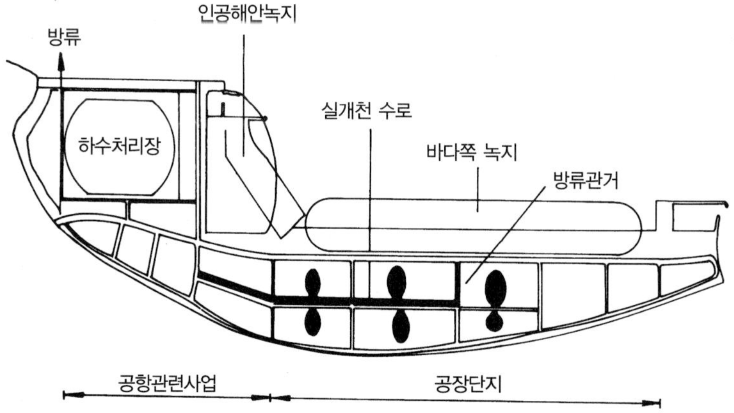

▲ **남부의 토지이용계획도**

물이 있는 도시로서 조성하기 위해 처리수를 수경에 재활용하는 '실개천 수로'는 도시에 녹색의 오아시스를 만들어 산책과 휴식장소로 제공된다.

6) (열주)기능 등 외적요인의 변화에 대응하여 도시와 건축도 물질대사처럼 교대 · 변화한다는 건축이론

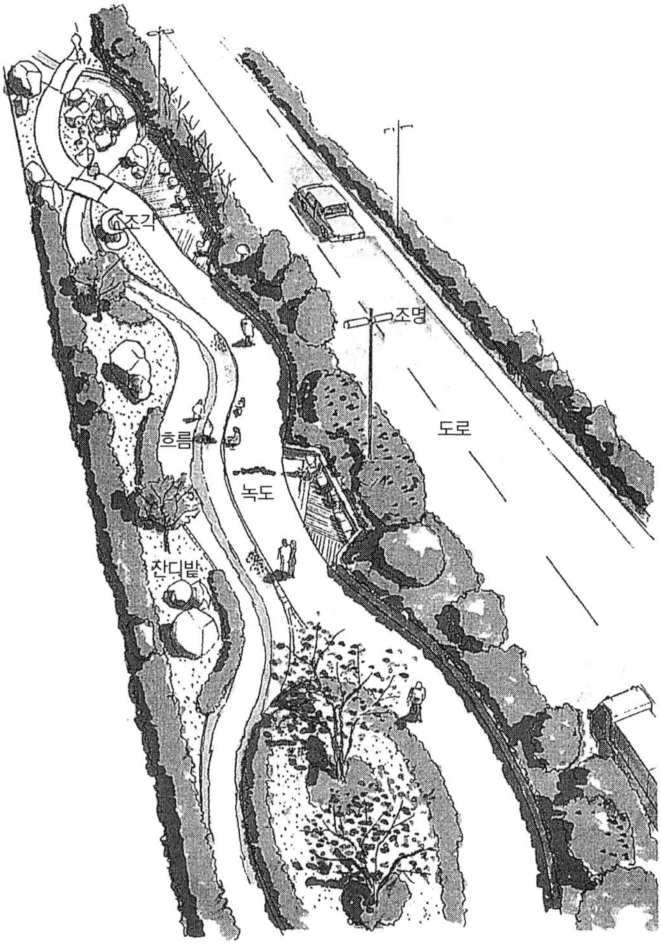

▲ **남부의 실개천 수로** / 주변지역이 공장지대인 남부 실개천 수로는 그곳에서 근무하는 사람들에게 휴식과 산책을 위한 장소가 될 것으로 예상되고 있고, 자연스러운 흐름이 계획되어 마치 '어반 오아시스urban oasis'와도 같이 된다. 실개천 수로의 용지는 전장 1km, 폭 10m.(출전 28)

- 린쿠 타운이 지닌 첨단성, 미래지향성의 실현
- 에너지의 합리적 이용
- 도시경관의 향상과 환경보전
- 도시의 방재성, 공급의 신뢰성 향상 등의 관점에서 열부하 밀도, 연간 열수요 밀도를 고려하여 상업 · 업무지구 등에 있어서 지역냉난방 시스템의 도입을 도모한다.
- 상업 · 업무지구, 주거지구 등에서는 폐기물의 진공수송 시스템의 도입을 도모한다.
- 하수도, 폐기물 수집시설 등 도시폐열의 유효이용에 대해 적극적으로 검토한다.
- 인공수로 및 하수처리수를 재이용한 실개천의 설치, 우수의 저류 · 침투에 의한 열섬화 완화 등 종합적인 물 순환시스템의 형성과 물을 활용한 마을 만들기의 연출을 적극적으로 모색한다.
- 공동구의 설치를 도모한다.

실개천과 캐널

지금까지 하수처리에 의해 방출되는 처리수가 점차 '환경수'로 사용되고 있다는 점에 대해 언급했지만, 린쿠 타운에도 그 남단에 위치하는 남부 하수처리장의 물을 재활용하여 수경용수로 이용한다는 계획이 수립되었다. 하수처리에 의해 오사카만의 수질을 보전함과 동시에 수자원의 유효활용이란 관점에서 하수처리수의 재활용을 도모하고 있다. 이용형태로는 녹지와 일체형으로 계획되어 친수성 향상에 도움을 줄 수 있도록 실개천으로의 방류가 이루어지고 있다(남부 실개천 수로, 158쪽 그림 참조). 녹지에는 실개천을 적극적으로 정비하여 물과 녹색이 일체가 되는 윤택한 도시환경을 창출한다.

여기서는 린쿠 타운에서 가장 기대되고 있는 '도시 환경수'의 하나인 캐널에 대하여 소개한다. 이것도 어디까지나 구상단계에 있을 뿐 실현을 위해서는 몇 가지 어려움이 예상되고 있으나, 향후 환경도시의 골격이 되는 공간을 정착시켜 가기 위해서는 어려움을 극복하면서 지속적으로 환경창출을 중시하는 개발로서 도전하지 않으면 안된다고 생각한다.

린쿠 타운의 캐널이란 주로 상업, 업무지구를 관통하는 인공수로를 정비하는 것을 뜻한다. 간단히 말하자면 오사카만과 면하여 개발되는 도시를 이탈리아의 베니스와 같이 운하가 있는 도시로 개발하자는 것이다. 그러나 베니스와 같이 해수를 그곳에 끌어들이는 것이 아니다. 이 지역에 내린 우수와 상수를 시가지 내에 저장하여 이것들을 수경수로 사용하며, 가능하다면 도시의 교통기관으로서 수운을 사용하는 것도 가능하지 않을까 하는 구상으로 계획되었다.

그러나 지가가 비싼 일본에서의 시가지 재개발 및 매립지에서는 이와 같은 환경을 조성하기 위해 대량의 토지를 공급한다는 것이 거의 불가능하다. 그래서 린쿠 타운에서 고안해낸 새로운 방법은, 인공수로를 상업업무지구의 공동구 설치공간 상부 등을 활용하여 조성한다는 것이다. 이 인공수로 계획안에서는 수면 폭 10m, 수심 0.5 ~ 1.0m을 표준으로 하여 인공순환방식을 채용하고 있다. 수량공급에 대해서는 상수를 기본으로 하고 있고 우수활용에 대해서도 검토하고 있다.

이미 서술한 바와 같이 공동구도 린쿠 타운의 핵심사항 중 하나이다. 거미줄 같은 전선이 공간을 덮고 있으며, 전주가 난립하는 가로경관은 결코 자랑할 만한 것이 못된다. 수도 등과 함께 전선도 지하에 매설할 방법이 없을까? 이러한 희망을 실현시켜 주는 것이 공동구이다. 그러나 이것이 여러 가지 사정 때문에 실현하기 곤란한 상황에 처해 있다. 이렇게 어려운 상황임에도 불구하고 최근 전국 각지에서 공동구를 설치하고 전선을 지하에 매설함으로써 거리가 몰라볼 정도로 매력적으로 바뀐 사례가 속출하고 있다.

린쿠 타운에서도 경관향상, 물 에너지 등 공급의 안정성 및 공급처리기반시설 시스템의 운영, 유지관리, 시설밀도 등의 관점에서 전기가스배관, 정보통신, 상수도, 공업용수도, 지역냉난방배관을 수용하기 위한 공동구를 상업 · 업무지구 전역에 설치하는 것을 계획하고 있다.

공동구의 설치장소에 대해서는

- 각 시설로의 공급이 효율적으로 이루어질 것
- 무리한 평면 · 종단면 구조로 인하여 각 시스템에 지장을 초래하지 않을 것
- 유지관리를 위한 공간 확보가 가능할 것
- 건설비용이 적게 들것
- 도로횡단, 우수, 오수관과의 조정이 용이할 것

등 인공대지, 지반의 지하주차장과 정합을 도모하면서 정비하는 것이 바람직하다. 또한 이를 통하여 인공수로캐널의 공간이 확보될 수 있다.

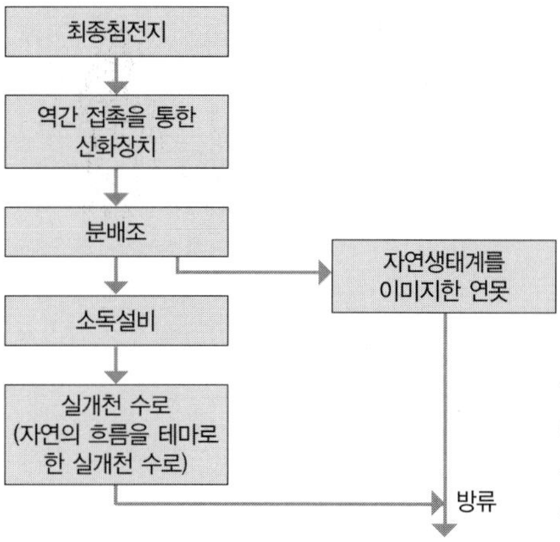

2차 처리수 재활용시설의 흐름
하수처리장의 2차 처리수를 역간礫間접촉 산화장치에 의해 처리하며, 이 처리수를 대형 수생생물이용 연못(자연의 흐름을 테마로 한 실개천 수로)으로 나누어 흘려보낸다.(출전 28)

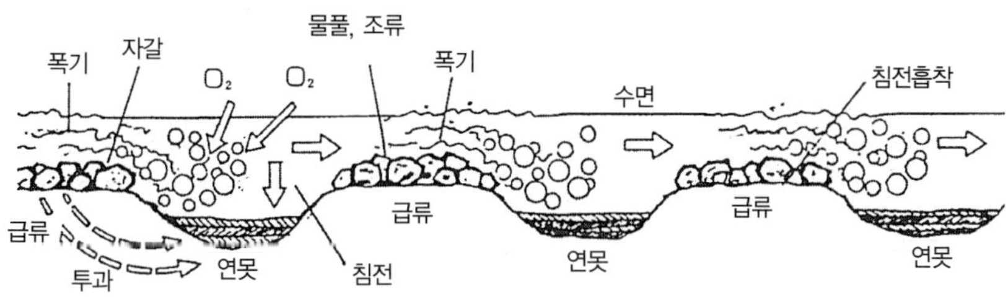

▲ **하천의 자정작용** / 하천이 오염물질의 자정작용을 지니고 있는 것은 하천바닥에는 얕은 곳과 깊은 곳이 존재하기 때문이다. 오염물질의 분해, 폭기曝氣: 물거품에 의한 정화, 침전, 혼합이 반복됨으로써 정화효과가 높아진다. 인공수로를 조성하는 경우에는 유로를 활모양으로 하며, 하천바닥을 위와 같은 구조로 하는 것이 바람직하다.(출전 28)

고베 하버랜드의 캐널

국철 고베역에서 바다 측에는 '바다로 이어지는 문화도심'을 캐치프레이즈로 백화점, 오피스, 전문점, 실내운동시설, 개인병원 등이 집결하는 대규모 워터프론트 재개발사업인 고베 하버랜드harbor land가 있다. 이곳은 린쿠 타운보다 먼저 개장되었고 고베시가 지향하는 '어반리조트urban resort 도심'의 핵심지역이다. 과거에는 미츠비시三菱 회사의 창고 등 예전부터 항만시설이 있는 곳으로, 일반 사람들이 쉽게 접근할 수 있는 환경은 아니었으나 이 재개발사업에서는 워터프론트의 환경을 활용하여 새로운 도심재개발 원칙을 제안하고 있다. 이 사업이 성공한 배경에는 다음 세 가지 설계상의 원칙을 생각할 수 있다.

▲ **캐널 가든 입구**

▼ **모자이크** / 이름그대로 다채로운 색깔, 형태의 음식점들이 캐널의 수면에 투영된다.

▲ **캐널 가든 내부에 흐르는 캐널** / 캐널을 따라 커피숍 등이 있다.

▲▼ **개성있는 육교** / 대형 건물 사이를 흐르는 캐널에 각각의 존을 연결하기 위한 다양하고 개성 있는 다리가 놓여 있다.

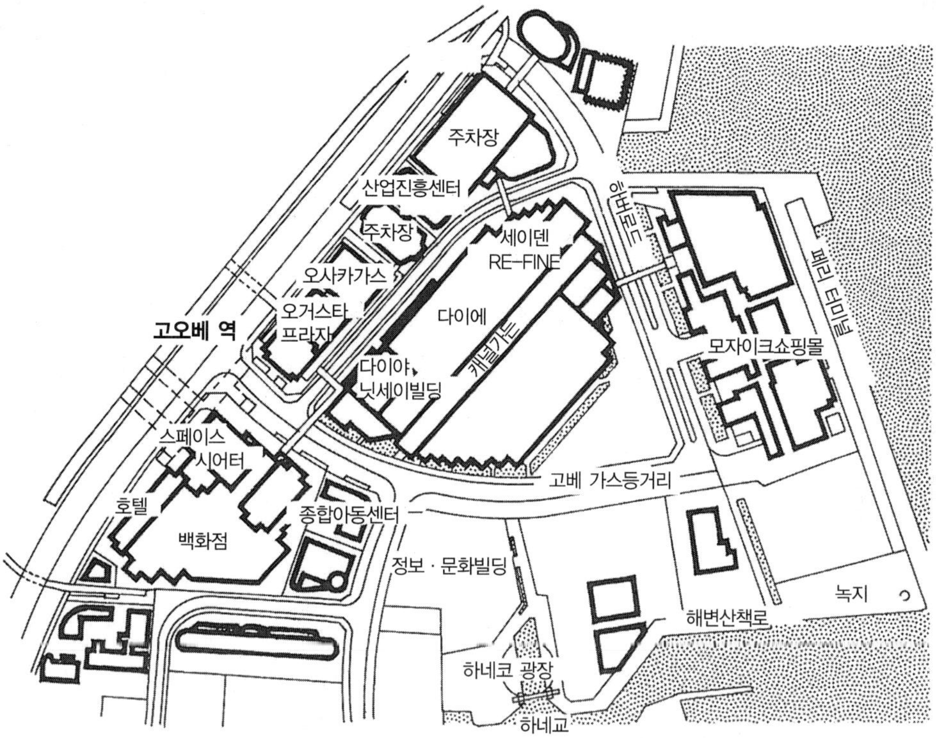

▲ 하버랜드의 전체 배치도

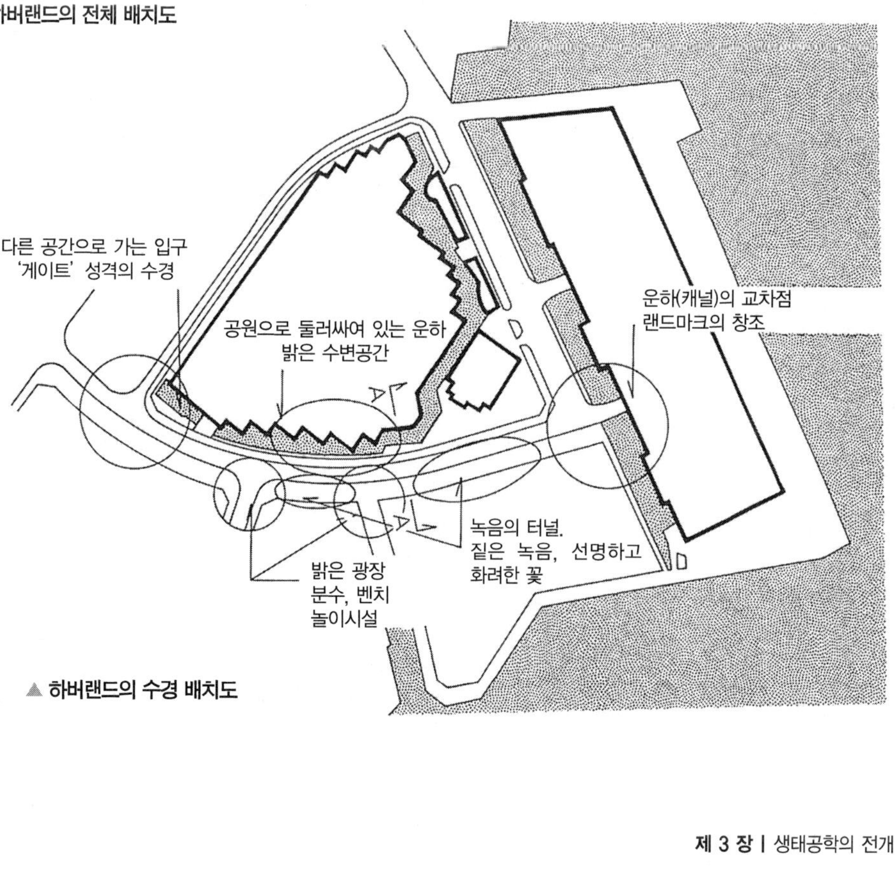

▲ 하버랜드의 수경 배치도

① 건축선을 국도 2호선에 평행하게 잡고, 인접건물과의 도시적인 질서를 통일시켰다는 점.
② 바다로 연결되는 실내 몰inner mall을 높이 38m, 길이 200m의 투명한 지붕으로 덮어 웅장한 갤러리아galleria 공간을 제안했다는 점. 이 갤러리아는 의장상 외부공간으로 디자인되었으며 방재상으로도 외부에 준하는 안전한 공간으로서 계획되어 건축기준법의 인증을 취하고 있다.
③ 수제공간을 창출하기 위해 해수를 사용하여 길이 300m의 인공운하를 설치하였다는 점. 하천과 실개천뿐만 아니라 풍요로운 볼륨감을 줄 수 있는 풍경으로서 운하를 고안했다는 점이다.

필자는 이 인공운하의 구상단계에서 설계를 의뢰받았다. 물이 넉넉하고 볼륨감 있다는 느낌을 방문객들에게 주기 위해서는 수로의 형상, 수심, 폭 등을 어떻게 하는 것이 좋을까에 대해 수경적인 관점에서 검토하였다. 수경적이라는 의미는 수로가 단순히 건축물과 도로의 부속시설이 아니라, 역으로 원래 이곳에 수로가 있었고 바로 그러한 곳에 거리가 새롭게 만들어졌다는 이미지를 부여하기 위해, 이를테면 거리의 골격으로서 수로를 만들어내기 위한 환경창조라는 의미에서 수경적인 검토를 의미하는 것이다.

◀ 캐널

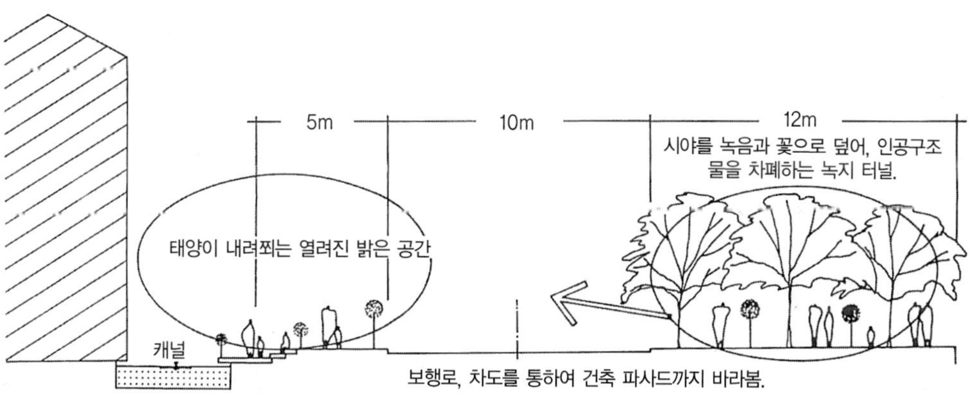
5m
10m
12m
시야를 녹음과 꽃으로 덮어, 인공구조
물을 차폐하는 녹지 터널.
태양이 내려쬐는 열려진 밝은 공간
캐널
보행로, 차도를 통하여 건축 파사드까지 바라봄.

▲ 단면도

06 혐오시설에서 환경시설로

나기사渚 처리장

도시환경수를 위한 하수처리수의 이용

도시사막 속에서 오아시스와도 같이 윤택함, 휴식, 안락함을 가져다주는 물은 어메니티를 향상시키는데 높은 효과가 있다고 평가되고 있지만, 그 중에서도 수질이 개선되고 있고 양도 충분한 하수처리수는 현재 도시환경수의 주역이 되고 있다.

오사카부 기업청은 1988년에 하수처리수 재이용 실적조사를 실시하여 다음과 같이 정리하고 있다.

하수처리수의 수량증가 및 오탁부하(오염 및 탁함에 대한 부하)의 삭감에 연계되는 재활용에 관한 실적으로 다음 두 가지를 생각할 수 있다.

① 동일한 용도로의 이용(개별순환, 지구순환, 광역순환)
② 처리가 끝난 물은 '실개천' 으로 방류하는 등 친수적인 이용

특히 후자의 실적은 최근 증가되고 있으며, 도시재개발에 있어 물과 인간과의 조화를 위해 유용한 요소가 되고 있다.

오탁부하 삭감효과라는 측면에서 생각해보면 '하수의 2차 처리 + 모래여과' 처리과정 만으로 충분하다고 할 수 없지만, 친수공원 등으로의 이용에 있어 레이아웃을 고안하여 수생식물, 자갈 등 암석과의 접촉, 그 외의 방법을 통해 정화과정을 병행하는 것도 가능하기 때문에 오탁부하 삭감효과의 증대를 기대할 수 있다. 또한 이곳에 물 처리에 관한 실험시설을 설치하게 되면 재이용 가능성에 대한 검토 및 연구도 수행할 수 있는 등 다목적 이용이

가능하게 되는 것이다.

이상의 기본방침을 고려하여 오탁부하 삭감, 토지이용계획과 부합하는 생태계의 창출 등의 관점에서 2차 처리수의 유효이용에 대한 시책에 관해 소개하기로 한다.

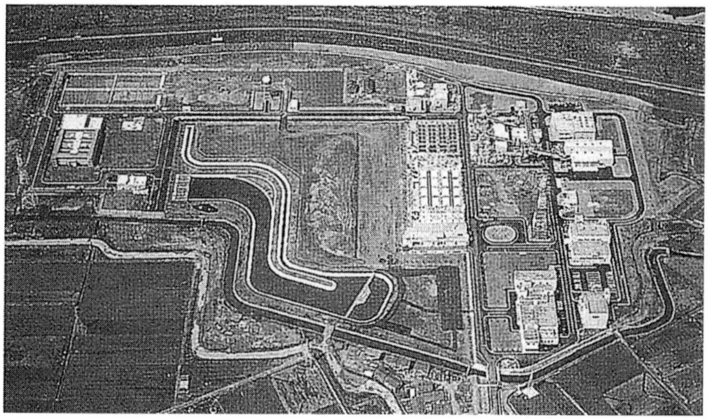

◀ **나기사 처리장 전경**(출전 29)

하수처리수의 재이용 방법

하수처리수의 재이용(순환이용) 형태는 크게 개방형 순환방식과 폐쇄형 순환방식으로 구분된다.

개방형 순환방식은, 출수出水되는 처리수를 하천 등의 공유수역으로 방류한 후 하류에서 취수하는 것이고 자연유하自然流下방식과 유황조정流況調整방식이 있다.

폐쇄형 순환방식은 도시환경의 보전과 수자원의 절약을 목적으로 하여 하수처리수를 하천 등의 공유수역을 거치지 않고 직접 한정된 지역 및 계획된 용도로만 이용하는 것으로서 동일용도 내 순환방식과 타용도 순환방식 그리고 이들 방식을 병행하는 방식이 있다. 동일용도로의 이용은 대부분이 수세식 화장실 용수 등 잡용수 이용이고, 타용도로의 이용은 열교환을 포함한 공업용수, 농업용수 등이 있고, 또한 실개천 및 인공하천 등에 방류하여 수경용수 등에 이용되는 친수이용을 위한 방류이용을 말한다.

이 폐쇄형 순환방식의 방류이용형태는 친수이용, 유지용수, 정화용수 등으로 분류되지만, 이용목적으로는 단독 또는 복합적으로 사용되는 경우가 많다. 이러한 하수 2차 처리수의 유효이용으로서는 아쿠아토피아aqua-tophia 구상, 어필appeal 하수도, 어메니티amenity 하수도 등 하수도 이미지 전환을 겨냥함과 동시에 처리수 자원을 활용한 수변공간 형성을 지향하며

- 녹지의 보전, 창조를 위한 수원으로서의 이용
- 공원, 녹지에서 분산되어 있는 수원으로서의 이용
- 방류수에 의한 하천 · 수로의 정화
- 방류수에 의한 반딧불의 부활, 잉어의 방류 등 수변생물의 보전
- 수생생물의 증식 및 양식으로서의 이용

등이 실시 혹은 검토되고 있다.

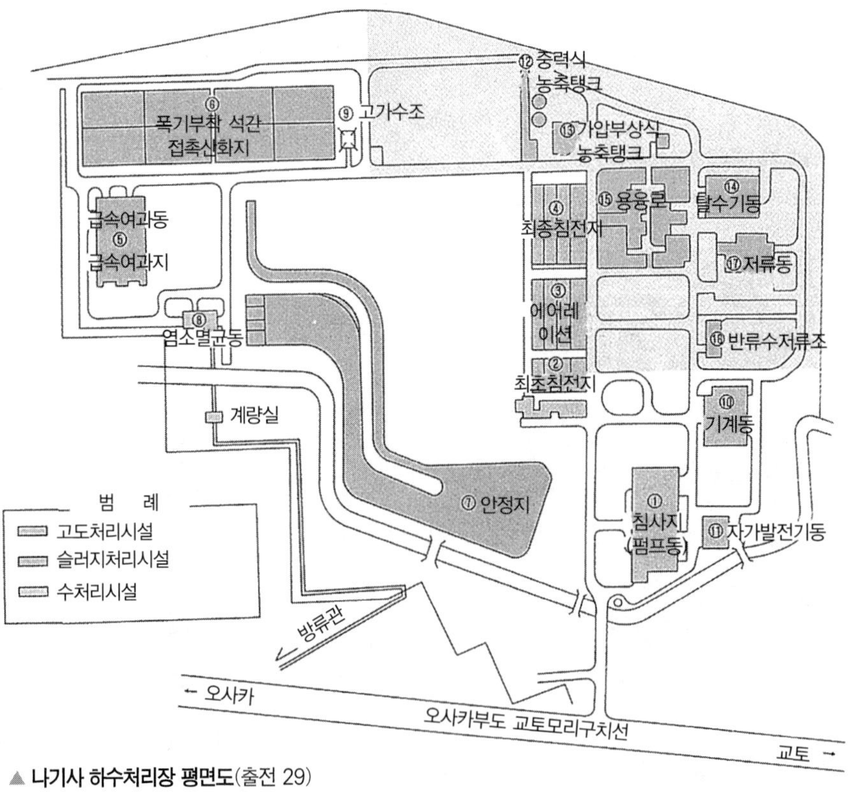

▲ **나기사 하수처리장 평면도**(출전 29)

◀ 꽃이 흐드러지게 피어있는 나기사 하수처리장의 안정지(출전 29)

혐오시설에서의 탈피

하수처리수를 환경수로 활용하는 사례가 각지에서 늘어나고 있지만, 하수처리장 그 자체를 자연이 풍부한 환경으로 조성한 사례도 있다. 오사카부가 추진하고 있는 나기사渚 하수처리장이 바로 그것이다. 혐오시설인 하수처리장에서 시민들에게 사랑받는 하수처리장으로, 자연과 접할 수 있는 하수처리장으로 새롭고 최신식 공장과도 같은 나기사 하수처리장이 완성되었다.

또한 나기사 하수처리장에는 이곳에서 방출되는 처리수가 흐르는 안정지安定池와 인공수로가 있다. 인공수로는 전장이 약 200m, 폭이 약 4m로 인공수로에는 물고기가 방류되었으며 여기저기에서 수초가 자라고 있다.

이 나기사 하수처리장 건설계획이 만들어진 것은 1971년에 도시계획으로 결정되어 시작되게 되었다. 공공하수도의 본격적인 정비가 이제 막 시작될 무렵이었던 기타오사카北大阪에서는 공공하수도의 정비가 무엇보다도 시급한 과제였다. 히라카타枚方와 카타노交野 양쪽 시에 걸쳐지는 5,838ha을 대상구역으로 한 요도가와淀川 좌안유역 하수도사업계획이 바로 그것이다. 처리능력 인구는 69만 2천 명이며 처리장의 면적은 24ha로서 매우 큰 규모였다. 오사카부와 양쪽 시의 협조아래 1981년 10월에 나기사 하수처리장 부지조성을 시작하여 펌프동 건설이 착수된 이래 7년 후 나기사 하수처리장은 혐오시설이라는 이미지를 불식시킬 정도로 종래의 하수처리장에서는 볼 수 없었던 컨셉으로 완성되었다. 처리장에는 오사카부의 매화나무가, 안정지 주변에는 히라카타枚方시의 버드나무가 그리고 현관 입구에는 카다노交野시의 벚꽃나무가 식재되었으며 8천m²의 안정지에는 고도의 기술로 처리된 물이 분수에 가득 채워져 있으며 잉어, 붕어, 금붕어가 생생하고 상쾌하게 헤엄치고 있다.

하수처리장 내부는 밝고 깨끗하며 건물 외벽은 주변의 논과 조화를 이룰 수 있도록 담록색으로 칠해져, 최신식 공장을 떠올리게 하면서 시민의 조망권을 중시한 시설로서 계획되었다.

나기사 하수처리장이 가동됨에 따라 유지관리는 1988년 8월에 오사카부의 허가를 얻어 설립된 요도가와淀川 좌안유역 하수도조합이 맡고 있다.

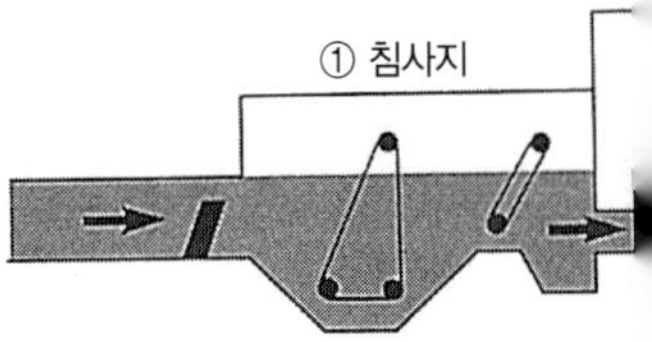

조합의 역할은 나기사 하수처리장의 유지관리를 통하여 공유수역의 수질보전을 위해 노력하고, 아울러 지역주민의 생활환경을 향상시킨다는 중대한 사명을 맡고 있다. 나기사 하수처리장 시설의 적정하고 효율적인 관리와 운영을 위해 특히 다음 사항이 중시되고 있다.

• 수질관리
• 안전의 확립
• 환경보전

특히 주변 지역주민들의 혐오대상이 되기 쉬운 하수도시설의 이미지 개선을 위해 혐오시설이 아닌 어메니티 시설로서 유지 · 관리하는 것도 중요한 임무의 하나이다. 처리장 환경정비에서는 '자연이 풍부한 처리장'이라는 표어를 내걸고 다양한 사업을 전개하고 있다. 처리장 내부의 농업용수로의 정비와 정합성을 갖도록 하면서 오사카부 히라카타枚方시의 녹화추진사업을 활용하여 3개년 계획으로 수로 양쪽에 벚꽃나무와 진달래를 식재하고, 또한 오사카부의 사업으로서 연중 꽃을 피울 수 있도록 '개화 릴레이 사업(1,200㎡)'에 정진하고 있다. 잠자리 숲과 휴식광장(12,000㎡)의 수목식재를 늘려가면서 시민이 자연과 접촉하는 장소로서 여가이용에 활용될 수 있는 하수처리장으로, 완전하게 새로운 이념을 근거로 지역사회에 친숙한 시설로 탈바꿈해 나가고 있다.

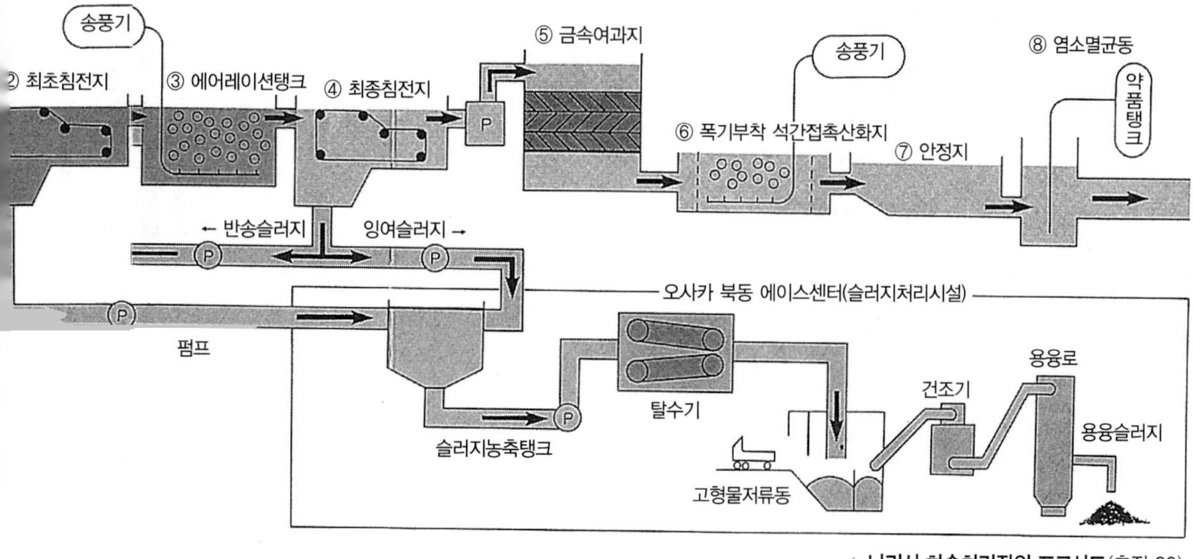

▲ 나기사 하수처리장의 프로시트(출전 29)

▲ 안정지로 연결되는 수로

▲ 물고기 사육구역

잠자리가 날아다니는 하수처리장으로

이와 같은 사업 가운데 가장 특색 있는 것은 나기사渚 하수처리장을 사회교육의 장으로 활용하고자 하는 목표설정이다. '잠자리가 날아다니는 하수처리장', '나기사 하수처리장을 잠자리의 낙원으로' 라는 아이디어가 그것이다. 이 아이디어를 실천하기 위해 요도가와淀川 좌안유역 하수도조합은 솔선하여 추진하고 있다.

조합은 매년 5월에 '잠자리의 생태관찰과 나기사 하수처리장 모임' 을 초등학교 4학년 아동을 대상으로 히라카타枚方시 교육위원회와 공동으로 개최 실시하고 있다. 하수도 기술센터와 오사카부의 하수도과, 동부유역 하수도 사무소도 적극적인 협력과 지원을 아끼지 않고 있다.

초등학교 아동이 견학할 경우에는 각 가정의 더러운 물이 나기사 하수처리장에서 처리되어 깨끗한 물로 바뀌는 과정을 아동에게 보여주고, 하수처리장의 필요성을 가르치고 있다. 여름방학에는 안정지(8천㎡)에서 낚시모임도 실시하고 있고, 어른 · 어린이 가리지 않고 즐기고 있다.

키타가와우치北河內 주변은 이미 도시화로 인하여 잠자리가 사라져 가고 있다. 나기사 하수처리장에서 많은 잠자리를 관찰할 수 있도록 창의적인 연구를 하면서 오사카부의 협력 하에 안정지와 그 주변지역을 활용하여 사육조건을 조성한다는 '나기사의 잠자리 낙원'을 목표로 하고 있다. 이러한 것들이 성공적으로 추진되고 나면 휴식광장 12,000㎡을 활용하여 점차 감소되고 있는 수생생물의 사육을 늘려가는 계획도 검토되고 있다. 하수처리장에서 잃어버린 자연을 회복한다는 역전된 발상이 바로 이곳에서 이루어지고 있다.

이 안정지와 수로의 둔치에 잠시 멈춰서면 사막 속에서 오아시스를 만난 것과 같은 느낌이 든다. 이 물을 이용하여 히라카타枚方시와 네야가와寢屋川시에서는 물의 흐름과 연못을 새롭게 조성할 계획이다. 환경창조의 시대에 어울리는 자원이 이 나기사 하수처리장에서 탄생되었다는 생각에 실로 감동적일 뿐이었다.

■ 어느 호텔에서

1990년 10월 17일 오사카시의 미츠이三井 어반호텔에서 미노오箕面강 댐의 자연복원공사의 효과에 대한 조사 보고회가 끝난 후 담당자와 한담할 기회가 있었습니다. 히라카타시에 있는 요도가와 좌안 유역 하수도 나기사 하수처리장은 급속여과지 · 폭기부 역간접촉산화지 · 안정지 등 3개의 시설로 고도처리를 실시하고 있으며 안정지에는 어메니티 시설로 활용을 위해 현재 물고기를 방류하고 있습니다. 그런데 깨끗한 물과 넓은 장소가 있는 안정지가 있습니다만, 물고기 이외에 어린이가 좋아하는 수생생물은 없습니까...' 등등의 질문이 있었습니다.

그래서 저는 '대형 개똥벌레의 사육은 이미 오사카부가 관리하는 다른 처리장에서 실시하고 있기 때문에, 학교 수영장에 있는 잠자리 유충을 안정지에 방류하여 나기사 하수처리장을 잠자리 관찰이 가능한 낙원으로 하면 어떨까요'라는 제안을 하였습니다.

■ 첫걸음

담당자는 좋은 계획이라면서 조속히 실현하고자 하였지만, 우선 관계직원의 연수부터 시작하는 것으로 결정하였습니다. 그리고 1990년 12월 11일에 제 1회 잠자리를 연구하는 모임을 나기사 하수처리장에서 가졌습니다. 이 날은 비가 오는 날임에도 불구하고 안정지에 대한 조사를 실시하였고, 조사결과 안정지에 서식하고 있는 창포의 뿌리에 잠자리 유충이 서식하고 있는 것이 판명되었습니다. 그 후 나기사 하수처리장 잠자리 낙원계획은 칸사이 잠자리 간담회에서도 찬성을 얻어 협력해 줄 것을 약속받았습니다.

■ 수영장의 유충을 안정지로 옮기기

그런데 안정지에는 유충의 천적인 대형 잉어가 다수 방류되어 있었습니다. 이대로는 애써 유충을 방류하여도 잉어가 먹어버리기 때문에, 본 계획의 제 1단계로 유충을 위한 사육구역을 설치하기로 했습니다. 이 때 각 기관과의 긴밀한 팀 워크와 실행력 그리고 무엇보다도 나기사 하수처리장을 잠자리 낙원으로 조성하고 싶다는 '남자의 낭만'을 관계자 모든 분들이 갖고 있다는 점에 대해 감동을 받았습니다.

▲ **나기사 하수처리장을 잠자리의 낙원으로(칸사이 잠자리간담회 사무국장 다니코조의 체험)**(출전 30)

휴먼스케일의 회복 - 골목
(찰스턴)

제4장

그린 네트워크 도시

Green Network City

01 정원도시가든시티의 계보

영국

시볼드von Siebold의 업적

일본이 쇄국정책을 취하고 있던 에도시대 약 350년간, 구미 제국은 알려지지 않은 나라 일본에 상륙하지 못하면서, 더욱 더 수수께끼의 나라, 신비의 나라로서 소문이 커져갔으며, 어떻게 하든 입국해 보려는 사람들이 늘어갔다. 네덜란드와 같이 극히 제한된 나라에만 무역이 허가되어 있었기 때문에, 쇄국의 틈을 뚫고 여러 가지 정보와 물건들이 해외로 유출되어 갔다. 우키요에浮世畵 풍속화 등이 도자기의 종이 포장지로 사용되어 유럽으로 전해진 것이 계기가 되어, 일본의 그림이 세계적으로 일약 알려지게 되었다. 이 우키요에가 반 고흐를 필두로 하는 유럽 인상파 회화에 크게 영향을 미쳤다는 것은 잘 알려진 사실이다.

미술품은 일반 사람들이 쉽게 알 수 있는 것이었지만, 그와 마찬가지로 당시의 유럽 사람들을 매료시켰던 또 다른 것이 풍부한 일본의 식물이었다. 유럽에서는 17세기 경부터 해외의 식민지 정책이 진전되면서, 해외진출과 더불어 그 선도역할을 했다고 할 수 있는 탐험가들이 많았고, 아프리카, 미 대륙, 아시아 등으로 진출하고 있었다. 탐험가들에게는 각기 다른 목적이 있었는데 그중에서도 플랜트 헌터Plant Hunter라고 불리는 식물수집 탐험가들은 일본을 유럽에 알리는 면에서 특히 큰 역할을 한 것으로 이야기된다.

플랜트 헌터로서 쇄국기의 일본에 입국한 사람이 필립 폰 시볼드Philip von Siebold이다. 독일 남부 바이에른 출신의 시볼드는 당시 일본과 관계가 긴밀하였던 네덜란드를 통해 일본에 오게 되었다. 그는 안과 의학기술을 가지고 있었기 때문에 정부에 필요한 사람으로서 일반 사람들에게까지 두터운 신뢰를 얻게 되었고, 일본의 대부분의 지방을 여행할 수 있는 허가를 얻게 되었다.

쇄국시대 일본에서 이는 상당히 이례적인 일이었다. 그 특권을 이용하여 일본의 외교관을 매수하여 일본의 지도를 입수하게 되었는데, 나중에 그것이 발각되면서 일본으로부터 추방되었지만, 네덜란드에 귀국할 때 가지고 갔던 일본의 식물은 총 458종에 이르렀다고 한다.

네덜란드의 라이덴 수목원과 벨기에의 간 식물원에서 이들 식물종들은 번식되어 자라고 있으며, 또한 그의 저서 '일본식물지'의 출간에 의해 일거에 유럽에 알려지게 되었다. 네덜란드는 당시 신교와 구교간의 갈등과 자연주의와 전제정치와의 싸움에 몰두해 있었고, 그 사이에 영국과 프랑스가 대두되었기 때문에 네덜란드의 동인도 회사도 일본에 신용이 있고 영향력이 있던 시볼드를 이용하여 무역을 발전시키고자 생각하였다. T. 화이틀Tyler Whittle 저 '플랜트 헌터 이야기-식물의 세계를 찾아서'는 이 시기의 상황을 다음과 같이 기술하고 있다. '끓어 오르는 듯한 분화구와 화산, 지진의 나라, 지각의 흔들림을 땅속에 사는 거대한 물고기가 잠에서 깨어 황홀하게 몸을 비튼다고 시적으로 설명하는 나라, 차를 좋아하고 목욕이 예의의 하나이며 살아있는 물고기를 즐겨먹는 나라, 뇌물이 통하는 나라, 어용 천문학자가 있는 나라를 다시 방문할 수 있었다는 데에 대해 시볼드는 매우 흥분하였다.'

이렇게 시볼드는 일본에 미답의 삼림에서 오랫동안 매우 흥분되는 식물탐험을 하였고 많은 종류의 식물을 발견하였다. 삼나무, 편백, 화백, 대나무(50종), 서어나무, 개암나무, 소나무, 단풍나무, 오리나무, 졸참나무, 개오동나무, 가시나무, 너도밤나무, 귤나무, 헬윈지아Helwingia jao]ponica[7], 팔손이, 서향 등 서양인들에게는 생전 처음 보는 식물이 쇄국시대에 일본으로부터 유럽에 건너갔다는 것은 놀랄만한 일이었다.

정원도시 에도江戶

그러나 시볼드와 같이 자유롭게 일본 각지를 여행할 수 있었던 플랜트 헌터는 그 외에는 없었다. 에도시대 말기에 일본에 온 영국인 무역상 존 굴드

7) (역주) 일본명으로는 하나이카다라고 불리며, 습한 곳에서 사는 산수유과의 관목류로서 꽃이 잎 가운데 피고 열매가 맺는 특이한 식물

비치John Gould Veitch는 어렵게 일본까지 오게 되었지만 조약된 항구로부터 일정한 거리 내에 머물도록 제한이 가해졌다. 그뿐만 아니라 행동은 부단히 감시 하에 있었다. 따라서 비치가 식물채집을 할 수 있었던 지역은 매우 좁은 범위에 국한되었다. 그것이 결국 일본식물의 풍부함을 알리지 못하게 하는 결과가 된 것은 불행한 사실이다. 이러한 상황을 T. 화이틀은 다음과 같이 적고 있다.

「비치J. G. Veitch나 포츈Robert Fortune(1812-1888) 스코틀랜트 출신의 플랜트 헌터의 수집품은 주로 식물행상(나무장사), 관상수업, 여관의 정원, 절, 서민의 주택으로부터 얻은 것들이며 두 사람 모두 제한된 구역 내에서만 머무르도록 하였기 때문에 신변의 안전은 보장되지 못하였다. 비치가 소나무와 가문비나무 종류들을 주로 찾고 포츈이 국화에 관해서 열심히 기록을 할 때쯤 그들에게 호의적이었던 다이로大老[8]가 주군의 성문에서 그리 멀리 떨어지지 않은 곳에서 살해되는 사건(사쿠라다문외의 변[9])이 일어나고 – 중략 – 1년 후 황실의 지배가 강화될 무렵 리차드슨이라는 영국인이 동경과 쿄토를 잇는 동해도라고 하는 길에서 살해되는 나마무키生麥사건[10])이 있었다. 영국의 위엄에 도전한 이 엄청난 참극에 영국의 해군은 가고시마를 포격하고 항구를 봉쇄해 버렸다. 그 무렵 런던 플라워 쇼에서는 비치의 보물이기도 한 많은 식물이 전시되었고 방문하는 사람들은 일본의 원추리에 매료되어 귀부인들은 환호의 탄성을 질렀고 신사들도 마치 교회에 들어갈 때처럼 예의를 표했다. 일본에 있어서 급진적인 혁명(메이지 유신)이 이루어지고 유럽의 플랜터 헌터들이 일본에서 어느 정도 안전하게 채집을 할 수 있게 될 때까지는 실로 오랜 시간이 걸린 것이다.」

▲ **플랜트 헌터 이야기 표지**(출전 31)

이 원추리는 금색 빛이 약간 들어간 백합의 한 종류로서 비치가 거둔 최고의 성과가 되었으며, 비치에게는 막대한 부를 가져다주게 되었다. 플랜트 헌

8) (역주) 에도막부의 직제로서 쇼군의 보좌역에 해당됨.

9) (역주) 에도시대 말기인 1860년 3월, 미토번水戸藩의 자객들이 에도성문인 사쿠라다문 인근에서 大老인 이이 나오스케井伊直弼 일행을 습격하여 암살한 사건

10) (역주) 에도를 출발하여 교토로 향하던 시마즈 히사미츠島津久光(隆摩번주 島津忠義의 부친)의 행렬을 요코하마에 주둔하던 영국인 병사들이 가로막자 무사들이 영국인 1명을 살해하고 2명이 부상한 사건. 나마무기는 현재의 가나가와 현 요코하마시 츠루미구에 소재하는 마을.

터로서의 비치의 수집은 일본인의 정원 또는 수목상인이 가지고 있는 원예 품종에 국한되었다. 그러나 오히려 그런 곳에서 사람들이 좋아할 수 있는 많은 식물을 손에 넣을 수가 있었고 그들은 식물상인으로서도 대성공을 거두게 되었다.

해외로 소개된 식물에 대해서는 시볼드 이상으로도 많은 이야기가 있다. 단풍나무, 가문비나무, 섬잣나무, 해송, 시라비소[11]는 비치가 유럽에 처음으로 가지고 간 것들이다. 이 가운데 시라비소는 암청색의 열매를 가지는 아름다운 나무로서, 도시환경에 잘 자라기 때문에 도시 식물상에는 커다란 가치가 있었다고 시볼드는 기술하고 있다. 이와 같이, 플랜터 헌터는 식물학적 흥미만이 아닌 상업적인 면에서도 관심도 있었다. 그것은 정원에 대한 영국인의 열광적인 정열에 의한 것이었다고 할 수 있다.

정원에 대한 이와 같은 열광적인 태도는 에도시대 일본에서도 도시민 속에 침투하였다. 이는 비치와 포츈이 발견한 많은 식물을 식물상과 서민 정원으로부터 입수하였다는 점에서도 분명한 것이다. 에도시대를 필두로 지방 중소도시에서도 실로 많은 식물이 키워지고 있었다. 다양한 재배종, 꽃의 화려함, 수목의 풍부함 등, 다채로운 식물들이 길, 정원, 노지 등에 심어지고 서민의 생활과 극히 밀접한 곳에서 볼 수 있었던 것이다. 마치 에도시대의 일본도시는 도시 전체가 정원, 즉 가든 시티라고 할 수 있다.

정원에 대한 영국인들의 집착

영국인의 이러한 맹렬한 정도의 해외식물에 대한 집착은 대체 어디로부터 온 것일까? 그들의 국민성이기도 하지만, 오히려 영국을 비롯해 유럽의 기후풍토에 의한 점도 있지 않을까? '플랜트 헌터 이야기' 의 역자인 시라하타 요사부로白幡洋三朗는 이 책의 역자 후기에서 다음과 같이 기술하고 있다.

"일본 열도에 자생하고 있는 식물은 분류법에 따라 좌우되지만 거의 4,000종 정도 되는 것으로 이야기 된다. 그런데 같은 섬나라인 영국에서는,

11) (역주) 비치가 일본에서 채집해간 것은 전나무 속의 시라비소白檜曾Abies veitcii 이다.

그것도 분류상의 의견에 따라 다르긴 하지만, 일단 수백 종 밖에는 없다. 범위를 유럽으로 확대해도 식생은 역시 일본보다는 빈약하다. 신기한 식물과 황량한 유럽풍토에 적당한 내한성 식물을 수집하는데 있어 플랜트 헌터의 에너지는 우리들의 상상을 초월할 정도로 대단한 것이었으며, 그것은 이러한 식물상의 빈곤에서도 조금은 관련될지 모른다. 또한 그렇기 때문에 린치 상회로 상징되는 바와 같이 식물의 수집과 원예품종의 생산, 개량이 현대 원예의 붐 이상으로 강한 의미를 가지며 거래상으로서 성립하게 되었던 것이다."

나라 전체적으로서의 이상한 수준에까지, 이러한 영국인의 해외식물에 대한 탐구심은 17세기 경까지 이어진다. 영국인의 이러한 지향은 이 시기 해외의 식민지 지배활동과도 밀접한 관계가 있었을 것이다. 영국인에 의한 식민지 지배는 해외로부터 많은 부를 영국에 가져다줌과 동시에, 다양한 물건들을 수집하는 콜렉션 마인드를 심어주게 되었다고 시라하타는 덧붙이고 있다. 그 배경을 영국의 빈약한 식물상 만으로 보기 어렵다는 점은 분명하다.

하워드의 가든 시티

어떻든 영국은 세계에서도 가장 식물을 깊게 이해하고 많이 수집하였으며, 그것이 영국인의 정원에 풍부하고 다채로움을 가져다 주었음에 틀림없다. 이러한 오랜 기간 동안의 역사적 배경과 자연계를 인식하는 철저한 의지가 없고서는 하워드의 전원도시라는, 세계 근대도시의 새로운 사상이 탄생하지 못하였을 것이다.

에베네저 하워드Ebenezer Howard는 1850년에 태어났으며 그가 구상하고 스스로 건설에 착수한 제 2의 전원도시 웰인Welwynn이 미완성된 채 78세의 생애를 마감하게 된 1928년까지 기성의 대도시를 부정한 뉴-타운 운동에 실로 정력적으로 힘을 다하였다. 그의 사상은 대도시 과밀화와 농촌지역의 인구감소를 동시에 해소하고, 인간 · 도시 · 농촌이 조화되는 도시형태를 그렸으며 도시계획에 녹지 계통을 도입하는 것이었다. 이 사고는 거의 100년이 지난 현재까지도 세계의 도시계획에서도 기조가 되는 것이며 그 정신은 지금 다시 빛을 발하고 있다. 일본에서도 일본 열도 개조론이 국토계획에서 많은 모순을 가져온 이후 미래의 일본 열도가 나아가야 할 모습을 오오히라大平[12] 수상은 하워드의 전원도시로부터 인용하였고, 이 정신을 이어받아 전원도시 구상을 발표한 바 있다.

하워드가 이상으로 한 도시는 일본어로 전원도시로 번역되었는데, 1898년 출판한 이후 개정판을 낸 그의 저서는"미래의 정원도시Garden Citis of Tomorrow" 였다.

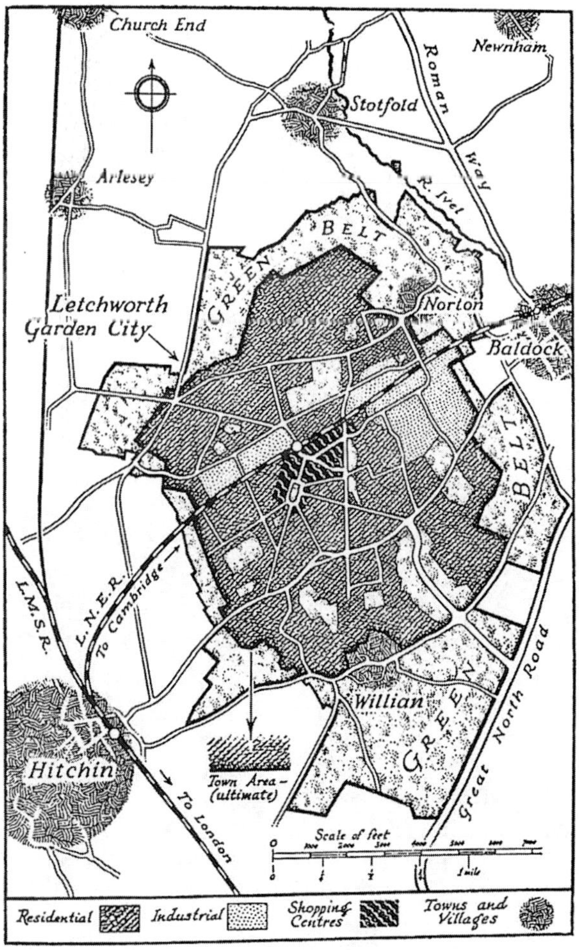

◀ **전원도시 레치워스의 계획평면도**
(원출전 : Garden Cities of Tomorrow, Faver and Faber, 출전 32)
레치워스는 영국 남동부 하트포드셔 북부에 있는 도시로서 하워드에 의해 20세기 초 건설되었다. 영국의 풍토 때문에 식물상은 그다지 다양하다고 할 수 없지만 영국인의 식물에 대한 끊임없는 호기심과 탐구심 그리고 식물을 즐기는 정신이 마을길 곳곳에 풀꽃들이 흐드러지는 풍경을 만들어내고 있다. 영국의 녹지경관은 인간이 만들어낼 수 있는 풍요로운 자연이며, 그것은 정원으로 부르기에도 어울린다. 그러나 그 인공의 자연은 영국정원에서 보는 바와 같은 자연의 모습으로 착각될 정도이다.

12) (역주) 오오히라 마사요시大平正芳 : 1978년-1980년 재임한 일본 총리대신. 재임기간 중 심근경색으로 서거

나아가 그가 단지 사상가였다는 데에 머무르지 않고 실제적으로 이상적인 도시를 실현하고자 설립한 운동의 추진 거점에서도 "정원도시협회Garden City Association"라고 하는 용어가 사용되고 있는 바와 같이 "전원"이 아니라 "정원"이었으며, 전원도시 보다는 말 그대로 정원도시 쪽이 더 어울린다고 필자는 지금도 확신하고 있다. 그 이유는 앞서 말한 17세기 이후 플랜트 헌터를 통해 보여지는, 식물에 대한 비정상적일 정도의 호기심에서 보이는 영국인의 정원을 사랑하는 마음으로 알 수 있다.

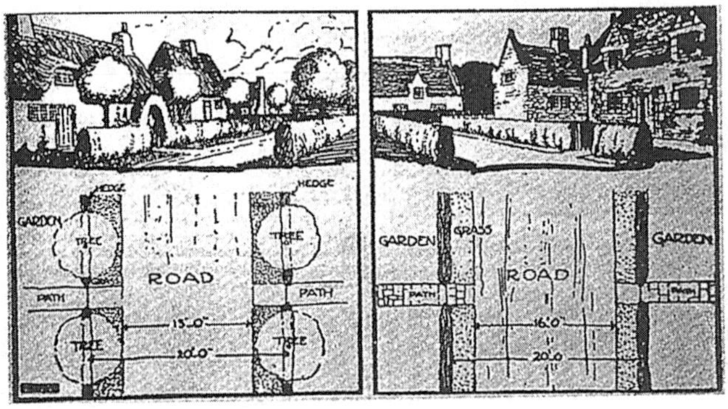

하워드에 의한 최초의 전원도시 레치워스의 주택 이미지 ▶
(원출전 : Jonathan Barnett, The Elusive City, Harper & Row, Publishers, Inc. 그림 62, 63, 출전 33)

그는 당시의 공업도시 런던과 리버풀 등 인구가 과도하게 집중된 대도시의 폐해를 제거하고자 '전원도시'를 구상하였다. 낮은 인구 밀도 – 2만 5천에서 5만 사이의 규모 – 와 그 속에 공업지역을 둔 직주근접職住近接 환경을 만들고, 도시 전체가 마치 정원과 같은 도시계획을 생각하며, 나아가 도시 외곽부에는 녹지대를 설치하여 인접지역과 격리시키고자 한 철저한 면을 보이고 있다.

19세기 말에 제기된 가든 시티 사상은 뉴욕 맨허튼 중앙에 있는 센트럴파크와 보스턴의 공원녹지 시스템을 구상 계획한 옴스테드F. L. Olmsted에 의해서 계승되었다. 100년 후 현재 21세기를 맞이하면서 대도시가 가지는 복잡한 모순에 대해 하워드의 전원도시 이념은 빛바램 없이 더욱 커다란 의의를 가지고 있다. 이는 세계 각지에서 그 사상을 계승 발전시키고자 하는 사람들이 있음을 보여주는 것이다. 이러한 운동 중에서 특히 사례를 들 수 있는 것이, 독일의 비오톱 운동과 미국 켈리포니아주 데이비스의 빌리지 홈즈Village Homes이다.

▲ 센트럴파크

02 생물과 공존할 수 있는 마을 만들기

비오톱

독일에서의 새로운 자연주의의 등장

현재, 도시로부터 농, 산촌에 이르기까지 각 지역에서 자연과 공존 · 공생하는 환경 만들기가 새로운 라이프 스타일의 추구와 더불어 세계의 커다란 조류가 되었다. 그리 오래된 것은 아니지만 국가수준에서 그러한 사업에 착수한 것은 독일(구 서독)이다. 그것은 새로운 자연보호의 사상과 더불어 시작되었다. 1970년대에 들어 공업화의 모순이 일시에 불기 시작하면서, 세계 각지에서 환경문제가 나타났고 오일쇼크가 발생하였다. 온 세계가 1970년대 자연과 환경의 문제로 커다란 충격을 받기 시작하였는데 이러한 심각한 사회환경에 있었던 1976년 독일은 그 후 환경 만들기에 있어서 '녹綠의 혁명'의 원전이라고 할, 구 독일연방 자연보호법을 제정하게 되었다.

이 법률에 따라 차세대 녹을 상정하면서 생태계 보존의 중요성, 토지이용의 반영, 경관보전 등이 추구되었고, 자연보호와 환경보전 나아가 환경창조 등에 있어 행동계획의 체계화를 촉진하였고 구체화 하였다.

일본과 마찬가지로, 구 서독에서도 도시는 물론 농촌지역에서 자연환경이 파괴되고 인공환경이 점차 증가하는 시대를 맞고 있었다. 이러한 가운데 자연보호 사상에 머무르지 않고, 일단 파괴된 자연을 복원시킨다든지 새롭게 창조하는, 적극적인 자연에 대한 관계 방식을 중요하게 보는 인식이 고조되어 갔다. "연방자연 보호법" 2조의 경관보전 원칙을 보면 그와 같은 점을 잘 알 수 있다. 거기에서는 각종 개발, 채굴 등에 의해 자연이 파괴되는 경우에는 경지로의 복원이나 자연의 상태에 가깝도록 한다든지 자연정화 능력을 회복시킨다든지 조화 있는 수경녹화를 도모해야 한다고 하고 있다.

◀ **양서류도 다닐 수 있는 길**
아우토반에 의해 소동물의 이동경로가 단절되지 않도록 하기 위한 장치(출전 34)

이 법률에서 보이듯, '개발이냐 보전이냐' 라는 양자택일의 선택이 아니라 개발행위를 어떻게 자연에 근접하도록 할 것인가 라는, 인공환경 하에서의 새로운 자연보호의 접근방식이 구 서독에서 1970년대를 경계로 나타났다. 1장에서 논하고 있는, 인간의 손으로 창조하는 자연, 즉 제 4세대의 자연창조가 스타트한 것이다.

이런 시점에서 고속도로, 쓰레기처리장, 과거의 모래채취지, 하천재정비, 시가지 재개발 등 여러 사업에 의해 자연의 복원, 재생, 창조개념이 적용되고 있다. 이러한 운동이 도시와 농, 산촌을 넘어 이들을 서로를 묶을 수 있는 녹의 네트워크를 형성한다. 그 가운데 세계적으로 특히 주목되고 있는 비오톱생물서식공간을 만드는 실천활동을 소개한다.

비오톱이란

비오톱biotope이라고 부르는 "녹綠의 섬"을 확보하고 이것을 녹의 회랑corridor으로 연결시키는 비오톱 네트워크는 환경정비의 새로운 사상이다. 이러한 운동의 배경은 도시뿐만 아니라 농, 산촌에서도 결국 자연을 잃어버리게 된 현실에 있다.

이러한 가운데 구 서독의 자연보호 사상은, 일찍이 생태계ecosystem에 주목한 운동을 정착시켰다는 것이 특징적이다. 생태계란 대기, 물, 흙이라는 자연계를 배경으로 생물 간의 먹고 먹히는 먹이연쇄 관계를 기반으로 하여 생물이 다양하게 안정, 지속적으로 존재할 수 있는 시스템을 말한다. 여기에서 중요한 것은 일정 공간 속에 생물의 다양성을 얼마 만큼 허용할 수 있을 것인가가 자연생명의 풍부함을 나타내는 지표가 된다는 것이다.

1992년 브라질 환경 정상회담이 개최되고 회의의 중요한 의제로서 '생물의 다양성에 관한 조약의 비준 논의'가 이루어졌는데, 생태계를 언급할 때 이러한 생물다양성은 가장 주목해야 할 실체가 된다. 따라서 자연의 복원과 창조를 내용으로 하는 사업에 착수하는 경우에는 반드시 이러한 자연이 갖는 생태계의 지식과 그것을 재현하는 생물학적 기술이 필요하게 된다. 예를 들면 녹화를 하는 경우에는 지금까지 있었던 생태계를 교란할 우려가 있는 수목과 초본을 선택하지 않아야 한다.

독일에서는 생물의 서식장소를 "비오톱생명의 장소"라 부르고 있다. "생물이 다양하게 서식하는 공간단위"로 바꿔 말해도 좋을 것이다. 이러한 비오톱에 의해 "야생생물과 공존할 수 있는 도시계획"이 독일 여러 지역에서 이루어지고 있다.

야생생물과 공존할 수 있는 도시 만들기

독일에서 실행에 옮겨지고 있는 자연복원과 창조사업은 우리들의 상상을 초월한 수준이다. 개발에 의해 일단 파괴된 자연을 복원한다고 해도 일본에서는 어디까지나 조경적 수법으로의 수경에 의한 것이 고작이다. 혹은 토목공학이 우선시 되는 풍경을 만들어내고 있는 것이다. 그러나 독일에서는 다르다. 강의 저수로나 호안에서도 인공화되고 직선화되어 완전히 자연의 표정을 잃어버린 하천을 다시금 자연상태의 곡선호안과 급류, 소, 여울 등이 있는 하천으로 바꿔 만드는 일까지 이루어지고 있다. 이러한 하천은, 다루기 쉬운 소규모의 것뿐만 아니라 뮌헨시 주변의 암퍼Amper 천, 자우바하Zaubach 수로,

만팔Mangfall 천 등 교외를 흐르는 대, 중규모 하천에 이르기까지 확대되고 있다고 '비오톱 – 녹의 도시혁명' (사이다마현 야조회 보고서)은 기술하고 있다.

특히 독일이 세계적으로 자랑하는 고속도로 아우토반을 따라 여러 가지 자연이 복원되고 있다. 자연을 재현시키기 위해서는 아우토반을 터널로 하고 그 외의 다양한 자연을 창출한다. 터널 위에는 이전에 있었던 것처럼 자연도가 높은 풍요로운 자연이 출현하는 것이다. 뒤셀도르프의 아우토반에서는 터널 위에 9ha 규모의 조성지를 확보하고 초원, 연못, 수림, 습지 등 다양한 생태계가 재현되었으며 공사완성 후 6년이 경과하여 송골매 등 야생동물이 출현하게 되었다고 한다.

그 외에 쓰레기처리장과 건설폐기장, 채석에 의한 돌산 등 사람들이 혐오하는 불쾌한 장소를 표토로 덮고 생태적 지식과 기술로 20~50년 사이에 단계적으로 수림지로 육성하는 계획적 노력이 이루어지고 있다. 모래채취지, 노천광산 이적지에서는 자연습지와 자연연못을 복원하고 재생하면서, 양호한 지형조건을 살려 야생동물 특히 물새나 양서류 등의 서식장소로서 자연을 조성하는 노력이 각지에서 이루어지고 있다.

이렇게 이느 미을에시도 싫이힐 이러한 장소를 거꾸로 자연이 풍부한 장소로 바꾸고 있는 것이다. 인간은 물론 야생생물 마저도 이 땅이 자연재생지라는 것을 눈치채지 못할 정도로 그 재생, 복원기술은 놀랍다. 그러나 자연은 조성된 것만으로 진정한 자연으로 키워지지 않는다. 특히 이러한 재생자연에서는 생물다양성을 보장해 가면서 그 상태를 지속시켜가는 것이 필요하다. 생태계 시스템에서는 각각의 생물이 먹고 먹히는 상호간 생존 먹이연쇄속에 있기 때문에, 어떤 생물종이 이상적으로 번식하여도 생태계의 밸런스가 무너져 버리고 생물종은 단조롭게 되어 간다. 따라서 이러한 점에서는 부단한 관찰을 바탕으로 생태적 유지 방법과 기술도 필요하게 된다.

앞서의 보고서에서는 "자연의 질이라고 하는 관점에서 자연복원과 창조의 대상지는 정기적으로 조사 분석되고 일정 수준(보호적 가치가 있는 자원의 재생)에 달하는 법적 보호의 인증이 있는 자연보호지에 포함시키게 된다. 상당한 경비와 시간은 들지만 학문적인 축척에 의해 충분히 유효한 기술적 수법이 확립되어지게 된다."라고 보고하고 있다. 회색의 마을로부터 녹색의 마을로 마치 독일은 커다란 변모를 하고 있는 듯 하다. 그러나 이러한 녹의 혁명은 도시에 한정된 것은 아니다. 도시의 주변으로 펼쳐지는 농촌지역도 비오톱의 대상이 된다.

농촌환경의 재구축

농촌은 농업생산성 향상을 목표로 농약과 화학비료를 대량으로 사용하며 대규모, 대구획으로 대량생산을 행하는 농업 집약형 시대에 돌입하였다. 이런 근대적인 새로운 농업방식과 기술혁신이 전통적인 농산촌의 경관을 일거에 바꾸어 놓았다. 예를 들면 생산비용을 줄이기 위해 도입된 대형 기계는 종래의 생태계 시스템 속에 있었던 작은 농지구획을 대 구역으로 전환하게 하였다. 이러한 새로운 대 구획의 농지조성을 위한 경지정리는 농지를 둘러싸고 있는 수림을 벌채하고 단위 면적당 농작물의 다양성을 단일성으로 바꿔 놓았다. 수림과 작은 하천이 없어지자 건조화가 시작되었다. 농촌에서는 이렇게 본래 가지고 있었던 생태계를 잃어버리게 되었다. 서독은 국토의 55%가 농지였던 만큼 이러한 문제가 보다 심각하게 받아들여지게 되었다.

일본에서도 농산촌의 비닐하우스가 눈에 띄게 되었고 농촌이 푸르다고 하는 우리들이 막연하게 생각해왔던 풍경은 점차 그 빛이 바라게 되었다. 농산촌의 공업화, 공장화가 풍경에 들어나게 된 것이다. 농약살포가 문제가 된 것도 그 뿌리는 같다. "침묵의 봄Silent Spring"이라는 책으로 유명한 레이첼 카슨Rachel Carson 여사가 이 농촌의 현상을 고발한 것이 1962년의 일이다.

영국의 농촌풍경을 특징지어 왔던 유명한 생울타리인 이른바 헷지로우hedgerow는 영국의 농촌토지를 구획하는 물리적 기능 외에 농업지역의 생태계 유지에 크게 기여해왔다. 높이 약 2미터의 이 생울타리는 적당한 습도와 온도를 유지하면서 기후의 조절, 동물의 서식처 등을 제공할 뿐만 아니라, 생울타리를 구성하는 수목과 초화류로부터 약초와 향료를 만들고 과실을 수확하며 연료도 얻고 각종 도구까지 만들었던 것이다. 일본의 마을 숲, 농가보호 숲에 해당된다고 말할 수 있다. 이러한 농, 산촌의 자연 생태계와 연계되어 가며 농촌생활의 상징으로서의 헷지로우가 농지 구획정리에 의해 소실되어 버리는 것이다.

이와 같은 농촌의 있어서의 전통적 풍경의 소실이라는 세계적인 경향에 대해 구 서독에서는 새로운 이념에 바탕을 둔 농업생산, 농촌환경이 나아가야 할 모습을 모색하였다. 아름다운 농촌풍경의 재구축과, 생물과 공존하며 경관적으로도 매력 있는 농촌 기반정비를 선진적으로 추구하기 시작한 것이다. 행정당국이 솔선하고 농가와의 협의 속에서 농촌의 취락지역 생태계dorf ecology 개선계획에 착수하였다. 농촌환경을 구성하는 농지, 농로, 용배수로, 생울타리, 수림, 잡목림, 과수원, 경작지의 이랑, 두렁 등 각각에 관해 야생동식물의 서식과 전통적 경관보존 관점에서 어떻게 해야 할 것인지 찾기 시작한 것이다. 그 내용들은 다음과 같은 것들이다.

- 완전 포장한 농도를 대형 농업기계가 지나다니는 바퀴 부분만을 포장하고 나머지 부분은 방치하여 자연의 초지로 바꾼다.
- 인공 배수로의 인공적인 호안 개수는 피하고 주위의 수목, 잡목림과 더불어 적극적으로 보존하든가 재생한다.
- 농지의 경계부분은 수목과 잡목림을 사용하여 야생동물의 피난장소와 이동경로를 확보한다.
- 초지성 조류의 번식기를 고려하여 밭의 경작시기를 조정한다든지, 방목두수를 1ha당 4~6마리로 제한한다.
- 50~80년 이상 지난 사과, 자두나무의 과수의 고목은 나무에 파인 구멍이 많이 생겨 조류나 곤충의 훌륭한 서식처가 되기 때문에 그대로 보존한다.
- 과수원 아래의 초지도 소생태계 공간으로서 가치가 있기 때문에 풀베기를 하지 않고 제초제와 농약, 화학비료를 사용하지 않는다.
- 양서류와 파충류의 생활공간 재생을 위해 농지 안에는 지하수위가 높은

부분을 파내어 습지로 만든다.

이러한 사업에 따라 수확량이 감소된 농가의 희생을 보조하는 시스템까지 준비되어 있다고 한다.

시민도 참여하는 비오톱 조성

독일에서는 풍요로운 환경을 추구하기 위해 도시민이 농촌의 가치를 재평가하기 시작하였다. 이러한 움직임이 자연보전형 농업을 추진하고 있는 농업쪽의 사람들에게 용기를 주고 있다. 농촌의 생태적인 정비가 도시주민을 농촌으로 귀농시키고 인구도 오히려 증대하는 경향도 있다고 한다. '우리 마을을 아름답게 경진대회, '농가에서 휴가를!' 운동 등이 국민운동의 레벨에서 추진되고 있다.

스위스에서도 생태계를 중시한 도시 만들기, 마을 만들기가 적극적으로 추진되고 있다. 생물이 살 수 있는 강을 재건하고 자연보호와 환경보존을 배려한 새로운 환경 만들기, 그를 지원하는 생태기술의 개발, 농촌에 있어서의 자연보전과 재생이 국민 전체의 과제로서 이해되며 나아가 시민 한 사람 한 사람에 의해 지지되고 있는 것이다.

칼스루에시 공원국 청사의 옥상 ▶
생태적인 녹지를 만들어 비오톱의 섬이 되고 있다.(출전 34)

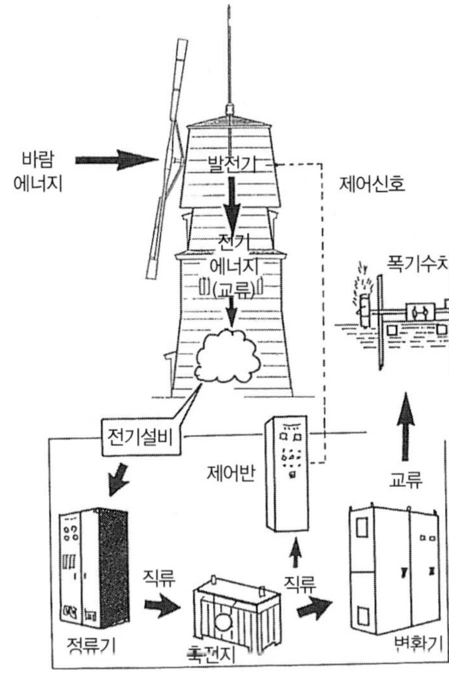

▲ 풍력발전에 의한 수질정화설비의 개요

▲ 풍차

▲ 갈대숲 관리교

지구면적	2.5ha
유역면적	70.1ha
저수능력	20,000m^2
유입능력	0.20~2.9m^2/s

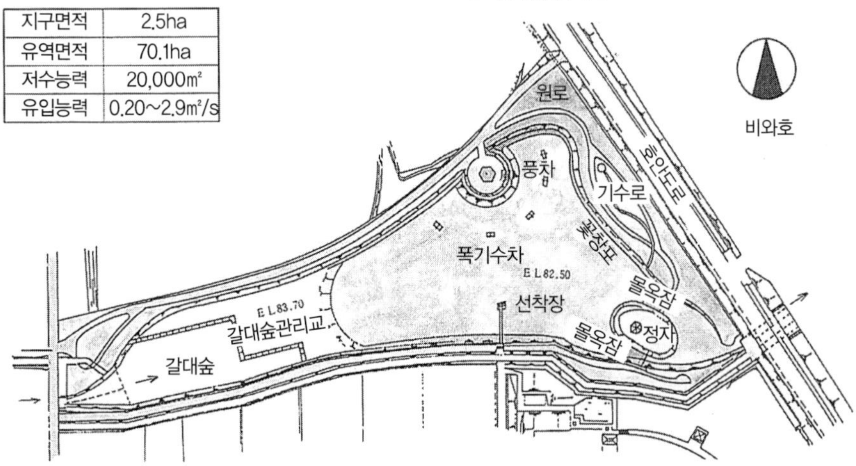

▲ 일본에서의 비오톱 사례

사가현 신아사히新旭町의 토지개량 관련 환경보전사업 비와호에 면한 논농사지대에서 시공된 농업기반정비사업과 관련하여 지역의 수질보전과 경관형성을 위해 설치된 수질정화용의 내호와 수생식물 및 풍차. 수생식물로서는 뿌리가 자연정화 효과를 갖는 갈대숲과 질소 및 인을 흡수하는 물옥잠, 꽃창포를 식재하고 있다. 이러한 식물은 내호의 원풍경을 유지하는 역할도 한다. 수중의 오염물질을 분해하고 산소를 공급하는 폭기를 위해 정체수역에 5개의 폭기수차를 설치하였다. 이 수차를 돌리기 위한 전력의 일부는 호안으로부터 불어오는 풍력에너지로 사용하고 있다. 자연에너지 소재에 의한 수질정화가 비오톱의 수변을 조성하였다.(환경사업계획 연구소기본계획) (출전 35)

시민으로 확대되어 가는 것은 개인의 주택과 사무소 건축, 공장 등에 이르는 각개의 장소에서 시민 스스로가 비오톱에 의한 녹화운동을 참여하는 것으로도 이야기 될 수 있다. 건물의 중정中庭 녹화, 벽면녹화, 옥상녹화 등 해당되지 않는 것이 없을 정도이다. 이러한 운동은 어느 것이든 행정과 자연보호단체가 일반 시민에게 호소하면서 이루어지고 있으며 보조금의 지급, 계몽서, 지침서 등 여러 가지 형태로 시민이 참여하기 쉬운 환경 만들기가 이루어지고 있다.

특히 옥상녹화는 주목할 만한 것이어서 최근 급속히 유행하게 되었다. 칼스루에Karlsruhe 시에서는 공원국 건물의 녹화 모델을 일반에게 공개하고 보급을 도모하고 있다. 시 자신도 새롭게 건설되고 있는 공공시설에서는 거의 대부분의 지역에서 비오톱형의 옥상녹화를 실시하고 있다. 나아가 옥상녹화가 발전하여 지붕 그 자체를 녹화하는데 까지 발전하였다. 주차장, 공지, 인터체인지, 가로 분리대 거의 모든 곳에서 공유지와 사유지 구분 없이 비오톱의 대상이 된다. 그것들이 연속되어 이어지지 않아도 새들이 날아다닐 수 있는 비오톱의 섬이 되어 도시 속에 산재하면 곤충과 새들이 도시에 서식할 수 있는 장소를 확보하는 데는 충분한 환경이 형성된다. 이렇게 산재하는 많은 섬을 "징검다리 비오톱"이라고 부르는데, 도시를 가든 시티로 바꾸고자 하는 의도와 의미가 상통함을 느낄 수 있다.

이러한 개념은 다음 절에 이어지는 만국박람회 기념공원과 가츠라자카桂坂 뉴-타운 자연형성계획 기반에서도 사용되었지만, 조류, 곤충류에 한정되지 않고 너구리, 여우, 다람쥐 등 소동물과 더불어 서식할 수 있는 도시 만들기를 위해서 다음 그림과 같이 애니멀 뱅크animal bank나 애니멀 코리더animal corridor를 가진 도시 만들기를 목표로 하지 않으면 안된다. 즉 그린 네트워크 시티이다.

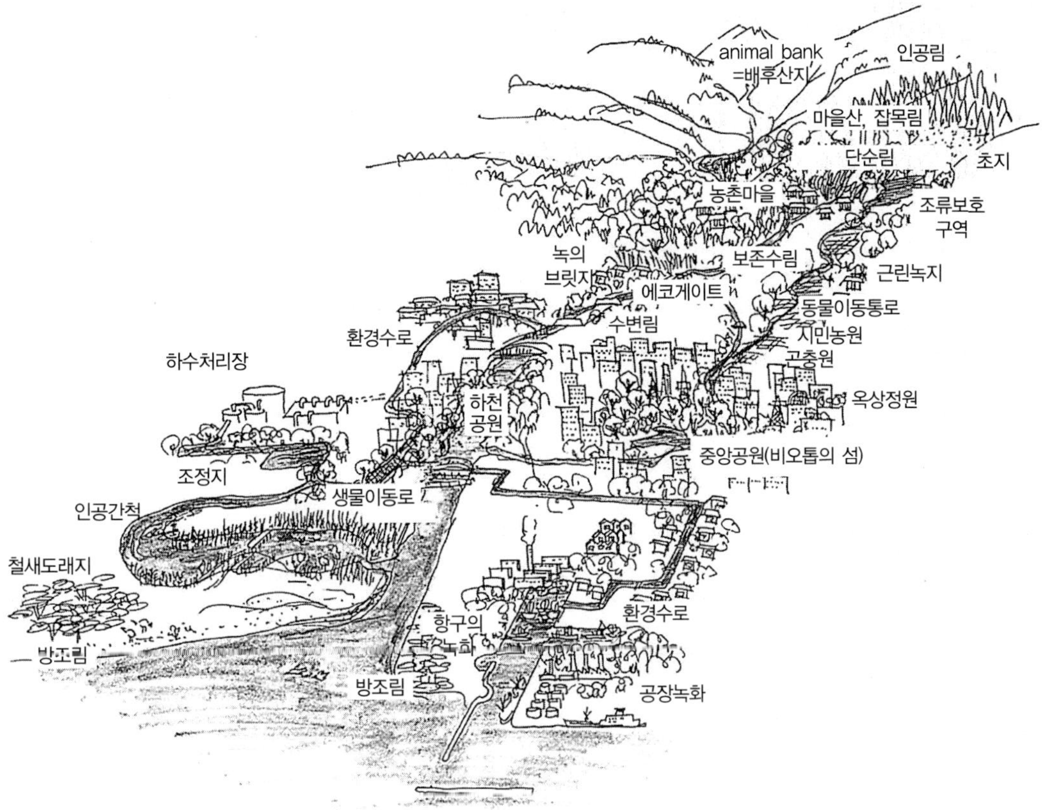

▲ 비오톱 네트워크에 의한 그린 네트워크 도시의 모식도

03 인공환경 속에서의 자연재생

만국박람회 기념공원, 쿄토 가츠라자카

만국박람회 기념공원 숲의 실험

1970년 일본 최초로 만국박람회가 개최된 오사카 센리千里 구릉의 광활한 지역에 박람회를 위해 손실된 자연을 재생 복원하려는 계획이 만국박람회 기념협회로부터 우리 연구소에 위탁되었다.

만국박람회장은 300ha였다. 그 중 주차장과 잔존녹지는 약 180ha였으며 나머지 120ha는 일본정원과 각국의 파빌리온이 들어섰고 박람회의 테마인 '진보와 조화'에 관련해 각국과 기업단체가 전시에 참가하였다. 그렇게 사용되었던 120ha의 땅을 오사카를 중심으로 한 긴키近畿 지역의 부상을 도모하기 위해 사용해야 한다는 의견이 각계로부터 이어졌다. 대학과 연구기관이 집중적으로 입지하는 연구학원도시 구상이나, 국가 행정기관이 입지하고 유사시에 수도 동경을 대신하여 역할을 할 수 있는 정도의 규모를 갖춘 제 2의 행정중심지로 하자는 대담한 의견도 있었다. 그러나 그 적지의 이용위원회에선 이러한 시설중심의 재이용계획을 세우지 않고 지금부터 도시화에 의해 점차 진행되는 자연상실에 쐐기를 박고 잃어버린 자연의 복원과 재생에 의해 도시주민이 자연과 접촉할 기회를 만들며 자연보호사상 보급을 주제로 하는 보고서를 제출하였다.

▲ **만국박람회 기념공원**
숲 속에 프랑스관이 있었던 것을 나타내는 기념비를 볼 수 있다.

▲ **만국박람회 개최 이전의 부지(1968년)** / 오사카 북부 호쿠세츠 산계北攝 山系의 산록에 펼쳐진 센리千里 구릉

▼ **만국박람회 개최시의 회장(1970년)** / 왼쪽 위가 일본정원

(역주) 호쿠세츠 산계 : 오사카, 교토, 고베 지역을 잇는 북측의 산계

▲ **파빌리온 철거 후의 만국박람회장(1971년)** / 축제광장의 대지붕이 아직 남아있다.

▼ **식재 이후 10년이 경과한 자연문화원(1981년)**

1970년대 초 공해문제가 일본 열도를 소용돌이 속에 몰아넣은 시기에서도 고도 경제성장 위주의 정책을 취하고 있던 일본에서 이는 획기적인 선택이었다. 이 선택은 박람회가 끝난 1970년대 후반에 채택되었고 이미 기본계획이 작성되었다. 익년 그 협회는 우리 연구소에 그 기본계획을 바탕으로 전문가와 학자들로 구성된 위원회와 더불어 본격적인 자연복원 · 재생에 착수하고자 위탁한 것이다.

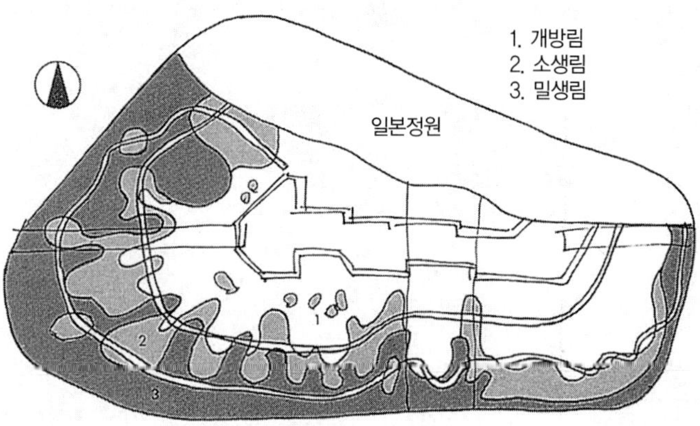

◀ **만국박람회 공원의 식재계획도** 중앙의 개방지역의 잔디밭을 둘러싸는 숲을 배치하고, 수원지도 숲속에 두었다. 이 숲이 보다 풍부하게 자연이 숨쉬는 지구이다.(출전 36)

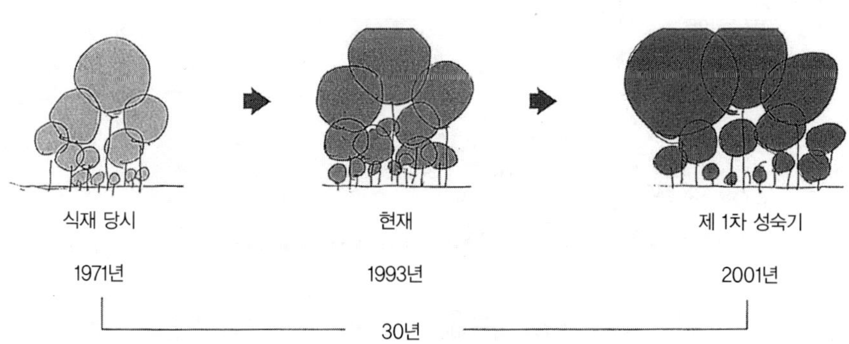

▲ **식재시로부터 2001년까지의 식재계획**(출전 36)

기본설계에 소요되는 시간은 1971년 여름동안의 짧은 시간이었으나 1971년부터 자연복원 재생 사업실시도 결정되어 일부 실시설계를 포함한 기본설계 업무는 가을에 종료되었다. 이 기본설계는 파빌리온이 건설되었던 토지 약 100ha가 그 대상지였다. 그 중 박람회 당시 세워졌던 국제미술관과 새롭게 건설된 국립민족학 박물관 등이 있는 문화지구를 뺀 약 90ha를 공원적

이용으로 제공하고 반 이상을 자연 생태계를 이룰 수 있는 '자연생태원' 으로 하는 것이었다.

센리의 숲이 손실되고 평탄하게 조성되어 파빌리온이 건설되었던 인공의 나대지를 다시 자연으로 되돌리는 계획이다. 그러나 이 산림을 중심으로 하는 자연은 1971년 일부 식재 개시로부터 30년 후, 21세기가 시작하는 2001년에 제 1차 완성 목표를 설정하였다. 21세기 개막에 이 자연의 숲이 완성되는 것이다. 그것도 제 1차 완성이다. 그만큼 규모 있는 천연의 자연을 이 정도의 단기간에 인간의 손으로 만들어낸 사례는 없을 것이다. 물론 신사의 숲이나 광역의 공원에서는 사례가 있을지도 모르지만 그 대부분은 지금까지 있어왔던 산림과 연못 등에 인접한 곳에 만들어지고 있다.

▲ 식재 당시(1971년)

▲ 좌측 사진과 같은 장소에서 본 숲의 풍경(1987년)

그러나 이 경우에는 파괴된 자연지의 전혀 아무 것도 없는 곳으로부터 자연을 복원 · 재생한다는 점에서 많은 사람들의 노력을 필요로 하게 되었다. 건축과 토목공사와 기본적으로 다른 것은 이러한 자연을 취급하는 사업은 공사완료가 사업의 완성이 아니라는 점이다. 인간의 성장과정과 비슷한 점이 있고 공사가 완성된 때에는 이제 갓난아이가 태어난 것과 거의 같은 상태이다. 그 후 성장과정에서 훌륭한 성인으로 될 것인지 그렇지 않을 것인지가 결정된다. 인생과 마찬가지로 자연의 복원 재생은 드라마 그 자체이다.

그 결단은 환경에 대한 관심이 오늘날처럼 높지 않았던 이 시기로서는 이례적인 것이었으며 세계적으로 자랑할 만하다. 현재 진행중인 드라마를 세계를 향해 보다 어필하여야 한다고 생각한다. 또한 2001년 제 1차 완성시에는 성대한 이벤트를 하고 성인이 된 것을 축하하는 일이 필요하며 과학적인 조사를 통해, 더욱 나아가 100년 후 2101년 숲이 풍요롭게 되도록 기원하게 될 것이다.

가츠라자카의 중자연中自然 네트워크

만국박람회 기념공원의 경험은 필자에게는 결정적인 방향전환을 가져다주었다. 인공환경 속에서 자연의 복원 · 재생사업이 사회의 새로운 가치관으로 정착해 갈 필요성이 절대적임을 그 후 여러 가지 설계업무에 임하면서 느끼게 되었다. 공공사업으로 건설되는 공원 등에서도 야구장이나 레크레이션 장소가 먼저 요구되며 생태계가 있는 자연지는 결국은 후순위로 밀려나게 된다. 공공사업에서도 그와 같은 기능을 우선으로 하기 때문에 한층 경제적 효율성을 우선시하는 기업활동 속에서 생태적 장을 각종 개발사업에 집어넣는 일은 상당한 용기를 필요로 하게 되는 것이다.

◀ **가츠라자카의 헷지로우 녹도**
영국의 농촌 생울타리(헷지로우)를 모델로 한 녹도. 생울타리의 중앙부는 소동물과 곤충이 숨을 곳이 된다.(출전 36)

사업 채산성이 맞는지, 이용자가 사업 취지를 이해하고 환경비용까지 부담해 줄 수 있는지, 지방자치단체가 이러한 사업에 도움을 줄 수 있는지 등등, 새로운 사업의 시도는 현재 가치관으로 대답할 수 없는 장기적인 전망까지를 포함해 대단한 용기와 고독한 결단을 필요로 한다.

다행히 우리들은 만국박람회 기념공원의 실시설계 업무가 대부분이 끝난 1980년대 초 한 기업으로부터 자연의 복원 · 재생 기본구상을 의뢰 받았다. 그 기업은 교토의 니시쿄西京에서 새로운 산을 절개하고 주택지를 개발하고자 하였던 (주)세이요西洋 환경개발이었다.

가츠라자카 배식계획도 ▶ 교토의 남서부에 위치하는 가츠라자카는 언덕을 이루며 형성된 넓은 고지이다. 이 가츠라자카에는 3ha의 조류보호구역, 고분공원, 보차분리의 도로 시스템, 극히 자연스러운 모습으로 계절마다 즐길 수 있는 식재 등 다양한 고려가 되어 있다.

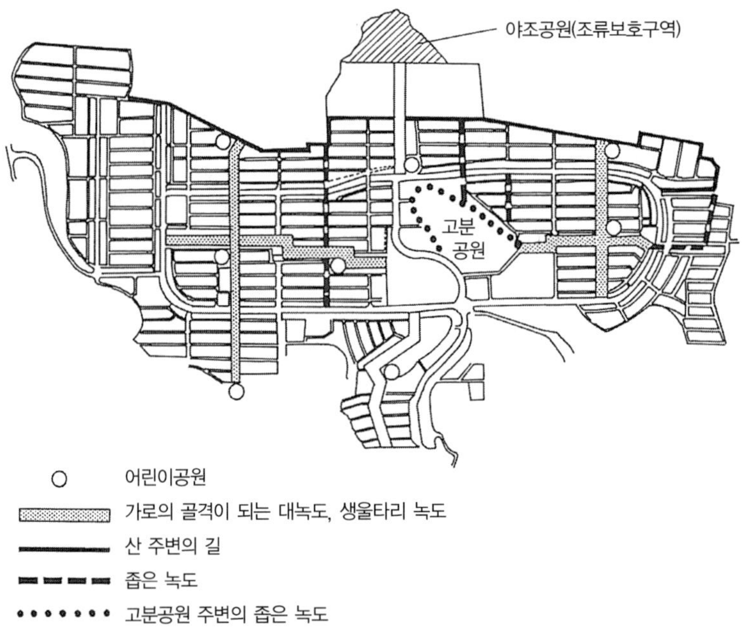

우리들은 만국박람회 기념공원의 실적을 다른 국면에서 응용할 수 있음에 용기를 얻게 되었다. 니시야마西山의 구릉성 산지를 조성하여 건설되는 120ha의 땅에 약 12,000명 인구의 뉴-타운을 계획하고 주택건설과 더불어 잃어버린 자연을 복원 · 재생시킨다는 사업이었다. 이 사업을 위해 사업주인 세이요 환경개발은 우리들에게 자연의 복원 · 재생 관련 전문가들로 구성되는 가츠라자까 자연환경형성위원회의 조직구성과 그 밑에서 실제적인 수법

과 계획업무를 처리하도록 의뢰하였다.

우리들은 이 일에서 자연의 복원 재생에 있어 "중자연中自然"이라는 개념을 제안하였다. 중자연이란 대자연과 주택의 정원 등의 소자연 사이에 있을 수 있는 자연을 말하는 조어造語이다. 농촌 등에서 보이는 자연이 우리들이 사용하는 중자연에 가까운 것인데 '인간의 손에 의해 재배되거나 육성되는 자연이 자연 생태계와 연속되며 결과적으로 인간과 자연과의 공생을 실현하고 있는 자연의 상황' 을 중자연이라고 부르는 것이다.

이 중자연의 개념을 바탕으로 1년 동안 가츠라자카 자연형성 보고서를 작성하였다. 이는 가츠라자카 뉴-타운의 자연이 창조되어 가기 위한 교과서로도 불릴만하게 된 것이다. 특히 그 중 하이라이트는 공원과 그것을 연계하는 보행자 녹도인데 그것을 바탕으로 조류보호구역과 고분古墳공원이 설치된 것이다. 마을 산으로부터 흘러내려오는 개울물을 모으고 거기에 습지 등 여러 가지 새들이 좋아하는 환경과 새들의 서식장소를 확보하였다. 또한 뉴-타운의 중심부에는 7세기 고분군을 그 당시 지형 그대로 보존한 것이 재래식생의 유지에 커다란 역할을 하고 있다. 이 두 개의 생태계의 거점이 공원과 녹도의 자연 나아가 주택지의 정원과 연계되며 가츠라자카를 성숙시키는 기반이 된 것이다.

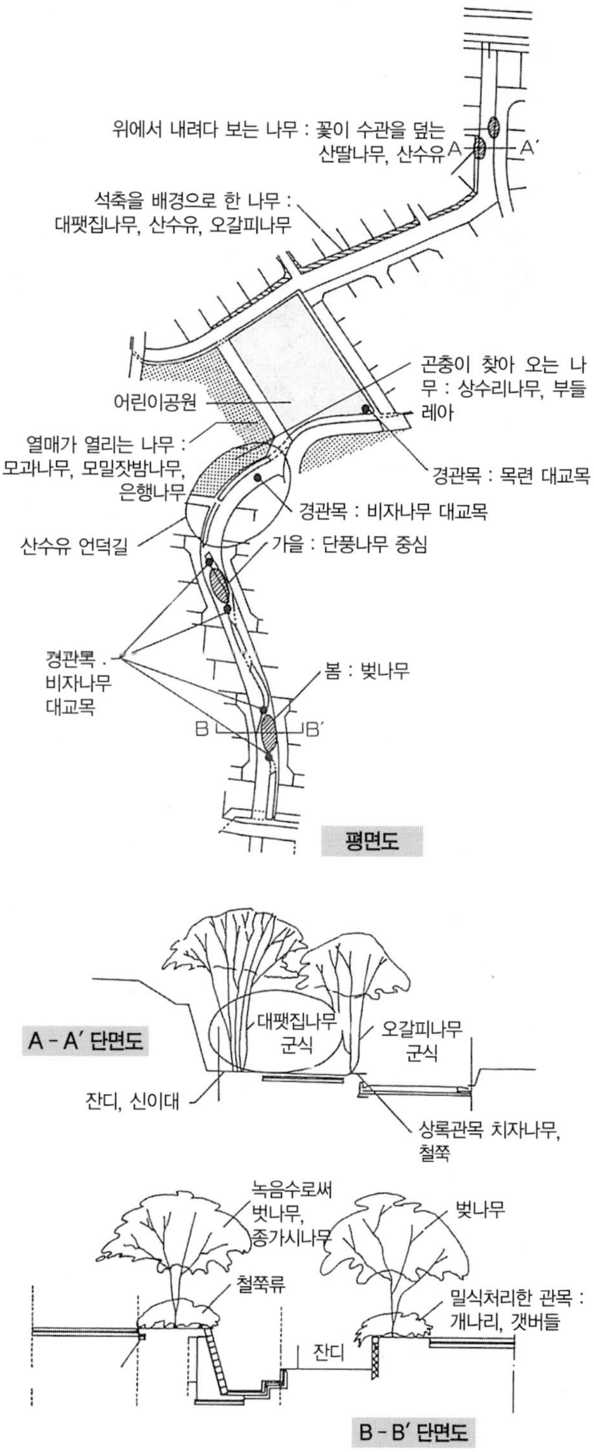

▲ 가츠라자카 · 숲속 길 계획

▲ **가츠라자카의 소하천** / 구불구불한 길과 소하천이 풍요로운 마을풍경을 연출하고 있다.(출전 36)

04 자연과 공생하는 생활방식Life style의 창조

빌리지 홈스

시골풍경의 마을

켈리포니아주의 주도 새크라멘토에서 자동차로 30분 거리에 있는 작은 뉴-타운 빌리지 홈스. 처음 이곳을 방문하여 놀라고 감동을 받았던 것이 솔직한 나의 감상이었다. 이미 2장 2절 솔라 하우스에서, 이 마을의 창설자이면서 계획가였던 건축가 콜벳씨와 그의 집에 관해서 논한 바 있다. 여기에서는 솔라 하우스에 뒤지지 않을 만큼 자신들의 삶에 관해 확고한 개념이 표현되고 있는 이 마을에 관해 소개하고자 한다.

이곳에 와 맨 처음 받은 인상은 산 주변에 분포하면서 집집의 정원에는 꽃이 어지럽게 피고, 감이나 복숭아 등 과일이 마당 끝에 달려 있는, 4계절 변화와 더불어 사는 아주 오래 전의 일본의 마을풍경과 같이 보인다는 것이었다. 어린 시절 교토 주변의 계곡을 끼고 있는, 이와 같은 자연성이 풍부한 마을에 살면서 보아왔던 그 정경은 확실히 기억의 저편에 아직 있다. 그러나 이곳은 미국이다. 더구나 자동차가 없으면 살아가지 못하는 교외의 뉴-타운이다. 나도 미국의 뉴-타운 몇 곳을 방문해 본적이 있지만 어떤 마을을 가도 넓은 자동차도로가 집들 사이를 달리고 주택의 앞은 깨끗하게 깎여진 푸른 잔디밭이 있다. 쇼핑센터 주변은 넓은 주차장이 있어서 교외의 이상적인 마을의 풍경을 가지는 것이 전형이다.

▲ **각 세대의 뒷뜰을 묶으며 지나가는 소로의 네트워크**
수목 대부분은 유실수로서 식용가능한 경관을 만들어내고 있다.

데이비스 타운의 빌리지 홈스는 이러한 전형적인 미국의 교외 마을과는 완전히 다른 이념에서 만들어진 곳이다. 이곳으로부터 캘리포니아주 새크라멘토시까지 차로 30분, 가깝게는 캘리포니아 주립대도 있다.

그곳에서 나는 어릴 적 성장했던 교토의 산 주변 마을의 원풍경을 떠올리고, 지금 눈앞에 그 풍경이 펼쳐져 있는 것 같았다. 그래서 눈을 감고 다시 한 번 아득한 옛날 저편에 있는 기억의 풍경을 생각해 내려고 했지만 현실의 데이비스 마을의 한 가운데 서서 기억의 풍경을 구성하기는 어려웠다.

소로와 피크닉 광장

일반적인 미국의 교외 도시와는 대단히 차이가 있기 때문에 미국인들도 이 마을을 방문하게 되면 놀라는 것 같다. 주택의 사이즈는 거의 개인적인 스케일이며, 도로로부터 조금 후퇴해 짓고, 좁은 도로는 지금 미국의 도시형성 개념에는 없는 것이다. 이것이 콜벳씨의 뉴-타운 개발의 컨셉이다.

◀ **길과 주택의 배치**
주 도로는 동서방향이며, 각 주동은 모두 남쪽을 향하여 태양열 주택의 효과를 최대로 얻을 수 있도록 설계되었다. 주택 앞길은 곡선이며 모두 막힌 도로이다. 자동차가 속도를 내지 못하게 하며 통과해나가는 동선이 없도록 고려한 것이다.(출전 12)

미국의 일반적인 교외의 단독주택은 주택이 부지의 한 가운데에 있고 그 주변을 넓은 정원이 둘러싸게 된다. 그러나 빌리지 홈스에서는 개인정원을 좁히고 그 만큼을 공공의 공간, 예를 들면 공동 녹지대common greenbelt, 커뮤니티 시설, 농지 등으로 나누게 된다. 이것이 그들의 기본적인 주택(개인)과 마을(집단)과의 관계를 나타내는 골격이다. 이웃이 무엇을 하는 사람인지 모를 정도로 개인적으로 거주하는 것이 아니라 가능한 한 집단으로 거주하는 즐거움을 최대화하려는 것이다.

이러한 사상이 이 마을에서의 거주를 통해 에너지 절약과 자연, 건강에 대한 관심을 가지는 라이프 스타일을 지향하게 하였다.

공공용지의 가운데에 과감하게 넓게 확보한 것이 마을 중앙에 있는 피크닉 잔디광장이다. 마을을 가로질러 달리는 자전거와 산책을 위한 소로 그리고 마을 한쪽에는 시민농원이 있다.

▲ 피크닉 광장에서 놀고 있는 어린이

▲ **각 세대의 우편함** / 이 곳에서부터는 자동차나 자전거 통행금지이며 철저하게 정숙을 지키는 구역이다.

피크닉 광장은 실로 아름다운 그린 스페이스green space이다. 주말에 가족들은 이곳에 도시락을 가지고 모인다. 햇빛과 나무그늘, 그리고 집들 가까이에 이만큼 대단한 공동 녹지가 있다는 것이 무엇보다 부러운 일이다. 보통의 일반적인 미국의 교외 도시에도 이러한 발상은 전혀 없었다. 왜냐하면 넓은 잔디밭이 있다고 해도 일반적으로는 그 녹지는 골프장이기 때문이다.

두 번째는, 소로인데, 이것이 주거와 주거를 연결한다. 이 길을 걷고 있으면 각 세대의 정원에 어지럽게 피어있는 초화를 즐길 수가 있다. 곳곳에 작은 광장이 있고 나무에는 열매가 달려 있다. 마치 이 소로의 네트워크가 이 마을 전체를 정원으로 만들고 있다는 느낌이다. 내가 이 마을에 와서 일본의 농촌 풍경을 생각해 내게 된 것은 이 소로를 통해서이다. 사람들은 이 소로의 장점들을 자동차의 발달로 잊고 있었던 것이다.

식용이 가능한 경관eddible landscape

세 번째는 마을 한쪽에 있는 시민농원. 마을의 주민은 초화류와 과실을 기르는데 있어 실로 다양한 재능을 가지고 있는 것 같았다. 이곳에서는 각 가정이 재배하는 농작물을 통해 각 가정의 소비지출을 줄이고 있었다. 이러한 실질적인 이익뿐 아니라 이 마을의 주민들은 자연의 혜택을 매일 받으며 자연과 더불어 살고 자연의 순환 속에서 그들의 신체를 융화시키도록 하여 자연을 즐기고 있는 것이다.

▲ 좁은 골목길이 그물망처럼 집들을 연결하고 있다.

▲ 전정 / 각 가정에서 정성들여 심어놓은 파종상에서 아름다운 초화류가 피어난다.

마을 만들기의 컨셉이 이렇기 때문에 상업지나 근대 합리주의로 개발된 일본이나 미국의 교외 뉴-타운이 어딘지 재미없고 사상이 없다는 느낌을 피할 수 없는 것이다. 정원 그 자체의 마을에서, 식재에 관한 보다 중요한 컨셉이

식용이 가능한 경관이라고 설계자인 콜벳은 말한다. 열매가 달리는 유실수 나무로 뉴-타운이 가득 차 있는 것이다. 자두, 복숭아, 비파, 감나무 등등… 곤충이나 나비가 날아들고 새가 날아온다. 그리고 다람쥐가 누비고 다닌다. 과일은 누구라도 따먹을 수 있다. 어린이들이 이러한 과일을 따먹는 것도 환경 만들기의 의도이기 때문에 이 마을에서는 농약을 절대로 사용하지 않는다. 그래서 이 정도로 풍부하게 생물이 살고 있는 것이다. 지금까지 미국 전역의 여러 도시나 시골마을을 견학해 보았지만, 깔끔하게 관리된 잔디밭은 있지만 곤충은 없다는 인상을 받았다. 그러나 이 마을에 와서는. 열심히 이 마을을 걸어 다니며 견학하면서 덥지만 뭔가 찾았다는 느낌이 들었다.

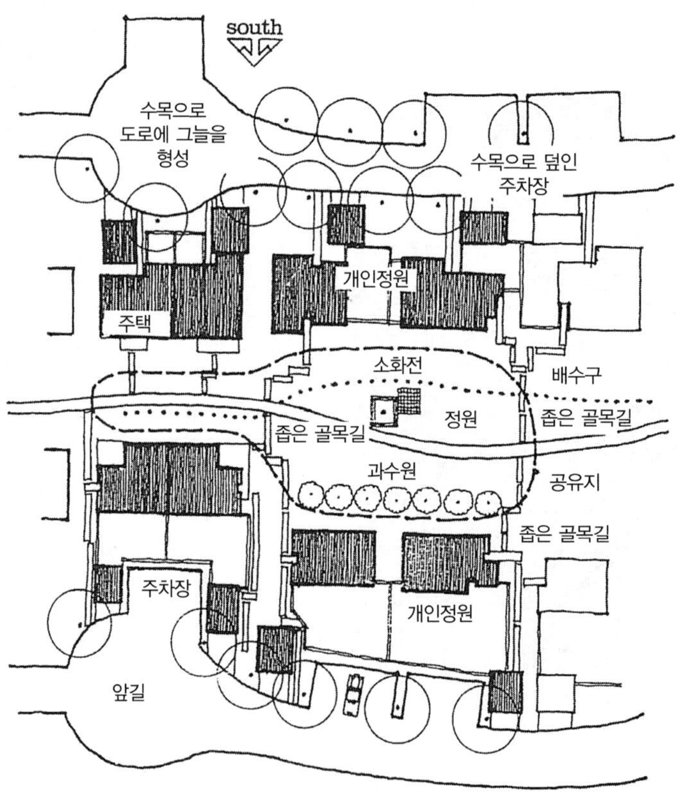

▲ **앞길과 가로의 연결 및 골목길의 관계**(출전 12)

구불구불한 좁은 마을길

경관 이외의 이 마을의 특징은 도로와 주택의 배치이다. 먼저 도로에 대해서는 에너지 절약이나 리사이클 등의 면에서 여러 가지 방법을 쓰고 있다.

도로의 폭은 좁다. 이 도로를 낙엽수 교목이 양쪽을 덮어 터널모양이 되어 있다. 넓은 도로의 표면이 받는 태양의 복사열에 의해 마을에 뜨거운 공기가 발생하는 것을 피하고 있는 것이다. 한 여름에는 노면의 온도가 5.5℃ 낮아지게 된다.

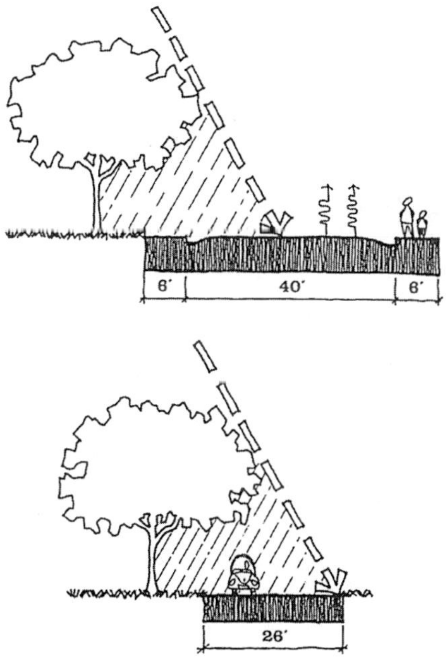

▲ **앞길의 수목과 나무그늘의 관계**
넓은 도로의 경우(왼쪽 위 그림) 수목의 그늘은 도로면 전체를 덮을 수 없기 때문에 여름철 햇볕으로 노면온도가 상승하고 뜨거운 바람이 각 주택으로 불게 된다. 빌리지 홈스에서는 도로 폭을 좁게 함으로써(오른쪽 그림) 나무그림자가 도로를 충분히 덮도록 하고 있다.

좁은 도로는 넓은 도로 보다도 반대편의 마주보는 양쪽 3채의 이웃주택간 교류가 보다 촉진되며, 또한 어린이들의 놀이장소로도 사용된다. 여기에서는 좁은 것이 좋은 것이다. 그런 도로가 구불구불 휘어져 있다. 자동차의 직선적인 뚫린 시야를 없애고 천천히 주의하면서 달리지 않으면 안되도록 일부러 휘어지게 하고 있다. 휘어진 도로는 그곳을 달리면 서서히 변화가 풍부한 풍경이 나타나며 그것이 하나의 즐거움이다. 매일 매일이 발견의 여행인 것이다.

나아가 도로의 중요한 점은 일본의 도로에는 반드시 있는 측구가 그곳에는 없다는 것이다. 도로에 내리는 비는 통상 그 측구를 따라 강으로 배출된다. 그러나 여기에서는 측구 대신에 도로의 양측이 그 역할을 한다. 비는 이 곳에서 흙 속으로 침투한다. 강우가 많을 때는 웅덩이가 된다. 이러한 잉여지표수는 마을 한쪽 편에 있는 깬돌을 깔아 놓아 침투하기 쉬운 부분과 커다란 도랑을 통해 완전히 지중으로 침투할 수 있게 되어 있다.

주택의 배치를 결정짓는 것은 도로인데, 그 대부분의 도로를 동서로 배치하고 있다. 그 이유는 에너지 절약효과를 각 가정에 촉진시키기 위함이다. 각 가정의 벽을 남쪽으로 향하게 하고 동서방향으로 가리지 않도록 하고 있는 것이다. 이렇게 함으로써 냉난방에 필요한 에너지를 20~50% 줄이고 있다. 이 뉴-타운에는 대기자 리스트가 있어서 입주하기를 기다리는 사람이 매우 많다고 한다.

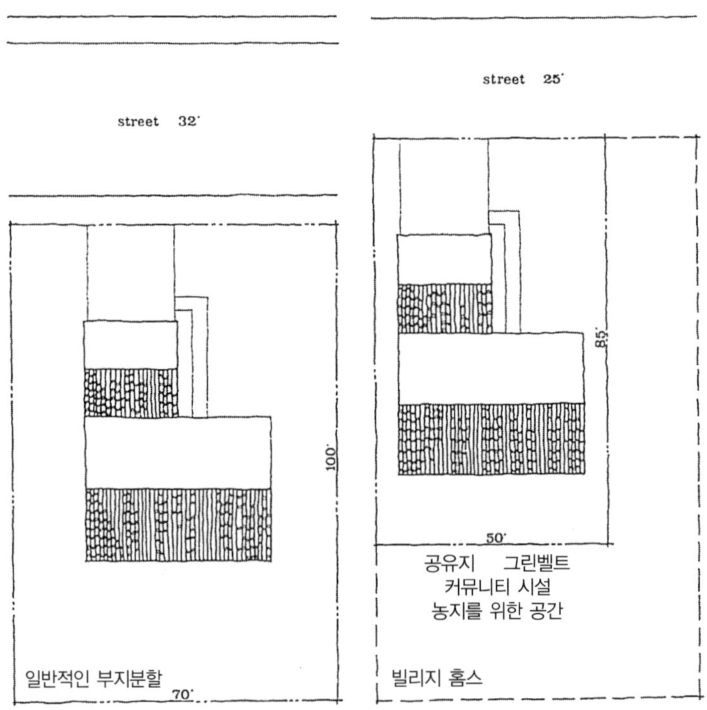

앞길, 주택후면부, 건물과의 관계 ▶
(출전 12)
- 왼쪽 그림 : 교외 신도시의 전형적인 사례. 앞길의 폭원을 크게 한다. 건물의 주변 정원은 넓은 공유지가 전혀 없게 된다.
- 오른쪽 그림 : 빌리지 홈스의 부지분할. 앞길은 나무그늘이 도로를 덮도록 하고 커뮤니티 공유지로 활용할 수 있도록 좁게 되어 있지만 개별적인 부지들은 작고 공유부분을 크게 하고 있다.

자동차 사회로부터의 결별

이 빌리지 홈즈는 에너지와 천연자원 유지를 위해 설계된 솔라 빌리지이다. 24ha의 토지에 1975년에 착공하여 1978년까지 60채의 주택과 10동의 아파트가 완성되었다. 1993년까지는 240호가 완성되었다.

▲ **주택의 앞길** / 좁고 구불구불한 길이기 때문에 전방의 조망을 가린다. 나무그늘이 노면을 덮고 있고 마치 공원 내 도로와 같다.

▲ 자전거가 적극적으로 도입되고 있다.

이 마을에는 사무실 등의 지구가 있어서 직장과 조합되어 있으며 주민의 1/3이 세크라멘토로 출근하고 있는데 나머지 사람들은 지구 내의 사무실 또는 가까운 캘리포니아 대학 등에 통근하고 있다. 이러한 지역은 자전거로 다닐 수 있는 범위이다.

가까운 쇼핑센터에 주 1회 자동차로 물건을 사러 가는 것 외에는 대부분 자동차를 사용할 필요가 없다. 아이들이 학교에 통학할 때는 자전거를 사용하며 자전거는 이곳에서는 일상생활 속에서 유효한 교통수단이 되고 있다. 세크라멘토의 도시계획 담당자는 현재 적극적으로 자전거망을 도시부에 만들고 있음을 강조하고 있다. 그 자신도 빌리지 홈즈에 거주하고 있으며 시내에의 통근과 물건사기 이외에는 자전거를 애용하고 있는 것이다.

현재 미국에서는 자동차에 의한 교통체계가 큰 사회문제가 되고 있다. 도심을 버리고 교외로 거주를 옮겨가고 있는 것이 문제가 되고 있다. 미국 전역 어느 도시에서도 교통정체와 배기가스에 의한 대기오염, 소음 등이 도시환경을 악화시키고 있음은 물론 에너지가 낭비되고 있는 것이다.

일본도 미국 정도는 아니지만 자동차가 교통수단으로 주로 사용되고 있고 동일한 문제를 일으키고 있다. 어쨌든 열효율이 좋은 자동차나 전기자동차 등이 만들어지고, 탄소배출을 줄여 지구의 온난화를 억제한다는 것은 가능할 것이다. 그러나 그에 따라 교통정체나 그것으로부터 발생하는 스트레스나 교통사고 등으로부터 해방되는 것은 아닐 것이며, 에너지나 시간의 낭비는 해결될 수 없다. 자동차 중심의 사회는 결코 이상적으로 추구되어야 할 도시는 아니다. 미국과 같은 자동차 사회에서도 자동차가 전혀 없이도 살 수 있는 매력적인 도시를 만드는 것이 꿈이 아님을 이 데이비스 타운은 실천적으로 보여주는 것이다.

계획자가 개발자인 점도 이 특색 있는 마을 만들기에 기여하고 있다.

이미 1978년부터 1982년경 화제가 되었으며 카터 대통령 부인과 미테랑 대통령도 이곳을 방문한 적이 있다.

이 뉴-타운의 목표를 요약하면 다음과 같다.

① 태양열 발전 이용에 의해 에너지 낭비를 줄이는 것: 대체에너지 활용에 의한 에너지 절약형 주거계획이 특징. 도로배치에 의해 모든 집이 남쪽을 향하도록 계획되고 있음.

② 건물의 부지는 460㎡ 이하로 규제되고 있음. 300㎡ 정도가 평균으로서 부지를 좁히고 공공 스페이스를 최대한 넓혔기 때문에 이 뉴-타운의 풍부한 자연실현에 크게 기여하고 있음. 콜벳씨는 이 점을 특히 강조한다. 넓은 피크닉 초지, 시민농원이 별도로 조성되어 있음. 미국의 일반적인 평범한 교외 풍경은 이곳에는 없음. 주민은 생생하게 이곳에서 살며 즐기고 있음. 마치 리조트의 농원에서 매일매일 살고 있는 듯한 모습.

③ 도로는 통상의 12m를 7~8m로 좁히고 있음. 콘크리트 노면이 거의 없으며 양쪽을 덮은 수목에 의해 태양열 복사를 억제하는 것이 목적. 나아가 조망은 도로축 조망이 없도록 휘게 하여 자동차의 속도를 줄이고 어린이들이 도로에서도 안심하고 놀 수 있도록 되어 있음. 이 도로 이외에 보행자 전용의 소로가 연결되어 자전거의 적극적 이용이 도모되고 있음.

05 그린 네트워크 시티 구상

자연과 공생하는 마을 만들기

빌리지 홈즈는 '도시건설은 자연의 파괴를 전제로 하는 반자연적인 것이다' 라는 상식을 뒤집고, 미국 전역에 마을 만들기, 도시 계획에 커다란 파문을 일으켰다.

건축과 토목의 공학적인 측면뿐만 아니라 도시정책의 면에서도 커다란 문제를 제기한 것이다. 한편으로는 시민의 재산을 보전하기 위해 만들어진 많은 제도나 제한이 오히려 시민들이 자연과 접하며 윤택한 라이프 스타일을 가지고자 하는데 방해가 되고 있다는 점을 이제 시민이 인식하기 시작한 것이다. 시장을 그만두고 그 자신이 실천한 뉴-타운에서 비로소 이상의 마을을 실현하고 있다는 것은 행정의 커다란 제약이 있음을 나타내고 있다.

콜벳씨가 솔라 하우스에 관심을 가지면서 결과적으로 단지 집에 머무르지 않고 마을 전체를 녹지와 꽃과 과일로 덮는다는 것까지 실현시켰다는 것은 에너지 절약운동이 자연생명과 인간의 삶 그 자체에까지 영향을 미치고 있음을 말해주고 있다.

마을 만들기에 있어서 자연과의 공생은 단지 캐치프레이즈를 만들거나 타이틀을 주장하는 것만으로 이루어질 수 있는 것은 아니다. 자연과의 공생은 이미 앞에서 말한 바와 같이, 도시에 살려고 한다면 거기에 동물과 식물이 존재하지 않고서는 생각할 수 없다는 점으로부터 출발해야 한다.

영국의 식물 수집가들이 열광적으로 해외로 진출하려고 했던 것도 본국에서는 꽃을 사랑하고 초목을 기르고 정원취향의 열기가 높았다는 점과 밀접하게 관련될 수 있다. 그런 영국인들이 에도시대의 일본의 도시를 보고 정원도시garden city라고 하면서 놀랐다고 한다. 에도시대의 도시생활과 라이프 스타일은 꽃구경이나 명소방문, 또는 저지의 초화재배 등, 어떤 면에서는 초화가 풍성하게, 조금은 무질서하리만큼 여기저기 피어 있는 모습이었을 것이다.

21세기 도시의 패러다임

조금 과장해서 이야기한다면, 영국의 전원도시나 독일의 비오톱 등의 바탕이 되는 도시가 이미 에도시대에 일본에 존재하고 있었던 것이다. 그러나 일본의 근대도시화는 20세기 초 서양의 도시에서 근대도시화에 대한 반성의 싹이 트고 있었음에도 불구하고 공업화, 인공화로 진행되었다.

다이쇼大正시대(1912-1926)의 전원도시 모습은 일본에 수입되어 "전원 조후[13]調布" 등이 건설되었지만 순식간에 이 작은 마을은 동경의 대도시권이라는 커다란 파도 속으로 나무 잎과 같이 떠밀려가고 말았다. 지금이야말로 대도시권 방식의 도시계획과 결별하고 21세기의 패러다임을 만드는 것이 필요한 때이다. 결론부터 말하면 생물과의 공생이 가능한 도시를 목표로 하자는 것이며 여기에서는 이를 그린 네트워크 시티라고 부른다. 우선 독일에서부터 그것을 살펴보자.

비오톱 네트워크

'야생생물과 공존하는 마을 만들기'에 관련된 독일에서의 실천활동은 생태계를 기준으로 한 도시의 모습을 현실적으로 크게 진전시키는 것이었다. 이는 공학 중심으로 만들어진 지금까지의 도시개념을 완전히 뒤바꿔버린 것임에 틀림이 없다.

독일에 있어서의 '야생생물과 공존하는 마을 만들기' 즉 '비오톱 네트워크'의 핵이 되는 것은 '자연보호지역'이다. 이러한 자연은 일본도 그랬지만, 대개 교외나 도시주변의 자연이 풍부한 산림과 습지 등에 입지하고 있다. 일

13) (역주) 동경도 서쪽의 다마가와 변에 위치하는 도시.

본과 다른 것은 이러한 자연보호지역 대부분이 공유지라는 것이다. 일본의 자연공원 대부분이 사유지인 것과는 대조적이다. 독일에서 '자연보호지역'은 산림과 습지 등 자연도가 높다는 것과 함께, 인공적인 환경의 도시로 찾아들며 도시에 번식하는 야생 동식물의 공급원의 역할을 하는 곳이다. 따라서 종래의 자연보호보다 적극적인 역할을 담당하고 있는 것이다. 이러한 '자연보호지역'이 뒤쉘도르프Dusseldorf 시에서는 시 전체면적의 5%, 칼스루에Karlsruhe 시에는 6%를 지정하고 있다. 이러한 자연보호지역을 비오톱 네트워크의 핵으로 하여 도시 전체를 야생생물이 살 수 있는 마을로 바꾸고자 하는 것이다. 그러한 방법은 교외지역의 보다 자연도가 높은 비오톱 거점으로부터 보다 인공화된 도시의 중심부까지 규모, 사유와 공유지에 관계없이 점, 선, 면 거의 모든 레벨의 공간에서 연계하고 있다.

이미 가츠라자카 뉴-타운에서 나타낸 바와 같이 뉴-타운의 배경이 되는 산림, 그 계곡에 있는 조류서식지, 마을을 관통하고 있는 수림대나 녹도도 이러한 것들에 의해 네트워크로 묶여져 있는 소공원과 숲의 생태가 마을 한가운데까지 확장되어 있다. 우리들이 제안한 이 중자연의 네트워크가 독일의 비오톱 네트워크 바로 그것이다.

유전자 풀gene pool로서의 마을 비보裨補숲

1980년대 인간의 신체를 해치는 공해문제가 일단락되고 사람들은 보다 조금이라도 풍요로운 환경을 추구하게 되었다. 주변의 환경 속에서 가로의 보전과 지역의 문화재를 정비하고 역사와 전통을 다시 보려는 움직임이 나타났으며, 자연을 추구하고 자연과 공존하는 쾌적한 환경과 어메니티를 찾게 된 것이다. 이러한 움직임 속에서 오사카는 도시에 있는 마을 숲에 주목하고 그 보존을 호소하게 되었다. 시가지는 상대적으로 녹지가 적지만 공원을 새로 만든다는 것은 토지 매입만으로도 막대한 자금이 필요하다. 그러한 점에서 기존의 마을 숲의 가치를 재발견하고 이를 도시에 건설되는 새로운 공원

녹지나 기존 하천과 연계함으로써 녹지 네트워크를 만들고자 하는 것이다. 이 조사를 우리 연구소가 수탁하였다.

마을 숲의 조사 결과 여러 가지 점을 발견하였다. 그것은 일본인 신앙 속에 있던 자연에 대한 성스러운 생각과 벌채금지 등 자연에 관한 금기의식 등이다. 그러나 빠뜨리지 말아야할 점은 공동체를 형성하는 집단이 마을 숲을 중심으로 거주하고 있다는 것이다. 기독교 사회나 이슬람 사회에서는 교회라는 인공적인 건조물이 공동체의 중심에 있게 되고, 다른 부분보다 두드러진 랜드마크가 되고 있는데, 일본에서는 정반대이다. 숲이 공동체의 결과를 높이고 숲이 랜드마크가 되고 있다. 또 하나는 마을 비보 숲은 다양한 생물이 생존하는 생태를 가지고 있다는 점이다. 뿐만 아니라 자립하며 그 자신이 지속되고 있다. 나아가 수백 년을 경과하고 있는 이 숲은 지구의 자연역사 박물관으로 말할 수 있을 정도로 풍부해서 원식생이 보존되고 있다. 마치 식물 유전자가 마을 숲에 보전되고 있다고 말할 수 있다. 바꿔 말하면 마을 숲은 도시 속에서 유전자 풀의 역할을 담당하고 있다고 할 수 있다.

도시녹지 공간의 유전자 풀 기능

공원녹지나 하천 등도 비보 숲과 같은 모습으로 유전자 풀의 역할을 담당시킬 필요가 있다. 인공환경 속에서는 인간에게 맞는 애완동물과 같은 동식물만을 주변에 두기 때문에 식물다양화의 법칙으로 보면 이들 공간 속에서도 원식생을 중심으로 다양한 식생이 생육해 갈 필요가 있다. 그를 위해서는 종래의 도시계획을 근본적으로 다시 재고할 필요가 있을 것이다. 특히 도시개발 등에 있어 자연 생태계를 배려한 개발이 지향되어야 할 뿐 아니라 자연의 기본적인 가치를 더욱 이해하는 자연 취급방법이 요구된다. 자연보호는 단지 개발을 위한 변호로서 다뤄지거나 이해된다든지, 어메니티라는 인간의 쾌적함을 유지하기 위해서 존재하는 것만은 아니다. 마을 비보 숲과 빌리지 홈즈에서 나타나는 바와 같이 공동체 속에 생태계의 자연이 유전자 풀 기능을 가지면서 공생하도록 하는 것이 필요한 것이다.

◀ **비오톱의 섬**
앞쪽은 건조에 강한 식물을 위한 화단. 뒤쪽에 게시판처럼 보이는 것은 횡방향으로 많은 수의 가는 나뭇가지를 겹쳐놓아 땅벌의 집과 같은 역할을 하도록 만든 것이다(뒤셀도로프).

에도시대에 영국의 식물 수집가인 비치Veitchii가 일본의 마을 속에서 발견해낸 풍부한 식물의 존재야말로 에도의 도시녹지가 유전자 풀 기능을 갖고 있었음을 보여주는 것이다. 이러한 관점에서 보면 기존의 도시하천과 공원녹지, 기업과 개인의 정원이야말로 유전자 풀 기능을 가져야 할 자연공간-비오톱-으로 변형시킬 수 있는 가능성이 있음을 알 수 있다. 도시 속에서 원래 유전자 풀 기능을 가져야 했던 식물원, 동물원 등은 그 점에서는 도시의 녹화에서 보다 커다란 역할을 발휘해야 한다.

그린 네트워크 시티

이와 같은 시점에서 더 나아가 커다란 비오톱, 혹은 유전자 풀 공간으로서 습지나 계곡을 포함하는 숲의 취급이 관건이 된다. 특히 일본의 경우 국토의 68%나 되는 산림에 주목해야 할 것으로 생각된다. 그 중 500만ha 정도가 전국의 도시 주변에 빠짐없이 존재하는 잡목림이다. 이 잡목림은 활엽수림대로 성립되어 있으며, 다양한 생물이 서식하고 있다. 대부분은 사유지이지만, 버섯재배 목적외에는 사용되지 않고 경제적인 산림으로서는 생각되지 않고 있다. 환경청의 기준에서는 자연도가 낮다고 보며 따라서 잡목림은 개발의 대상이 되기 쉽다.

나는 이 도시 주변 가까이에 있는 산림을 유전자 풀 공간으로서 위치시켜야 할 것을 제안하고 싶다. 또한 일본의 어느 도시에서나 인접하고 있는 이 거대한 잡목림을 핵으로 도시공원 동·식물 등을 위한 녹지거점(인공도시 속의 섬 형태로 고립된 녹지공간), 도시 속을 선상으로 흐르는 하천, 그 속의 유수지, 댐 등에 보다 풍부한 자연재건을 위한 싹을 확실하게 심어야 할 것이다. 그리고 이러한 점, 선, 면의 녹 사이에 공장, 사무소 주택 등 기업, 시민이 다양한 식물을 키울 수 있도록 해야 한다. 이 때에는 2장에서 소개한 이시이 오사무石井修 씨의 생태건축 등이 중요한 참고가 될 수 있을 것이다.

이런 크고 작은 다양한 형태의 녹지가 도시의 곳곳에 자라게 되면 야생의 곤충, 새, 소동물의 서식지가 도시 속에서 가능하게 된다. 그렇게 되면 21세기 도시로의 비전을 그리는 하나의 단서를 얻을 수 있다고 생각된다. 유전자 풀 도시를 기조로 한 그린 네트워크 시티가 그것이다. 그린 네트워크 시티는 아스팔트와 콘크리트, 유리로 덮여 있는 도시 속에 풍요로운 녹지, 소동물들이 함께 살아가기 위한 충분한 공간을 담게 되며, 그들 공간이 소동물들이 서식할 수 있는, 생태적 질서의 네트워크로 재구성해가자는 주장이다(4장 2절의 마지막 그림 참조).

그것이 자연정복형 사회가 만들어낸 거대한 매머드 도시를 새로운 21세기 사람들에 맞는 자연과 공생하는 도시로 변형시켜가기 위한 제 4의 자연·인간계로 가기 위한 조건, 즉 "자연창조형 사회"의 길이라고 말할 수 있다. 필자는 그린 네트워크 시티의 사상을 20세기 초두에 구상한 가든 시티를 대신하는 위상으로 제안하고 싶다.

사람과 녹지가 공존하는 녹의 언덕길
(샌프란시스코)

제5장 ▶▶

환경창조도시로 가기 위한 조건

01 환경창조도시에 다가가기 위한 조건

이데올로기로 바뀌어가는 지구환경 문제

도시화의 공죄功罪는 그 죄에만 초점을 둘 수는 없다. 결점만을 강조하여 5,000년 이상이 되는 도시의 역사를 부정한다면 그것은 바보 같은 짓이다. 실제 도시는 창조적이며 연극, 음악, 영화, 무용, 회화, 조각 등의 예술, 예능의 분야를 길러내기도 하였다. 과학기술도 도시를 통해 극도로 발전을 거두었다. 오늘날 우리들은 도시문명이 가지는 은혜를 생활 속에서 상당히 입고 있다. 부정적인 측면은 있지만 부정적 측면을 줄여가면서 장점을 찾아 확대해 가는 비전을 그리는 것이 필요하다.

다행스럽게 정치, 경제, 사회의 거의 모든 면에서의 커다란 파문은 세계적인 스케일에서 비슷한 변화로 일어나고 있다. 구소련의 붕괴, 냉전구조의 종식, 정보화 사회의 진전에 따른 국제화 등에 의해, 최근까지는 예상하지 못했던 새로운 세계 정치 경제 구조가 만들어지고 있는 것이다. 특히 대국에 의한 양대구조가 붕괴되어 가면서 민족주의의 대두, 지역분쟁의 격화는 미래에 어두운 그림자를 드리우고 있기는 하지만, 20세기를 지배한 이데올로기라는 힘은 급속하게 쇠퇴하였다는 점에 주목하지 않으면 안된다. 공산주의와 회교원리주의 등 일부 잔재는 남겠지만 지역의 분쟁수준으로 후퇴할 것이다.

세계를 지배하는 원리는 국가나 이데올로기 대신에 지구규모의 환경문제가 된다. 위기를 앞에 두고 있는 우리들은 지구인으로서의 나가야 할 방향을 생각할 수 있는 시기에 다다르고 있다. 인류는 지구라는 혹성을 공유하고 있다고 말하며 혹은 공유해가지 않을 수 없는 현실을 직시하지 않으면 안된다. 즉 이 지구에서 운명 공동체로 살지 않으면 안되는 시대를 인식할 시기에 와 있는 것이다.

우주 시대에 있어서 신비주의적 체험

그러나 한편 지구라고 하는 우주 속의 미세한 하나의 혹성에 한정되어 있다는 폐쇄감을 벗어나고자 한 것이 20세기 후반부터 시작된 우주탐험이다. 이미 NASA에 의한 아폴로 11호 달착륙으로부터 30년이 경과하고 있다. 인류가 처음으로 지구를 탈출하여 다른 혹성에 도착하였다는 사실은 인류가 우주라는 시간 · 공간을 인류의 생활영역으로 다룰 수 있게 되었음을 이야기하는 것이다.

우주에 떠있는 지구. 20세기 인류는 대지를 떠나 내려다 본 지구 · 우주에의 시야를 일상생활 속의 랜드스케이프경관로서 굳혀져 가고 있다. 현실의 우주선 속도 이제는 점점 일상 속의 세계로 묻혀가고 있다. 텔레비전 화상에 비춰진 우주왕복선 속의 모리毛利[14]씨는 티셔츠 차림으로 식사는 카레라이스와 우메보시를 미국 우주비행사와 나누고 있다. 우주로부터 수업도 라이브로 실시되며 많은 어린이들이 그것을 교실에서 텔레비전을 통해 배우고 있다. 무중력 세계가 일상 속에 들어오고 있는 것이다. 우주에서의 과학적 성과가 지상에서의 생활을 바꾸고 있다. 기술의 발달이 인간생활 영역을 우주에까지 확대시키고 있으며 그것을 일상 세계로서 극히 당연한 것으로 이해하게 된 것이다. 우리들은 조금 기묘한 세계에 있음을 알게 되었다. 간접 미디어를 통해서이지만 자신의 영역을 점차 우주로 확장 · 확대하고 있는 것이다.

이 기묘한 일상의 생활에서 우리들은 무중력과 우주가 가져다준 새로운 체험을 서로 공유해가고 있다. 이 체험이란 무엇일까? 우주에는 이미 많은 우주비행사가 다녀왔다. 이 가운데는 달에 내린 우주비행사도 있다. 그들이 공통적으로 가지고 있는 점은 우주공간에서 신비감이나 신의 존재를 느낀다는 점이었다. 지상에서는 미디어를 통해 간접적으로 밖에는 체험할 수 없는 것도 우주로부터 비추어진 지구의 모습에 감동하며 신비감을 느낀다. 우리들은 이 신비를 통해서 자기내면의 정신 깊이가 심화되는 듯한 기분이 든다. 이렇게 밖으로 열려진 광대한 우주와 그것에 의해 촉발되는 개인의 내적 발휘에 관한 정신적 우주라는 두 개의 우주의 존재가 궁극적으로 드러나게 되는

14) (역주) 모리 마모루毛利衛 : 1992년 일본 최초로 우주왕복선 엔데버호에 탑승한 과학기술자

것이다. 우주라고 하는, 인간도 생물도 살 수 없는 가혹한 자연 속에서 인간은 정신적이 되어감을 알게 된다.

홀론holon[15] 도시 패러다임

우주에서의 정신세계의 양극을 체험한 현대인이 거대한 도시문명의 부정적 환경 속에서 신음하고 있다. 자연이 인공환경으로 바뀌어가는, 자연 대신 인공환경으로 둘러싸인 지상에서는, 우주에서 느끼는 정신의 깊이나 신을 감지하는 힘이 생겨나지 않는다. 우리들을 둘러싼 환경 속에서 정신을 고양시키며 신의 존재를 느끼게 하며 그 의미를 깊게 하는 것은 없다. 인공환경화는 자연이 가지고 있던 다이나미즘을 인간의 편리함과 쾌락, 쾌적함이라는 욕망의 척도에 맞춰가려는 성향이 있었기 때문에 인간의 욕망이라는 척도에서 환경은 계산되고 채워져 간다. 거대도시 속에서 야생의 자연과 신과 신비도 먼 곳으로 사라지게 된 것이다.

그런 점에서 우리 주변의 환경이 커다란 의미를 가지게 된다. 거대한 스케일의 도시, 인공영역의 확대, 신들의 죽음이라는 환경 속에서 고도의 문명을 살고 있는 지구인이 환경과 관계해가기 위해서는 우리들을 둘러싼 환경에 대해 신과 신비를 감지시킬 수 있는 자연성과 문명 시스템을 구축하고 재건해가지 않으면 안되는 것이다.

현대인의 마음 속에 머물러 왔던 내면의 정신적 우주를 보다 고양시키고, 인류에게 새로운 가능성을 개화시키며, 미래와 우리들의 자손에게 희망과 꿈을 주기 위해서는 우리들이 일상생활을 보내고 있는 주변에 직접 체험 세계를, 자연과 신과 우리들이 만들어 가는 문명이 통합할 수 있는 환경으로 만들지 않으면 안된다. 그 환경은 한마디로 말하면 인간이 만들어낸 문명과 자연이 홀로닉holonic한 관계를 가지는 홀론적 세계이다. 그것은 인간편의의 입장만으로 '자연이 중요하다' 라고 표현했던 종래의 가치관을 넘어서는 것이다. 그러한 정신적인 자기완결적 세계는 새로운 인간으로서 소우주, 말하자

15) 1970년대 철학자 Arther Koestler가 전체를 의미하는 그리스어 홀로스에 접미어를 붙혀 만들어낸 개념이다. 물질의 구조를 나타내는 개념으로서, 전체를 구성하는 요소가 개별 자체이면서 전체 구조를 가는 경우 "개별요소로서 하나의 전체"라는 의미에서 全體子라고 부른다. 세포도 각기 전체로서의 구조를 가지는 홀론구조라고 할 수 있다.

면 홀론적 세계라 부를 수 있을 것이다.

감성도시

거대한 규모의 문명시스템과 도시. 우리들은 이 속에서 무수한 인간 사이즈의 홀론적 세계의 구축을 목표로 하지 않으면 안된다. 갑자기 거대한 사이즈를 홀론적 세계화하는 것은 넌센스다. 우선 신체 주변의 환경부터 찾아낸다. 이것이 제 4의 자연 · 인간계 시대에 있어서 인류가 목표로 해야 할 새로운 환경형성의 관점이다. 이 환경에서야말로 인류는 새로운 '진화'의 가능성을 누릴 수 있다.

그러나 이 경우 자연 · 인간계는 종래의 제 3세대 이전과 같이 자연에 자신을 맡긴다거나 이용하는데 머물러서만은 안된다. 자연으로부터의 혜택을 일방적으로 받는 것은 이제 허용되지 않는다.

이미 말한 바와 같이 공업사회가 가져온 문명의 혜택을 부정할 필요는 없다. 그러나 그것이 가져온 단점을 줄여가기 위해서는 새로운 행동을 하지 않으면 안된다. 그것은 말할 필요도 없이 자연의 재건이다. 그 재건은 이제까지 구축해왔던 문명의 힘을 배경으로 한 것이다. 그러한 점에서야말로 문명의 질에 대한 의문을 다시 제기할 수 있을 것이다.

"문명을 통해 자연을 재건한다." 이는 종래의 문명이 가지고 있는 자연을 파괴하는 논리와는 다른 논리를 갖는 문명이다. 문명이 가지는 다이나미즘에 따라 자연이 가지는 다이나미즘을 복원시키는 것. 바꿔 말하면 주변의 환경에 자연을 불러들이고 그 자연에 신이 살게 하고 정신적인 감성이 머물게 한다. 과거와는 전혀 다른 새로운 자연과의 대응이 시작되지 않으면 안되는 것이다.

이것이 제 4의 자연창조형 사회의 이념이며 주변 환경으로부터의 홀론적 세계의 구축이다. 그 첫걸음으로서 과거의 거대한 사이즈의 문명 시스템과 도시를 새로운 감성으로 깨뜨리는 것이 필요하다. 그 새로운 도전으로써 프랑스의 도시계획에 커다란 파문을 일으킨 사례를 소개한다. 프랑스에서는 예술가를 도시계획에 골격형성에 참여시키고자 하고 있다. 이 의도는 거대할 수밖에 없는 도시에 새로운 이야기를 끌어들이는 작업인 것이다. 이 프로젝트는 거대도시에 무엇인가 변혁을 추구하는 상징적 신호로 받아들이며 이를 감성도시라 부르고 싶다.

컴팩트 시티 Compact City

제 4의 자연 · 인간계의 시대에서는 '문명을 배경으로 자연을 만들어내는' 일이 필요하다고 말한 바 있다. 인간이 맨몸만으로 자연과 도시에 도전하였다는 점은 돈키호테의 무모함에 지나지 않는다. 어차피 인간은 문명을 창조하는 동물이며 그 문명이 만들어낸 결과라는 점을 이 거대문명 앞에서 어쩔 수 없이 자각하는 것이다. 아무리 도시로부터 떨어져 지구의 오염과 파괴로부터 도망가고자 해도 지구환경을 구원하려는 이념으로부터 멀어지며 또한 반 문명을 일으켜 문명 시스템을 파괴하려는 과격한 행동이 나타난다고 해도 미래는 보이지 않을 것이다. 우리들이 믿지 않으면 안되는 것은 환경을 창조하는 문명의 힘이다. 이 힘을 지금까지 간과해 온 것이 아닐까?

제 2의 자연 · 인간계의 시대에서는 "자연을 배경으로 하여 문명을 만들어 내었다." 이 제 2의 시대와 정반대에 위치하는 것이 제 4의 시대, 즉 "문명에 의해 자연을 창조하는"시대이다. 이 자연창조의 이념을 우리들이 가질 수밖에 없는 필요성은 아이러니컬하게도 제 3의 자연 · 인간계인 자연정복, 자연파괴형의 문명출현에 의한 것이다. 이에 의해 현대문명의 근본적인 결함을 자각한 것이다. 지금이야말로 자연파괴형 사회로부터 자연창조형 사회로의 문명이 가지는 가치관을 근본적으로 바꿀 필요가 있다. 여기에서 환경창조를 위한 과학 · 기술테크놀로지의 필요성이 부각된다.

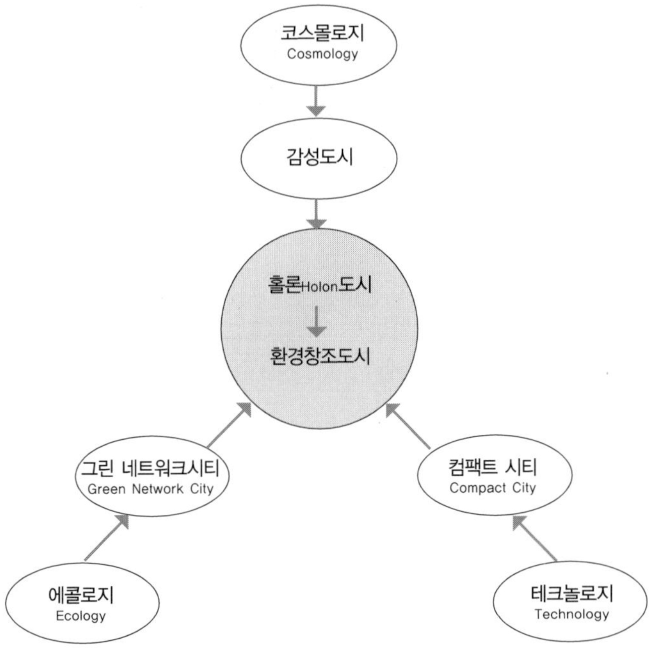

▲ **홀론도시 패러다임 - 3개의 도시를 상정**

어기에 관해서는 제 3장 '생태공학의 전개'에서 밝힌 바 있다. 마지막 장에서는 이 테크놀로지가 어떻게 도시의 이념을 가져야 하는지에 관해 아코산티의 예를 든다. 거기에서는 무한하게 확대하는 거대 괴물형의 도시에 대해 "응축화의 사상", "내면으로의 승화"라고 하는 새로운 도시이념, 즉 컴팩트 시티에 관한 암시를 찾아볼 수 있다.

이렇게 감성도시로서의 '정신적인 계시'가 과거의 도시가치관을 바꿀 수 있는 모체가 되며, 주변의 환경이 컴팩트 시티로서 새로운 질서를 가지게 되는 것이다. 거기에 제 4장에서 논하는 그린 네트워크 시티의 사상이 조합될 수 있다. 에콜로지ecology로부터의 문제제기의 핵심도 그것에 있다. 이리하여 환경창조도시의 조건이 3가지 도시를 상정함으로써 구조화되는 것이다.

환경창조도시에 다가가기 위한 조건

그러나 3개의 도시모델로부터 환경창조도시를 제시할 수 있다고 해도 아직 충분하게 그 이미지를 떠올리기는 부족하다. 왜냐하면 20세기가 가지고 있던 해결되지 않으면 안되는 2가지 과제에 관한 답을 아직 준비하지 못했기 때문이다. 첫 번째는 자연과의 공생의 문제, 두 번째는 우주와의 관계에 관한 것이다.

전자의 과제에 관해서는 자연계 속에서 인간의 위치에 관해 우리들 자신이 밝히지 않으면 안된다. 그리고 이 모습의 답을 아리조나 사막에서 대규모로 이루어지고 있는 제 2 생물권Biosphere2 (통칭 미니지구 혹은 신노아의 방주)의 실험에서 볼 수 있다. 이곳에서는 8명의 인간을 포함한 완전 폐쇄계의 생물 순환시스템이 있다. 이 실험이 의미하는 것은 종래 인간을 문명적, 문화적 존재로서 해석하고 있는 관점을 생물적 관점으로 역전시키고 있다는 것이다. 그것은 또한 우주 속에서 지구라는 생물권에 갇혀진 인류가 어떻게 자연 시스템과 공생할 수 있을 것인가라는 과제의 도전이다. 여기에서는 자연과의 공생이 단지 테마만이 아니라 생물의 종의 보전에 관한 의문이기도 하다.

두 번째는 20세기의 문명이 우주 다이나미즘과의 관계를 상실하면서 드러나는, 자연의 순환계와의 단절이다. 보다 간단하게 말하면, 도시의 밤이 밝아지면 혹은 24시간 도시를 지향하는 환경에서는 아름다운 밤하늘을 볼 수 없다. 쾌적한 인공환경에서는 맑고 깨끗한 실개천의 물을 마시는 대신에 수도꼭지의 물을 마시게 된다. 반딧불이도 잠자리도 볼 수가 없다. 우리들의 주변에서 자연이 떠나거나 바뀌어가며 순환하는 모습은 자취를 감추게 된다. 이러한 것은 인간을 '문명으로서의 인간' 의 범주에 넣고 있는 요인이 되고 있다. 첫 번째 과제가 '인간도 생물의 일원' 즉 '생물로서의 인간' 을 자각시키는 것이라면, 두 번째의 과제는 이 생물로서의 인간이 되기 위해서 다시 한번 우주와 지구상의 자연 순환계를 우리들의 일상 세계에서 재현시키는 것이다. 우리들은 이 재현에 관해 신 우메다新梅田 시티의 환경디자인을 중심으로 새로운 시도를 하였다. 본서의 마지막 부분에서는 자연과의 공생과 자연 순환계의 재현에 관해서 바이오스피어2와 신 우메다 시티 두 가지 사례를 소개하기로 한다.

02 감성도시로 다가가는 길

프랑스의 실험

예술이 도시를 연다

「예술이 도시를 연다 – 프랑스의 예술과 도시계획」이라는 주제의 순회 전시회가 1990년 일본의 몇 개 도시에서 개최되고 이와 함께 도시계획이 나아가야 할 방향에 여러 가지 파문을 불러일으킨 적이 있었다. 이 전시회의 기록은 한권의 책으로서 정리되었으며, 지금도 이 기획전의 열기가 이 책을 통해 전해진다.

전시회는 프랑스의 도시개조 프로젝트 전시이다. 프랑스의 크고 작은 도시에서 제안되고 실행에 옮겨진 각종 프로젝트 중에서 조각가가 건축가나 조경가와 결합하여 시민, 도시, 조각이 일체적 종합적 관련성을 만들어 간 성과와 과정을 보여주는 것이었다. 기능과 경제 우선의 미국형 모더니즘 개발이 넘쳐나고 있는 가운데서 프랑스의 도시개조 프로젝트는 건축가도 도시계획가도 아닌 제 3의 그룹에 의한 도시창조를 적극적으로 진행하고자 한 것이었다. 이 제 3의 그룹은 오늘날로 따지면 시민이면서 인간 주체라는 부분인데, 이 시민 · 인간이 거주하는 도시의 이념을 조각가 등의 아티스트가 실현해 갈 수 있지 않는가라는 기대가, 이 전시의 곳곳에서 볼 수 있었다.

종래의 아티스트, 말하자면 조각가는 건축가가 준비한 건축의 중정이나 전정 등 건축에 영향을 주지 않는 허용범위 내에서만 조각을 둘 수가 있었다. 그러나 이 기본이 「예술이 도시를 연다」전에서는 전혀 다른 전개로 이루어졌다. 건축가와 도시계획가에 예속되지 않고 예술가의 새롭고 순수한 감성으로부터 도시가 나아갈 바를 재현하고 있는 것이다. 이렇게 설명한다 해도 "아! 그렇군"하고 많은 수의 사람들은 듣고 흘려버리게 되지만 실제로 아티스트에게 책임을 맡겼다는 것은 건축과 토목 구조물이 구조나 안정성, 기능성이라는 대부분 일상적이며 세속적인, 말하자면 예술적 센스와는 동떨어진 거의 모든 일에 예술가가 관여할 수 있게 된 것을 의미한다. 따라서 사업을 진행해가는 쪽이 주축을 이루는 것은 당연한 것이며 이러한 사례는 극히 드문 것이다. 그것만으로 프랑스의 시도는 새로운 무엇인가를 예감시킨다. 이 예감이란 무엇일까? 여기에서는 현재 예술가가 도시계획에 참여하고 있는 상황과 문제점을 밝히며 프랑스에서 이루어지고 있는 사례를 통해 이것이 갖는 의미를 생각해 보고자 한다.

도시계획에 있어서 아티스트의 위치

현재 예술가는 도시계획에 어떻게 관계되고 있으며 어떠한 문제를 발생시키고 있는 것일까? '예술이 도시를 연다' 의 기획에 관계한 미셸 도아레슈 전 신도시 중앙그룹 사무국장은 "신도시에 있어서 도시예술"이라는 표제의 문장 속에서 다음과 같이 논하고 있다. "도시예술은 무엇보다도 여러 가지 위협을 확인하고 이를 수용하는 예술가들에 의존해 발전되고 있다. 그들이 받아들이는 위협이란 예를 들면 다루는 공간의 크기가 끊임없이 확대되면서 오게 되는 위협이며 그럴수록 주민과의 관계가 복잡하며 불편해진다는 점에 관련된 위협이다. 이것도 작품은 주민 측의 입장에서는 불변하며, 결정적이며, 강제적이라고까지 말할 수 있기 때문이다. 나아가 정치적, 경제적 방침, 재정의 문제가 예술가와 대중의 사이를 비집고 들어와 갖가지 속박을 낳는다. 그리고 마지막으로는 제도상의 위협, 즉 개발계획가와 도시계획가, 또 한편에서는 건축가와 조경가 사이에서 예술가의 위치가 명확하지 않다는 것이다." 일본에서도 조각가의 작품을 도시공간에 '수경요소' 로서 광장, 공원, 가로, 교량 등에 설치하고 있는 예가 무수히 많다. 말하자면 '조각이 있는 거리 만들기' 의 일환이다. 이러한 움직임은 역시 프랑스가 한발 앞서 도입한 예술을 적극적으로 공간에 살려가고자 하는 제도[16]로 되어 있었다. 기능이 우선시되기 쉬운 건축과 도시공간에 대한 반성과 다시보기라는 점이 그 배경이 되고 있

16) 자치단체가 건설하는 모든 건물의 총공사비 중 1%를 예술작품을 위해 사용하는 제도

다. 그러나 일본에서는 다시 뿌리 깊은 제도가 되지 못하고 많은 문제를 일으키고 있다. '예술이 도시를 연다'의 일본기획전 실행위원장이었던 다쿠미 히데오匠 秀夫 이바라카현 미술관장은 이러한 현상을 다음과 같이 말하고 있다.

◀ **대니 캐러반**Dani Karavan (출전 37)

"혹독한 비평을 받아야 할 작가의 작품을 도심의 혐오스러운 장소에 배치해 가는 방법은 말하자면 기성품과 같은 조각설치이며 작품이 이미 놓여질 장소를 상정하여 제작한 것이 아니기 때문에 조각과 장 = 공간의 관계에서 불협화음을 만들어내지 않는다고 말할 수 없다. 그렇디고 해도 용이하게 철거할 수 있는 것도 아니어서 조각공해가 벌어질 가능성도 있으며 현재 이러한 좋지 않은 경우를 볼 수 있다."

모더니즘으로부터 예술주의로

이러한 현상을 바탕으로 하여 다쿠미씨는 "예술이 도시를 연다 – 프랑스의 예술과 도시계획"의 일본 개최를 강하게 추진하여 왔다. 특히 '왜 지금 프랑스인가?' 라는 점에서는 일본의 어려운 현상을 타계하기 위한 열쇠가 있다고 다쿠미씨는 주장하고 있다. '왜 프랑스인가' 라는 물음에 대한 답은 대량생산에 의한 공업화 사회를 추진해 온 미국적 모더니즘의 비판이다. 활력있는 경제활동을 원할하게 추진하기 위한 도시계획, 경제우선 가치관에 기초

▲ **원주광장에 서있는 높이 36m의 사탑**
주축 방향을 나타내기 위해 파리 수도권의 방향으로 약간 기울어져 있다. 꼭대기로부터 레이저 광선이 발사된다.(출전 38)

▲ **세르지 퐁트워즈시의 원주광장과 축선 및 와프즈 강**
사행하는 와프즈강에 대해 직선의 도시축. 그 한쪽 끝의 출발점은 사탑이 된다.(출전 38)

한 미국적 도시가 세계적으로 퍼져 있고, 그 결과 동경 뿐 아니라 전통적인 일본의 지방도시에서도 비개성적이며 볼품없는 근대화의 풍경이 늘어나게 되었기 때문이다.

미국에서도 1970년대부터 이러한 근대주의에 대해 포스트모던적인 사고가 높아지게 되었는데 지금도 모더니즘의 매력이 준 저주로부터 벗어나지 못하는 미국에 대해 이의를 제기한 것이 프랑스였다고 다쿠미씨는 말하고 있다. 프랑스에서는 혁명 200년을 계기로 나라 전체적으로 건축과 도시계획에서 전혀 새로운 사조가 나타나고 있다. 예를 들면 그랑아르슈Grand Arche(신개선문)를 포함한 라데팡스 지구개발 등 많은 화제를 제공하고 있다. '퐁피드 센터' 등으로 대표되는 파리의 대개조 계획이 그것이다. 이러한 움직임이 지방에서도 파급되어 그 기획전에 소개된 바와 같이 아티스트의 주장을 기초로 여러 가지 도시설계의 시도가 실제적으로 이루어지게 된 것이다. 예를 들면 다음에 소개하는 세르지 퐁트워즈시의 도시개조 프로젝트와 같이 하나의 입체조형 작가가 가로의 중심을 관통하는 전장 3km의 축선도로와 그 주변의 조형을 일임 받는 사례마저 출현한다. 여기에서는 거의 찾아볼 수 없는 사례이며 대니 캐러반에 의한 "세르지 폰트워즈시"와 제라르 상제에 의한 "일다보에의 길"을 소개한다. 고등학교 통학로인 보도교의 디자인이다. 양자 모두 파리 이외의 지방도시의 사례이다.

세르지 폰트워즈Cergy-Pontoise시의 대도시 축

대니 캐러반Dani Karavan은 파리 교외의 세르지 폰트워즈시의 신도시 구상 '악스마자르르Axe Majeuar 主軸'를 1980년 이후 담당하고 있다. 1930년 이스라엘에서 태어난 아티스트이다. 가을의 기운이 느껴지기 시작하는 시기에 나는 몽파르나스의 그의 아틀리에를 방문하였다. 70세를 넘긴 그는 피곤함을 잊은 듯 아이들과 같이 그의 새로운 사상에 기초한 예술가로부터 본 도시계획에 관해 열변을 토하였다. 그는 건축가와 더불어 고전적인 열주를 가지며 만곡된 집합주택 건축의 중정에 사람이 올라갈 수 있는 사탑을 세우고 그 탑으로부터 라데팡스와 츄이루리를 잇는 파리의 주축으로 30km에 달하는 악스마자르르라 불리는 유니크한 환경을 설계하였다. 아티스트가 이만큼의 대규모 도시계획에 선도 역할을 담당한 것은 다른 예에서는 찾아보기 어려울 것이다. 그는 나를 파리시에 인접하는 세르지 폰트워

▲ **대도시 축** / 중정을 관통하는 보도(출전 37)

▼ **대도시 축** / 직선으로 뻗은 보도(출전 37)

즈시의 도시축으로 안내하고 그가 의도하는 점을 설명해 주었다. 그의 의도는 무엇일까?

▲ **대도시 축 야경** / 집합주택 중정의 사탑으로부터 발사된 레이져 광선(출전 37)

장래의 산크리스토프 지구의 도시계획가 미쉘 자우완이 대니 캐러반에게 계획을 의뢰한 것은 1980년 2월의 일이었다. 문제가 된 장소는 오아즈 계곡을 작은 언덕으로부터 건너편의 언덕으로 횡단하며 오아즈천이 사행을 이루는 자연적인 대상과 교차하는 3km의 축이다. 이 자연스러운 대칭이 마을의 여러 가지 지역을 결정해 왔으며, 이 축의 양단을 레이저 광선으로 연결하려고 하였다. 퓨조 평야 주변의 한 광장으로부터 출발하여 느뷜르 숲의 출구인 동시에 도시의 입구이기도 한 고속도로 인터체인지에 이르는 레이저 광선이다. 지형을 이용하여 전망대가 되는 조망이 좋은 지점, 천문의 정원, 나아가 느뷜르 연못에 면한 일부 저지대의 계단상의 낮은 부지를 포함하고 있는 계획이다.

계획으로서는 주축의 출발점과 역으로부터 시작하는 도시의 축이 이루는 각도를 수정하고 그 연장선이 까리엘 슈르 세느의 "인상파의 섬" 높이에서 샹제리제의 거리의 축과 교차하도록 한다.

축은 12개의 스테이션을 이루며 최초의 5개는 1985~89년까지 건설되었고 1990년에 완성이 예상되고 있는 것은 오아즈천 쪽으로 내리마을 이루는 작은 언덕, "천문의 섬", 수면에 설치된 피라미드, 도로의 교차점의 레이저 광선 도착점, 레이저 광선 그 자체이다. 무대 정면에 계단 잔부, 오아즈천으로 이어지는 연못, 무대와 천문의 섬을 잇는 다리, 암므 교차점 및 제라르 필립가의 측면 정원은 1991 ~ 1995년에 완성이 예상되고 있다. – '예술이 도시를 연다' 로부터 인용 –

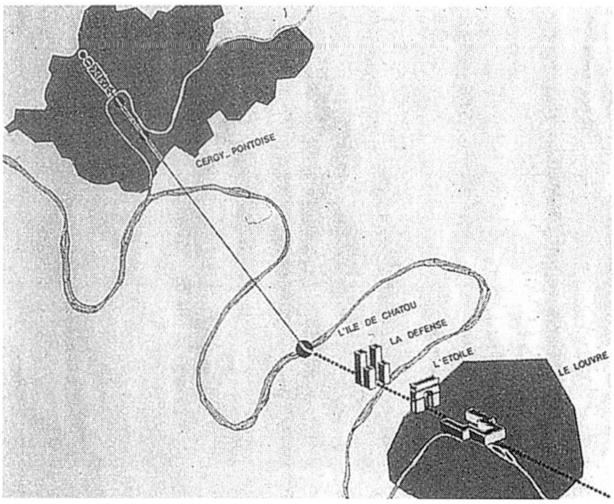

▲ **세르지 퐁트워즈시의 도시계획과 도시축**
사행하는 강에 맞춰 환상環狀의 도시를 건설하는 계획이다. 환상의 철도도 건설되며, 도시의 중심에는 공원과 레이저 시설이 있고 시가지는 그 주변의 고지대에 건설된다. U자형의 모양을 하고 있어서 그 중심축이 도시축으로 설정되었다. 도시축은 개념적인 것으로서 자연지형으로부터 도출되었으며 도시라는 인공적 세계의 축이 된다. 이 축은 파리의 대도시축인 샹젤리제 도로축과 같은 경로를 취하고 있다는 것이 흥미롭다 (출전 38).

의뢰자 측의 일지로부터

이 파격적인 아티스트의 의뢰는 도시계획가인 미쉘 자우완씨와 건축가 베르트랑 바르니에가 중심이 되어 실행하였다. 그들의 일지에서는 시의 도시계획이 갖는 과제로부터 의뢰, 실시설계, 건설에까지의 상세한 내용이 기술되고 있다. 이를 추적해보면 인간이 사는 환경과 도시공간을 새로운 관점으로 보고자 하는 정열이 전해져 온다. 일지로부터 몇 가지 중요한 점을 인용한다.

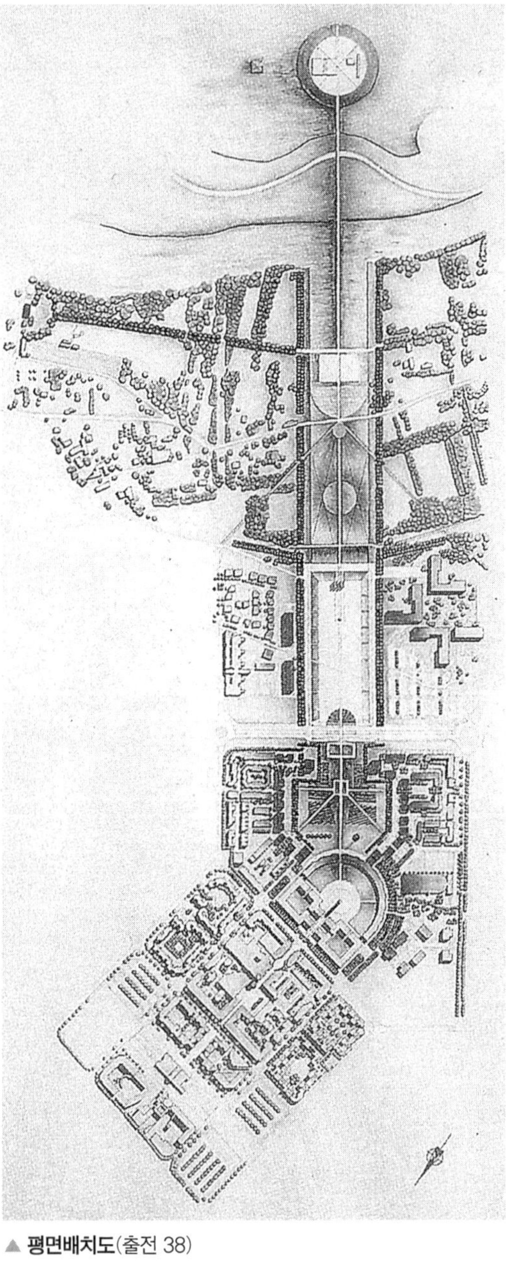

▲ **평면배치도**(출전 38)

'만곡 하는 오아즈천이 가지는 비할 수 없는 경관을 끌어들이려고 하는 컨셉 도시경관과 자연공간 사이에 형태적 관계를 세우는 것, 이 하천의 양안을 명확하게 관계 짓는 것, 조망을 활용하는 것, 대지와 사면과의 관계를 조정하는 것 - 이러한 의도를 출발점으로 하여 도시구조 그 자체에 가공의 대칭을 형성하고 도시적 스케일의 모뉴멘트나 지리적 스케일의 정원을 창조하는 것, 정밀한 예비 스터디, 기대되는 미학, 도시 도상에 있어서도 이 지방의 역사를 연계시키는 것, 그러면서도 방법론에 관해서도 어떤 예술가(컨셉터)에 창조를 위임할 수 있을지에 대해서도 확신이 없다.'

- 캐러반 – 피렌체의 벨베데르 궁전 정원에서의 한 전람회의 카탈로그. 역사적으로 풍요로운 장소에서의 세련된 작품. 대도시축의 실현을 그에게 의뢰할 수 없을까? 모니크포와 사빈판샤르는 이 생각에 찬성.
- 아티스트 추적. 그는 피렌체에 있다. 편지를 내었지만 답장이 없음. 이름도 들어본 적이 없는 도시계획가가 이러한 규모의 부지를 작품으로 의뢰해도 그를 신용할 것인가.
- 최초의 스터디 모형을 세르지시에 제출. 피렌체에서 제작된 것. 언덕의 사면에 예정된 원형극장을 캐러반은 모아즈천 변에 있는 연못 앞으로 내림. 천문의 섬은 강 안의 섬으로. 원형광장으로부터 교차점까지의 3km에 이르는 프로젝트를 그는 하루빨리 그 나름대로의 방식으로 만들고자 한다.
- 협의 – 대도시축의 제 2 요소의 스터디와 마무리. 가능한 한 빨리 정리하지 않으면 안됨. 에스플래나드대광장 디자인에 관한 열띤 토의. 케라반은 퐁피드센터 건너편의 아틀리에를 작업장으로 한다. 이리하여 광장으로부터 거의 모든 음악이 혼연일체가 되어 들려온다. 피에르안데스 프랑소와 시몬바이가 흥미진진하게 모형을 들여다보고 있음. 원형광장 주위의 건물의 담당 건축가로서 이제 막 선출된 리카르도 보필도 가끔 와서 인믄 함.
- 1981년 봄 프랑스 정원의 정신을 이해하는데 필요불가결한 르노트르 정원을 견학하였다. 레스타니, 포, 파샤르 등 모든 관계자가 이동 중 파리와 보르비콩트 간의 차 안에서 대도시축 건설의 지원협회를 설립하는 것으로 결정. 낸봐리유의 한 사람의 지적인 지원이 없었다면 이러한 이상을 실현하는 것은 곤란할 것으로 모두 생각함. 캐러반은 보르비콩트의 정원 디자인의 아름다움과 엄밀함에 열광 르노트르와 마찬가지로 그도 정원사의 아들이며 당초 화가였기도 하였다.
- 최초의 장해 그야말로 고뇌. 계획 결정에 있어서의 대도시축 안에서는 주위로부터의 반대가 있었고 이 안을 강하게 옹호하지 않으면 안됨. 비용이 과도하게 들어서 변화가 어려움. 다른 프로젝트에 있어서는 불필요 또는 모순이 됨. 이 안을 실현하기 위해서 필요한 토지는 매각되었을지도 모름. 문화성의 조형예술 위원회가 이 프로젝트에 흥미를 나타냄. 결정적 순간 자크랑 문화부장관의 재정. 우

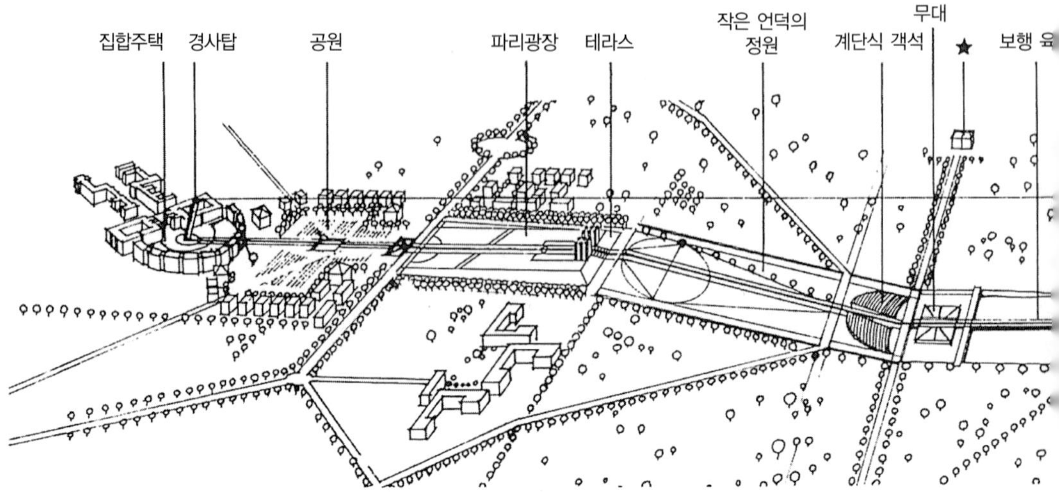

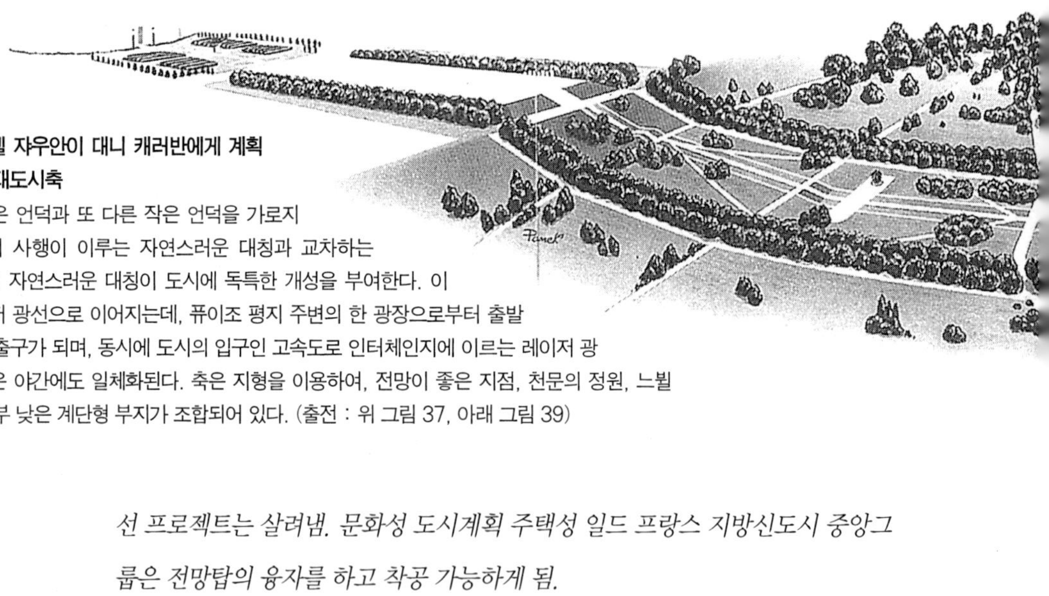

▲ **도시계획가 미셸 쟈우안이 대니 캐러반에게 계획 참여를 의뢰한 대도시축**

오와즈 계곡을 작은 언덕과 또 다른 작은 언덕을 가로지르며, 오와즈 강의 사행이 이루는 자연스러운 대칭과 교차하는 3km의 축이다. 이 자연스러운 대칭이 도시에 독특한 개성을 부여한다. 이 축의 양끝은 레이저 광선으로 이어지는데, 퓨이조 평지 주변의 한 광장으로부터 출발하여 느뷜르 숲이 출구가 되며, 동시에 도시의 입구인 고속도로 인터체인지에 이르는 레이저 광선으로 이 도시축은 야간에도 일체화된다. 축은 지형을 이용하여, 전망이 좋은 지점, 천문의 정원, 느뷜르 호수에 면한 일부 낮은 계단형 부지가 조합되어 있다. (출전 : 위 그림 37, 아래 그림 39)

선 프로젝트는 살려냄. 문화성 도시계획 주택성 일드 프랑스 지방신도시 중앙그룹은 전망탑의 융자를 하고 착공 가능하게 됨.

- *안도! 최초로 실현된 공사가 견인차 역할을 하게 됨. 이 프로젝트는 세르지 퐁트워즈시의 전체 프로젝트가 됨. 프로젝트는 계속 가능. 1987년 메세나*찬조기업*를 모집하는 캠페인이 시작되고 이 도시로부터 12개의 기업이 동참함. 그 다음으로 작품에 있어서 중요한 의미를 가지는 요소인 에스플레나드 드 파리 광장의 원형 열주의 융자에는 24개 기업이 성립. 이 도시의 정비를 담당하는 도시정비공단은 계속해서 대부분의 공사 비용을 부담함. 전람회나 매스컴의 캠페인에 의해*

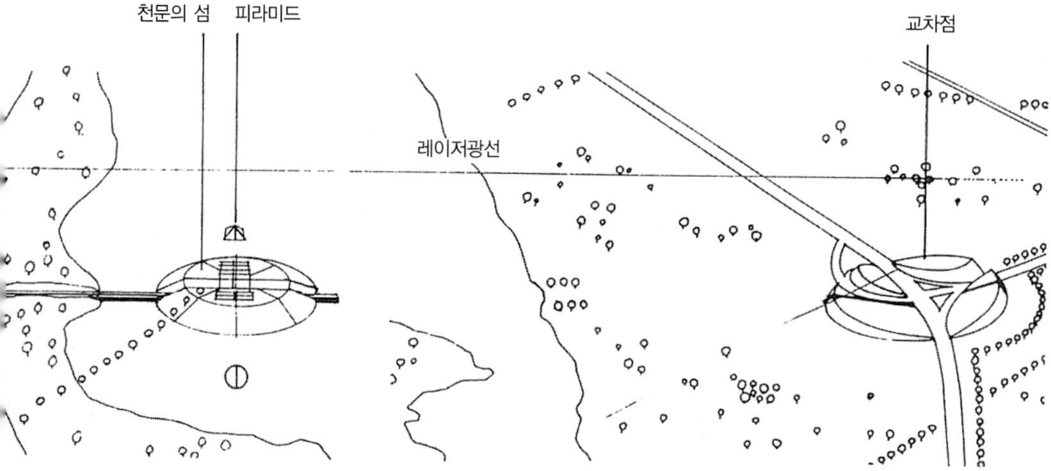

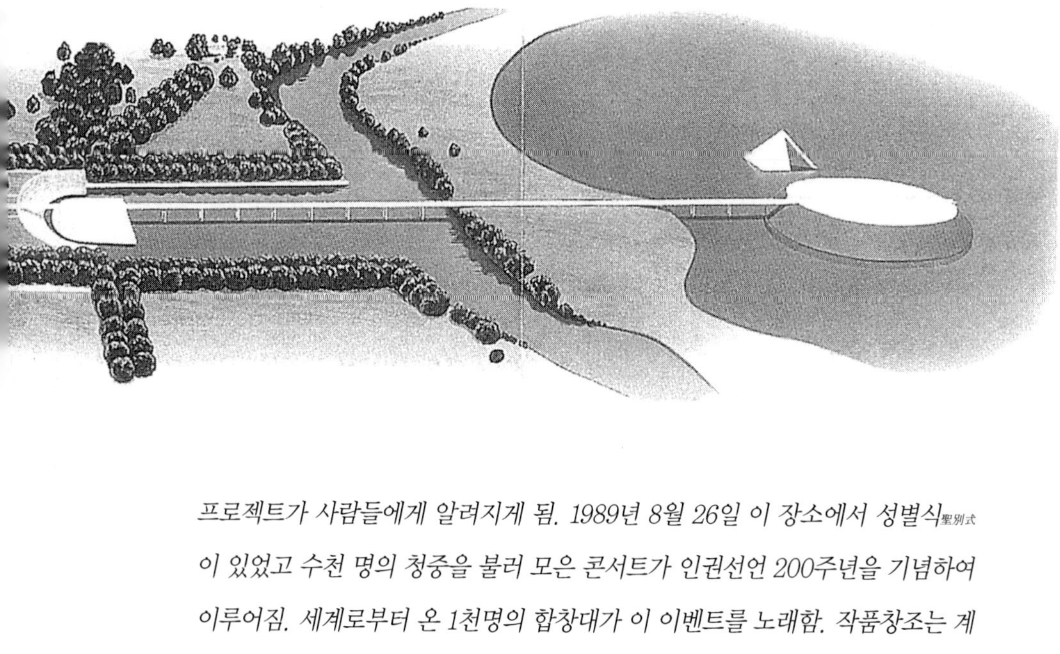

*프로젝트가 사람들에게 알려지게 됨. 1989년 8월 26일 이 장소에서 성별식*聖別式*이 있었고 수천 명의 청중을 불러 모은 콘서트가 인권선언 200주년을 기념하여 이루어짐. 세계로부터 온 1천명의 합창대가 이 이벤트를 노래함. 작품창조는 계속 되어짐.*

– "예술이 도시를 연다"로부터 인용

일다보의 길-산 보네 고등학교

또 한 가지 예술가가 도시공간에 도전한 프랑스의 지방도시 사례를 소개한다. 아티스트인 제라르 상제는 일다보시의 산 보네 고등학교 환경계획을 교육부로부터 의뢰받았다. 그러나 그 환경계획은 당초부터 학생용 건물을 장식하는 것만이 아니라 도시계획에 관련된 문제의 하나로 제시되었다. 그가 그곳에 제안한 것은 주택과 산 보네 중심가의 관계를 보행자의 시점으로부터 취급하는 것이었으며, 그 프로젝트의 구체적인 내용은 길이 110m의 조각으로 된 경로였다. 기능적으로는 고등학교 전용의 공간을 통과하는 공공보도였다.

그가 그 보도교에 주목한 시점이 작품을 유니크한 것으로 바꾸어 놓았다. 결국 사람들은 공공공간에서 일상적 이용 가치의 훼손 없이 그것을 전제로 하면서 그 기능을 '예술작품' 으로 하고자 한 점이다. 그의 의도는 '예술적인 것을 노골적으로 드러내지 않고 예술을 받아들이도록 하는 것' 이었다. 그는 그 제작 의도를 다음과 같이 말하고 있다.

'나는 자신이 보통 사용하고 있는 스타일과 그 고등학교의 공업적인 건축양식 사이와의 부조화를 이용하기로 하였다. 그 점에서 나는 고등학교의 직접 입구를 다룰 뿐 아니라 통로가 되는 보도교에도 디자인을 적용할 수 있게 된 것이다. 그리고 필요한 스케일로 제작된 자신의 플랜을 연구사무소에서의 작업에 착수함으로써 생길 수 있는 문제를 모두 해결하고자 하였다. 건축방법, 내구성 검토, 작업계획, 공사비 등의 문제이다.

최종단계에서 나는 10분의 1의 계획모형을 사진으로 촬영하였다. 다음으로 이 플랜을 실물크기의 스티로폼 판에 투사시켜 어시스턴트의 협력을 받아 주형이 만들어지게 되었다. 주형은 번호를 붙이고 포장하여 건설현장에 운송하였으며 미리 결정된 장소에 설치하였다.

이상과 같은 작업을 거침으로써 나는 직접 작업이 가지는 섬세한 힘을 유지시켜가면서 실물크기의 조각을 자기 자신의 손으로 제작할 수가 있게 된 것이다.

▲ **일다보의 길 아시소메트릭**(출전 38)

일의 세분화에 따라 위계hierachy가 정해져 있는 오늘날의 사회에서도 예술가가 소유하는 최후의 특권은 책상으로부터 현실 그 자체에 이르는 창조까지 과정을 완전하게 자신의 것으로 하는 것이다. 이렇게 함으로써 관념과 물질과의 사이를 자유롭게 왕래할 수 있게 된다[17].

17) 이상은 심포지엄 '예술과 도시–도시계획과 현대예술'(1986년 룩셈부르크 궁전)시 이루어진 인터뷰로부터 발췌

▲ **보행육교 지주**(출전 38)

도시의 개성화 수법

이 두 사람의 예술가는 도시에 무엇을 추구하고자 한 것일까? 여기에는 여러 가지 상의한 의견이 있을 수 있는데, 나는 거대도시를 인간화하기 위해 예술가의 손에 의해 커다란 외과수술이 이루어지고 있다고 본다. 이 외과수술이 목적으로 하는 점은 무엇일까? 한마디로 말하면 '도시의 개성화' 일 것이다. '개성화' 라고 하는 것은 이푸 투안Yi-Fu Tuan이 말하는 장소애topophilia[18]이다. 지형, 바람, 비, 햇빛, 숲, 강, 초화, 돌…. 이러한 자연의 풍경을 도시화라는 인공적 환경에 오버랩시킴으로써 토포필리아의 감성이 살아난다. 그 장소에 대한 애착이 거기에 관련된 여러 가지 개성을 끌어들이는 것이다.

상제씨는 이 점을 그의 "엄브로밀"이라는 작품 전시회에서 시도하였다. 공간에 대한 사람들의 태도를 관찰하여 새로운 장르를 개척하고 있는 것이다.

181) Yi-Fu Tuan 저 '토포필리아 인간과 환경' 세리카 출판

그야말로 개성화의 하나의 관점이다. 예술작품이 공공공간에 이루어지며 나아가 품질을 떨어트리지 않는 프로세스를 그는 다음과 같이 말하고 있다.

나는 예술작품을 밟고 다니며 말하자면 불경스러운 행위를 한다는 점에서 이러한 장소에 새로운 장르를 창출할 수 있음을 알게 되었다. 작품을 보러 방문하는 사람들과의 이야기로부터 폐쇄공포증이나 거꾸로 폐소애호증 등이 이야기 되며 그들이 벽이나 천장과의 거리감각을 이야기할 때 지적인 주석보다는 본능적이며 유전자적이며 동물적인 감각표현을 들을 수 있었다.

우리들의 아이디어는 엄브로밀의 실험을 도시 스케일에서 행하는 것이었다. 사람들이 가지고 있는, 예술작품이라는 것에 대한 좁은 개념을 깨뜨리는 것이 필요하다.

– '예술이 도시를 연다' 로부터 인용

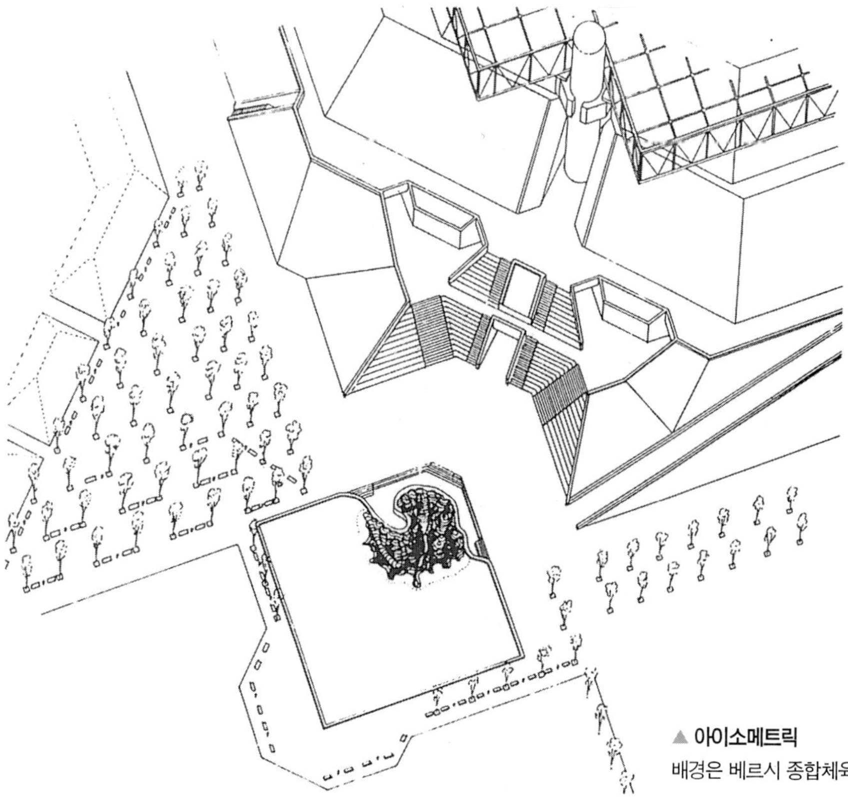

▲ **아이소메트릭**
배경은 베르시 종합체육관(출전 38)

▲ 캐니언 지층(대계곡=물=층)

이와 같이 상제는 도시의 대담하고 새로운 개념을 자연에 끌어들이게 되었는데 그 자연은 어떻게 보아도 이상한 풍경이다. 그러나 파리의 베르시 종합체육관 앞에 건설된 물을 사용한 캐니언 지층은 주변의 근대건축에 완전히 합치한 조화를 드러내고 있다.

나는 그의 작품 앞에 서서 이 수법이 일본의 디자인 전통에서 보여지는 비추기投射의 개념과 비슷하다고 생각하였다. 비추기란 복사가 아니다. 자연이 가지고 있는 다이나믹함을 살리며 그 진수를 인간의 손으로 창조하는 행위인 것이다. 상제는 말한다.

"나 자신이 이태리의 돌로미테 알프스나 지중해의 바위에 둘러싸여져 있는 좁고 긴 강을 앞에 둔 때와 같이 사람들이 그 조각에 마주서 주었으면 한다. 그 산을 앞에

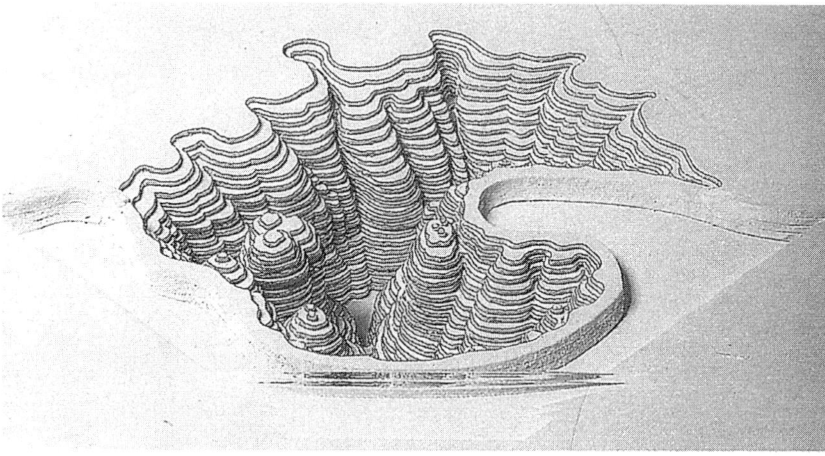

▲ **캐니언 지층 부분모형**(출전 38)

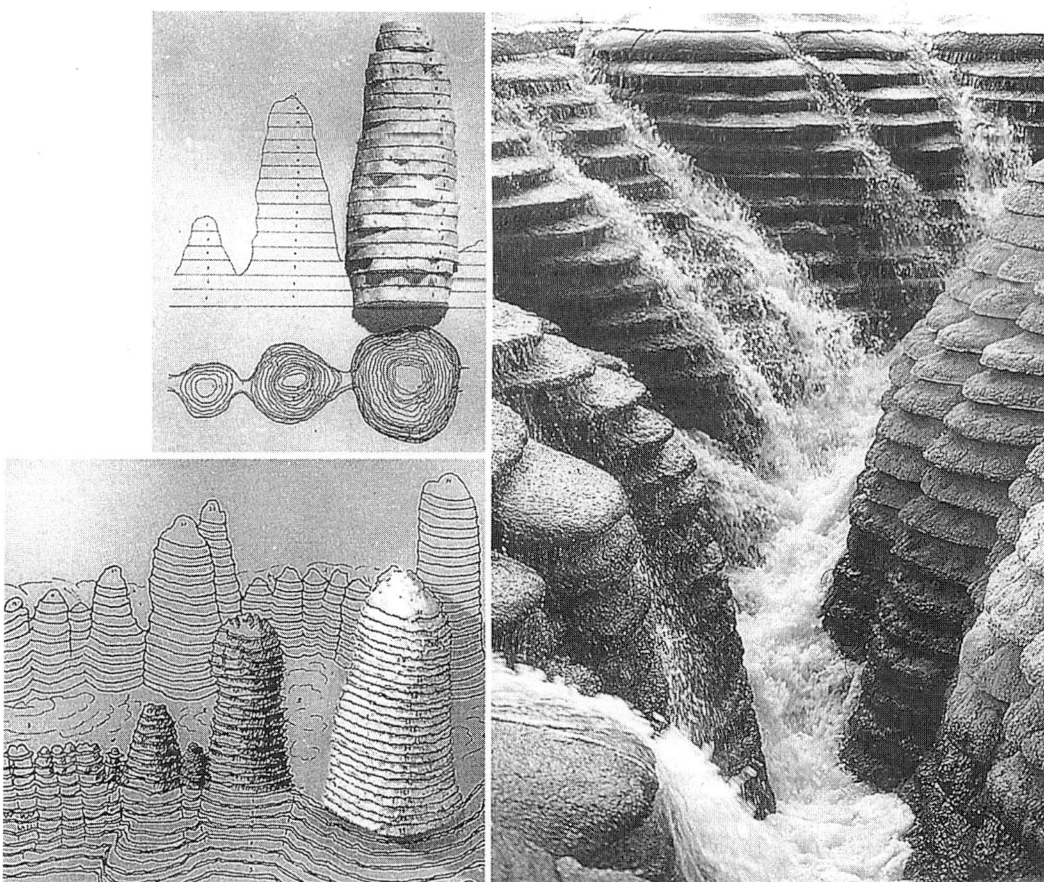

▲ **회랑(에발리 시)의 뎃사 캐니언 지층의 소부조**(출전 38)

둔 숭고한 감각은 모든 사람들에게 공통적으로 가질 수 있는 것이라고 생각된다. –중략– 조명으로 비추어내는 캐니언 지형(대협곡=물=층)을 보는 사람들이 자신이 자연에 속해 있음을 상기하며, 서양이 갈라놓은 자연과 문화의 대립이 인공적인 것임을 이해시키고자 한다."

– *'예술이 도시를 연다'* 로부터

이와 같은 그의 관점은 일본정원의 양식과 비슷하다고 생각해도 좋지만 그의 작품은 도시의 인공환경을 자연스러운 환경으로 바꿔갈 때 보다 강한 힘을 가지고 있음을 알 수 있다. 캐러반, 상제 양자의 작품은 도시의 자연을 재건하기 위해서는 힘있는 예술가의 감성이 필요로 함을 다시 한번 보여주고 있다.

감성도시에의 길

예술가가 도시에 관계하는 목적은 획일적이며, 단일적이고, 목적적이 되기 쉬운 도시계획에 개성화를 촉발시키는데 있다고 할 수 있다. 그 점은 캐러반의 계획이 시민의 반대에 의해 한 때는 곤란에 빠질 사태를 불렀을지도 모르지만 일견 지배자의 논리나 고전적인 미학으로부터 가져올 수 있는 프랑스 정원의 통경수법마저도 샹젤리제 거리의 축선에서 발전한, 이스라엘의 예술가 캐라반의 손이 닿으면 평범한 지방도시가 어느 순간 갑자기 특색 있는 도시로 바뀐다는 점을 주목해야 할 것이다.

이 외과적 수술 과정은 주민에게는 아픔을 수반하는 것이다. 그러나 그 새로운 축선을 걸을 때 세르지 폰트워즈시의 자연은 캐러반의 감성에 의해 살아나며 지금까지 뿔뿔이 흩어져 있던 오아즈 강, 언덕, 구름, 식물, 건축, 파리의 원경, 빛, 바람 등 산책할 때 만나는 경관이 살아있는 유기적인 것으로 묶여가면서 바뀌게 되는 것이다. 우리들은 캐러반과 만나면서 마음이 씻겨지는 듯한 기분이 들었다.

상제씨는 중병이어서 회견은 불가능하지만 기능 속에 예술작품을 융해시키는 수법은 우리가 지금까지 보아온 도시조각보다 뛰어난 것이라는 확신을 가질 수 있다. 그는 예술가이면서도 작품을 만드는 과정에서 토목공학, 도시공학 지식을 얻고 대상이 가지고 있는 기능, 질, 스케일을 완전하게 자신의 것으로 만든다. 그리고 나서 그가 가지고 있는 감성에 따라 대상물을 덮는 것이다. 그 결과 만들어지는 것은 그 장소에서는 지금까지 없었던 조형이 되는 것이다.

관점을 바꿔보면 그것은 이상한 면도 있다. 그러나 생물의 진화과정에서 볼 수 있는 돌연변이라 해도, 비정상적인 모습은 한참 지나면 극히 일상적으로 그곳에 있어도 이상하지 않은 것으로 보이기 시작한다. 그 이유는 무엇일까? 그 정답은 형태라는 것은 원래부터 비일상적이며 비정상적인 이물인 것인데, 대상물의 토목 스케일과 기능이 합치하고 있기 때문이다.

이러한 일상적인 풍경, 공공의 장소에서 사람들은 예술이 가지고 있는 감성을 자신도 모르는 사이에 체득해 가는 것이다. 우리들은 프랑스 지방도시에서 시도되고 있는 이러한 개성화의 움직임을 '감성도시에의 길' 이라 부르고 싶다.

03 컴팩트 시티에의 도전

아코산티[19]

아리조나로부터 귀국한 건축가

1970년대 초 세계적으로 포스트모던의 움직임이 현저해지기 시작할 무렵, 미국 아리조나 사막에서 새로운 도시를 건설하려고 한 건축가가 있었다. 그의 이름은 파올로 솔레리이다. 그는 그 자신이 그리는 생태적 이상도시를 아리조나 황야에, 공감하는 동료들과 함께 실제로 자신들의 손으로 건설하고자 생각하게 되었다. 1919년 출생한 파올로 솔레리는 이태리로부터 미국으로 건너가 이 건조한 사막지역을 중심으로 활약하고 있던 프랭크 로이드 라이트 밑에서 공부하였다. 그러나 라이트와 의견이 맞지 않자 곧 라이트의 작업실을 떠나게 되었고, 일단 이탈리아로 귀국하였지만 아리조나의 풍토를 잊을 수 없어 다시 한번 미국을 방문하게 된다. 그리고 현재의 장소에 그가 그려왔던 건축과 생태계를 묶는 이상도시를 실제로 만드는 일에 착수하게 되었다. 일본에서는 오사카 만국박람회가 개최되었던 1970년경의 일이었다. 이 유니크한 실험도시의 계획을 알게 된 것은 파올로 솔레리의 밑에서 일하던 한 일본건축가를 알게 된 것이 계기가 되었다. 그 사람은 오사카 만국박람회장 전체의 종합 프로듀서인 단케 겐죠丹下健三씨 밑에서 활약하고 있던 건축가 하세가와 히로시長谷川敬였다. 우리들은 박람회장의 조경설계 일을 하고 있었기 때문에 당시 동경의 하라주쿠에 있던 단케씨의 합동사무실에 나갈 기회가 있었다. 그곳에서 그와 만나게 된 것이다.

그는 아리조나의 사막에서 파올로 솔레리의 도시건설에 수년간 종사하였고 미국으로부터 방금 귀국하였다고 했다. 그리고 아리조나 사막에서 새로운 도시의 실험이 시작하려고 한다는 것을 빛나는 눈으로 일시에 이야기해 주었다.

19) www.arcosanti.org

그 실험도시는 아코산티arcosanti로서 건축과 자연생태를 유기적으로 결합시킨다고 하는 사상의 바탕에서 만들어지고 있다. 그곳에는 세계로부터 젊은이가 모여 파올로 솔레리가 계획한 설계도면을 바탕으로 땀을 흘려가며 시멘트를 빚고 숙박해 가면서 도시를 건설하고 있었다.

▲ 아코산티의 이상 실현을 위해 일하는 파올로 솔레리(출전 40)

이 이야기를 듣고 어떠한 종류의 쇼크를 받았던 것을 지금도 기억하고 있다. 당시 일본은 고도 경제성장 시대의 한가운데 있었다 . 경제성장이야말로 좋은 것이다라는 사조가 횡행하고 있었던 것이다. 도시는 점점 커지고 자연파괴가 진행되고 있었다. 오사카 만국박람회는 그 상징으로도 이야기하여야 할 사업이었다. 그 와중에 있던 나는 일본에서 진행하고 있는 경제우선, 기술지상주의의 도시건설과는 정반대의 가치관을 가지는 실험도시가 황야의 사막을 배경으로 건설되기 시작하였다는 것에 놀라움과 동시에 부럽다는 생각을 하게 되었다. 번영의 한가운데 있던 일본 젊은이를 매료시켰던 것은 무엇이었을까? 그 다음으로 떠오른 것은 이와 같은 의문과 호기심이었다. 그리고 나는 다음과 같이 결론을 마음대로 내리게 되었다.

이 시기 일본의 젊은이들은 오다 마코토小田實의 '무엇이든 보러가자'의 책으로 대표되는 바와 같이 세계에 눈을 돌리고 있었다. 한편으로는 고도 경제성장을 이룩하였던 일본은 공해로 고생하고 있었다. 전후의 부흥이라는, 국민을 끌어왔던 하나의 간판이 색이 바래가기 시작할 무렵이었다. 일본에서는 확실한 인생을 살기 위한 가치를 나타내는 사조는 없었다. 자기확립을 하려고 하는 젊은이에

▲ 건설중의 아코산티1
젊은이들이 숙박해가며 건설에 참여한다.(출전 40)

게 있어 외국의 강렬한 개성은 마치 추구해야할 것이었으리라. 그러면서도 머릿속에서 생각하는 것보다는 몸으로 배워가면서 손으로 만들어가는 실험도시의 건설은 세계 건축을 목표로 하는 젊은 세대에게 미래의 빛을 던져주고 있는 것이라고 확신하며 언젠가 자신의 눈으로 확인해 보고 싶다는 생각을 하게 되었다.

▲ 건설 중의 아코산티2(출전 40)

사막에서의 강렬한 대비 풍경

아코산티를 처음 방문한 것은 하세가와씨와 만난 후 10년이 되던 해 1978년의 일이었다. 나는 미국 정부로부터 초청을 받아 미국의 도시 전문가를 방문하는 내용의 프로그램에 참가하였다. 일본 출발 당초로부터 아리조나를 중심으로 하는 사막과 건조지역을 방문하는 내용을 신청하였다. 그 목적은 먼저 서부극을 통해서 친숙해져 있는 광대한 황야에 접하는 것이었으며, 두 번째는 이 땅에 원래부터 살고 있던 거주자인 인디언의 마을과 인디언 건축가를 방문하는 것이었다. 그들이 어떠한 의식과 가치관으로 이 황야의 자연과 맞서있는가. 인디언의 마을 몇 개소를 방문하여 그곳에서 그들이 가혹한 자연을 견디어 가면서 어떻게 정신적으로 안정을 얻고 있는가. 세 번째는 이 황야에 건설되고 있는 아코산티를 방문하여 그 계획자인 파올로 솔레리와 만나는 것이었다. 그리고 마지막으로 사막지역에서 무엇보다도 큰 도시 피닉스 시청을 방문하는 것이었다.

마지막의 목적은, 인디언과 전혀 다른 사고와 가치관을 가지는 유럽으로부터 온 개척자가 이 황야에 어떻게 도시를 창조하였는지, 나아가 그들이 전혀 다른 솔레리와의 실험도시를 어떻게 보고 있는지에 관한 것이었다. 이 네 가지 다른 계획서를 미국 정부는 흔쾌히 승인해 주었다. 이러한 전혀 다른 지역과 사람을 방문하는 것이 가능해진 덕택에 파올로 솔레리의 실험이 미국과 이 지역에서 어떻게 받아들여지고 있는가에 관해서 이해할 수 있었다.

사막을 배경으로 한 아리조나주의 주도 피닉스. 이 도시는 기반을 정연한 격자의 구획으로 정리한 후 건설된 전형적인 근대도시이다. 넓은 자동차도로, 여기에서는 자동차가 없으면 생활할 수가 없다. 자동차도로가 교외에 사방으로 뻗어져 있는 것이다. 교외의 집들은 넓은 정원을 가지며 오아시스와 같은 녹지가 번성하고 있다. 근대도시는 사막 속에서 녹지가 풍부한 오아시스 도시를 만들어내고 있는 것이다. 이와는 상대적으로 파올로 솔레리의 아코산티는 유니크한 건축군이 점상으로 이곳 저곳에 건설되고 있어서 녹지도 적고 미적인 것과도 거리가 멀었다.

피닉스시의 도시계획과 직원은 피닉스시의 도시계획의 특징과 성과를 득의만만하게 말해주었다. 그리고 아코산티의 시도에 관해 코멘트를 요청하는 나에게 그들이 하고 있는 것에 대한 반감 혹은 이해하기 힘들다는 반응을 나타내었다. 피닉스와 아코산티. 똑같은 사막 환경을 배경으로 전혀 다른 가치관 차이를 가지는 도시의 건설이 이루어지고 있는 것이다.

사막이 가지고 있는 정신적인 감성

파올로 솔레리의 아코산티 실험은 그 자신이 공감하고 있는, 이 황야에 살고 있는 인디언에게 지속되고 있는 자연에 대한 존경의 가치관과 자연과 더불어 살아가고 있는 생활양식 및 건축형태를 빼고서는 이해하기 어려울 것이다.

그가 수십 년에 걸쳐서도 도달할 수 없을 것 같은 이상적인 도시를 손으로 그것도 아주 원시적인 공동체의 스타일로 만들어내고자 하는 것은 인디언 마을과 그들의 생활양식을 보면 이해할 수 있다. 그것은 당연하지만 안티 거대도시 문명으로 이어진다. 나는 아코산티를 순회하면서 그와 같은 느낌을 받았다.

▲ **서구 합리주의에 의해 구획된 정연한 피닉스의 전경**
풍부한 녹지를 갖추고 있지만 기계적이며 변화가 없다. 펼쳐진 평면을 이루고 있을 뿐이다.

십년에 걸친 아코산티는 활기로 충만하였다. 세계로부터 온 젊은이들이 바쁘게 일하고 있었다. 파올로 솔레리가 바쁘게 지시하고 있었다. 그 주변에는 어떤 종류의 긴장감마저 있어서 외래자로서는 가까이 하기가 어려운 분위기마저 있었다. 그때 나는 60년대 후반에 세계 젊은이들을 매료시킨 이유가 읽혀지는 느낌이었다. 그는 건축가라기보다는 오히려 철학자, 종교자로 말하는 편이 좋을 듯 하다. 내가 이때 파올로 솔레리와 만나서 느낀 것은 마치 그 보편성의 탐구자와 같은 것이었다.

사막이라는 것은 보편성의 탐구자를 길러내기에 적합한 환경이지 않을까? 강렬한 종교는 사막에서 만들어져 왔다. 기독교와 이슬람교, 엄밀하게는 양자 모두가 도시의 종교이다. 환경결정론적으로 양자가 사막의 종교라고는 결코 말할 수 없지만 수목이 거의 없는 사막은 숲에서 길러진 사상과 행동양식과는 완전히 다름이 분명하다. 사막에서는 두 가지 특징이 있다는 점을 알 수 있다. 하나는 아주 먼 곳까지 내다볼 수 있다는 것이다. 하늘도 시야의 반을 차지한다. 멀리 조망할 수 있다는 것은 사막풍경의 특징이다. 동일한 점은 바다에서도 이야기할 수 있다. 바다는 종교보다는 콜럼버스와 같은 모험가, 항해자를 길러낸다. 천문가나 지구탐험가에게 공통되는 점은 결국 조망을 가지고 있다는 것, 보편적인 가치를 만들어낼 수 있다는 점에 있다. 또 한 가지는, 불모지로서 가혹한, 비정하다고도 이야기할 수 있는 자연의 존재이다. 이러한 환경에서야말로 새로운 패러다임의 구축이 가능할 것이다.

▲ **아리조나 사막을 배경으로 한 아코산티와 건너편에서 보이는 아코산티1**

응축화된 집합주거 형태를 하고 있다. 대자연 속에서 기생하고 있는 듯한 인간의 온기가 느껴진다.(출전 40)

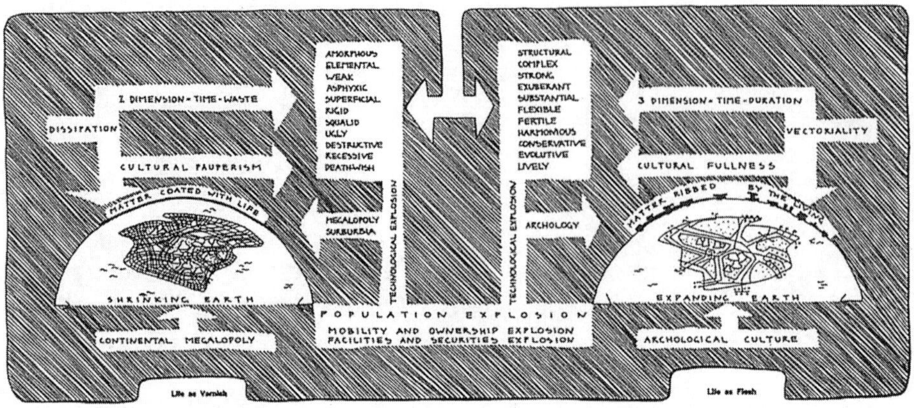

▲ **아코산티와 메가로폴리스**

솔레리의 『어느 종말론의 시도 - 유토피아에 있어 시공과 그 동시성』이라는 제목의 논문에 실린 모델. 아코산티가 의도하는 사회를 거대 괴물도시의 결점과 대비시켜 가며 타이틀로 하고 있다. 인공폭발에 의해 지구를 온통 덮게 될 메가로폴리스(좌)에서는 자연생명은 소멸하는 방향으로 간다. 아콜로지의 이상에 의해 생명은 소생하고 지상의 인간활동은 활기를 띠게 된다(우).

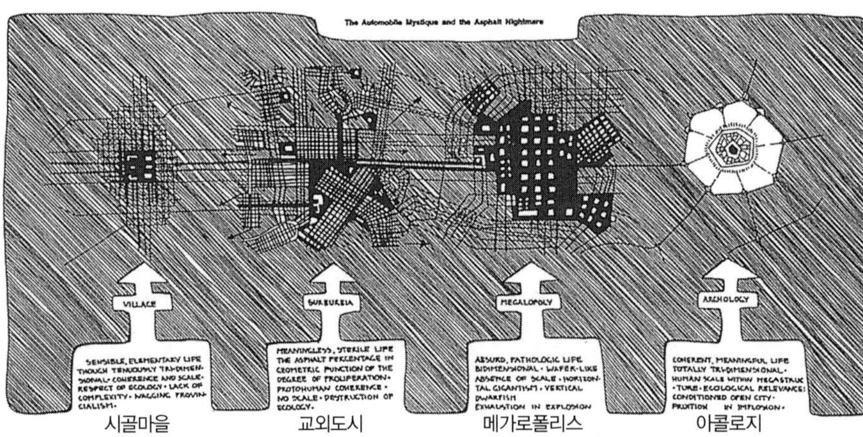

▲ **소규모 마을로부터 아콜로지로의 발전형태**(출전 40)

- 마을 : 마을의 생활은 원시적이며 인정이 넘치고 자연도 풍부하다. 인간관계는 유기적이나 복합성면에서는 결여된다. 시골 특유의 편협함도 있어 때에 따라서는 살기 불편하다.
- 교외도시 : 교외의 생활은 부조리하며 병적이다. 산다는 단조로운 기능만 가지는 도시가 비정상적인 증식을 반복한다. 또한 아스팔트 정글화로 무한정 커가며 자연을 파괴하게 된다.
- 메가로폴리스 : 대도시의 생활은 조화성이 떨어지고 병적이다. 지상을 얇게 덮으며 거대화해가는 2차원의 도시. 수직에 대해서는 아무런 관심이 없다. 폭발을 반복해가며 소모해가는 것에 지나지 않는다.
- 아콜로지 : 에콜로지와 공생하는 거대구조에 휴먼스케일이 조합되고 아울러 밖을 향해 개방된 도시이다. 내부에 충실한 에너지를 갖는다.

아콜로지-우주진화의 패러다임

아콜로지arcology는 그가 생각하는 이상도시에 어프로치하기 위한 원리이다. 아콜로지란 건축architecture과 에콜로지ecology의 합성어로서, 아콜로지라는 말 중에는 파올로 솔레리가 추구한 개념이 드러나 있다. 이 개념을 토대로 아리조나주 피닉스 북쪽 약 100km 사막에서 실제로 만들어낸 것이 아코산티이다. 이미 소개한 바와 같이 실제로 스타트한 것은 1960년대 후반이다. 아콜로지의 논리는 다음과 같이 이야기 된다.

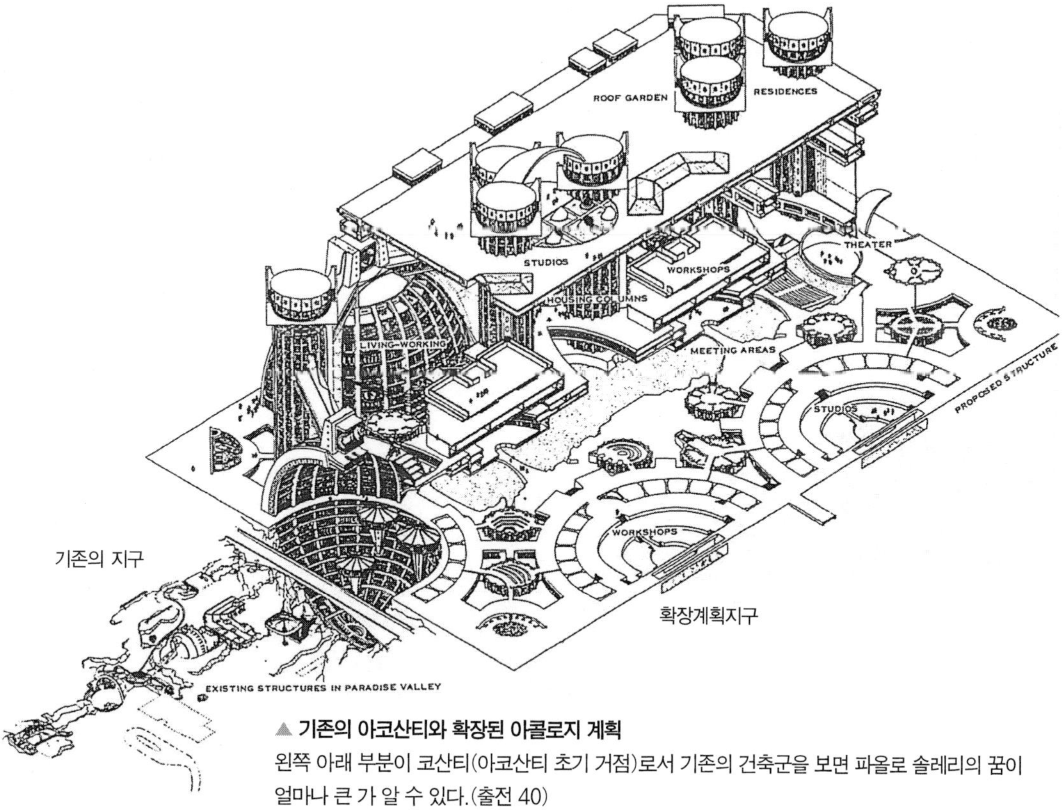

▲ **기존의 아코산티와 확장된 아콜로지 계획**
왼쪽 아래 부분이 코산티(아코산티 초기 거점)로서 기존의 건축군을 보면 파올로 솔레리의 꿈이 얼마나 큰 가 알 수 있다.(출전 40)

"구조적으로는 확산되어가기만 하지만 한계가 있을 수 밖에 없는 도시에 대해 대안을 제공하는 것이다. 아콜로지에 있어서는 도시를 밀도와 복잡성을 갖춘 하나의 유기체로 파악하며 자연환경의 변화dynamism에 대응할 수 있는 생태계의 일부로 도시를 구축하고자 하는 것이며, 따라서 에너지 순환에 있어서는 자기충족형 환경을 만들어낸다.

우주진화의 패러다임인 〈복합complexity〉, 〈응축凝縮miniaturization〉, 〈지속성sustainability〉을 주요 개념으로 한다. 즉 무한적으로 희박한 우주로부터 사고체로서의 인간의 성장, 나아가서는 그 단계로의 비약을 준비하는 생명현상의 아날로지analogy로서 도시를 제안한다. 응축화란 단지 커다란 것을 작게 하는 소형화의 의미가 아니라 물질계物質界와 시공時空에 묶여 있는 상태에서는 근본적으로 존재하는 핸디캡을 최소화하자는 프로세스이다. 즉 「생명의 진화」에서 보듯 질적으로는 보다 높은 레벨의 복합성을 지향하며 그 자신을 내포 혹은 내부를 향해 깨트려가며 고밀도로 응축화 한다. 인간의 정신 에너지를 집약적으로 포괄하는 유기체로서의 도시는 그 완성을 향해서 응축화되지 않으면 안되며 그 실체화가 아코산티이다. 형태학적으로는 인공의 자연이기 때문에 〈신新 자연〉이라고 부른다.[20]

여기에서 거대 괴물도시가 왜 형태적으로도 정신적으로도 유기체로 응축하여 보다 발전을 갖춘 도시로 되지 않으면 안되는가를 명확하게 설명하고 있다.

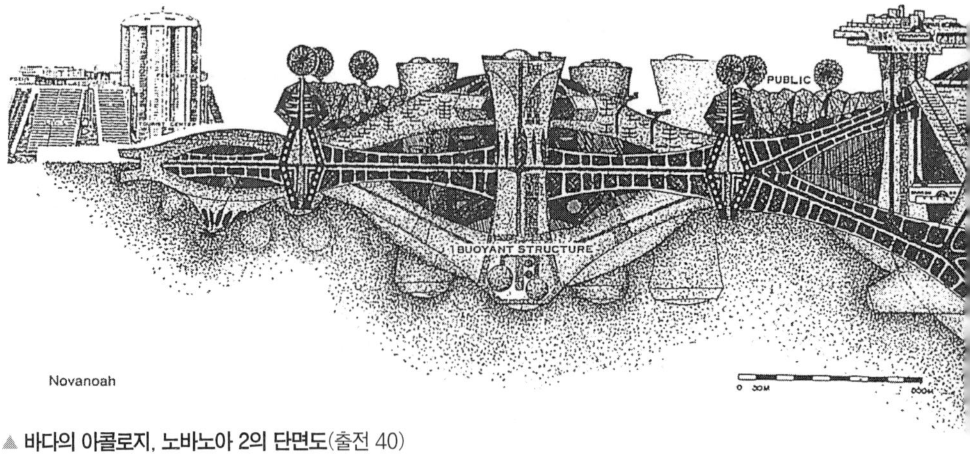

▲ **바다의 아콜로지, 노바노아 2의 단면도**(출전 40)

20) L' Architectura Cronach e Storie로부터 인용

응축화 된 신 자연도시

이 도시의 이름은 아코산티로 부르고 있다. 이탈리아 출신의 솔레리에 의한 명명으로써 이탈리아어로 형形을 의미하는 "코사"와 앞을 의미하는 "안테"라는 이름의 합성어이다. 형으로 나타내지기까지의 과정프로세스이라고 하는 이 미래 실험도시의 성격을 말해주고 있다. 아코산티는 미래도시의 실험이라고 그는 말한다. 이것이 신 자연도시이다.

또한 그의 많은 드로잉으로부터 알 수 있듯이 "평화를 위한 공간space for Peace" 프로그램 속에서 지구궤도를 돌며 우주를 떠다니거나, 또한 해양을 부유하는 도시 등도 제안하고 있다.

노바노아로 불리고 있는 바다의 아콜로지는 해양을 떠다니며 거주자는 최신의 기술을 사용하여 해양자원과 더불어 살아간다. 솔레리는 이와 같은 공간에 상상력 풍부한 이름을 붙이고 있다.

.... 노바노아 – 바다의 아콜로지

.... 에스텔로모 – 우주의 아콜로지

.... 바라디가 댐으로서 기능하는 도시

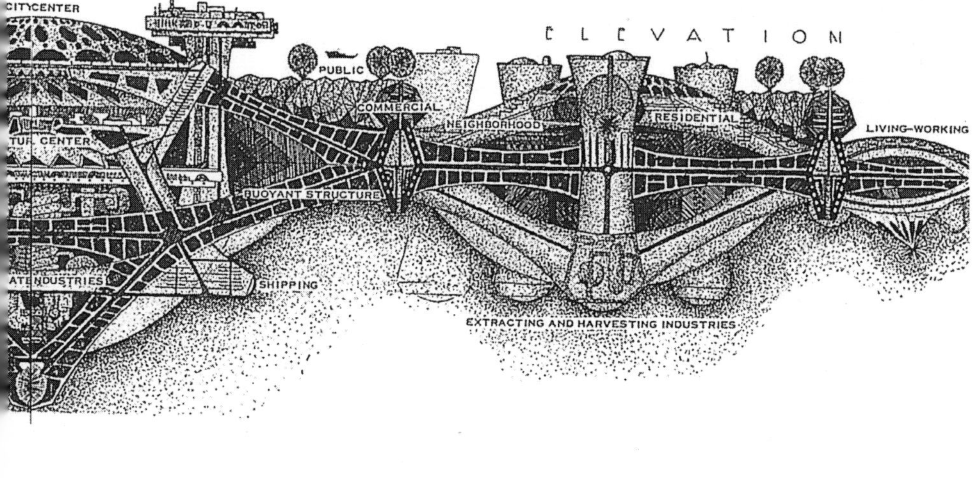

각각의 아콜로지는 각각의 환경에 적합하게 건설되어진다. 이러한 곳에 거주할 수 있는 인구는 1,000명에서부터 100만 명으로 폭이 넓지만 한정된 고밀도 공간 속에서 여유롭게 움직이며 생활을 즐길 수 있다. 그 비밀은 걸을 수 있는 거리 내에 문화적인 여유를 발견할 수 있는 것이 많다는 점으로 말할 수 있다. 이것이 솔레리가 처음부터 주장하고 있었던 점이다.

거대도시의 부정 – 컴팩트 시티

오아시스적 도시인 피닉스시 혹은 아코산티 어느 쪽이 미래의 도시의 모델이 될 것인가?

모더니즘이 달성한 도시는 자원을 낭비하며 거대화에 의해 인간을 소외시켜 왔다. 특히 자동차에 의한 거대도시의 결함을 비판하며 역사적으로 만들어져 온 전통적인 도시를 말살하는 교외화 현상을 그는 철저하게 공격하고 있다. 그가 가지고 있는 중요한 메시지는 그야말로 현대도시에 대한 안티 테제반대명제에 있다.

사막이라는 가혹한 환경을 등에 지고 있는 두 개의 상반된 도시를 보면 그 차이를 잘 알 수 있다. 한쪽은 어메니티가 풍부한 근대 아메리칸 스타일의 전형적인 도시. 오아시스적인 풍부한 녹지가 사람의 손에 의해 번성해가고 있지만 거기에 있는 인간이 창조한 자연에서 정신을 일깨우는 듯한 스피리츄얼spiritual한 것이 느껴지지 않는 것이다.

미국의 전형적인 도시, 자원을 대량 소비하는 구조체가 외부를 향해 커져 가는 유기체는 그 형태가 크다는 것뿐, 구조체로서는 원시적 단계에 지나지 않는다. 이탈리아에서 태어난 솔레리에게는 이 커다란 도시가 아무래도 이질적인 괴물로 비춰졌음에 틀림없다. 내부에 무엇인가 정신성을 가지지 못하고 외부를 향해 거대화해 가는 물체를 생물로 이야기한다면 대단히 하등한 위치에 있는 생물로 말하고 싶다는 것이다.

이와 같은 도시가 고도의 유기체가 되기 위해서는 솔레리가 말한 바와 같

▲ 컴퓨터 그래픽으로 미래도시를 비춰보는 다무라씨

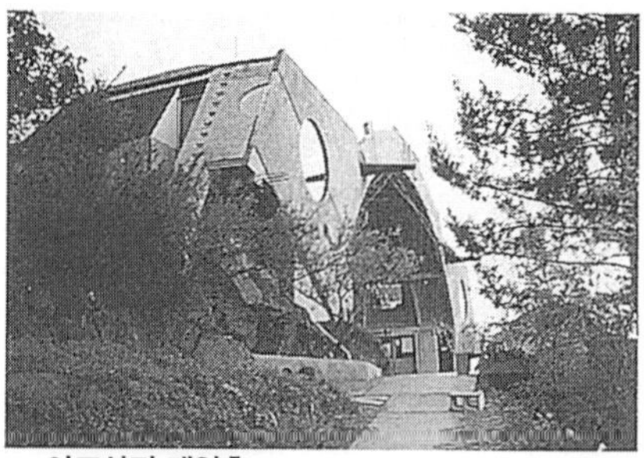

▲ 아코산티 메인홀

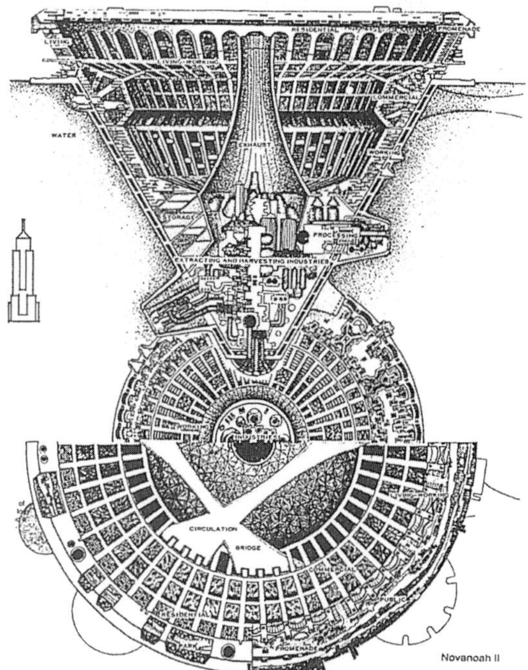

▲ 바다의 아콜로지, 노바노아2의 단면도(출전 40)

▲ 아코산티의 건설자금과 생활비를 충당하기 위해 주물 종을 제작 판매한다

▲ 아코산티에 건설예정인 건물 모형

▲ **모형을 설명하는 다무라씨** / 우측 끝은 아콜로지, 아에스테로모의 모형, 가운데는 아코산티에 건설예정인 건물의 모형

이 "복합화, 응축화, 지속성"이라는 진화과정이 요구된다. 구조체가 외부에서가 아니라 내부를 향해 충실해 가는 것이다. 이것이 그가 이상도시에서 그리고 있는 여러 가지 스케치에서 보여지는 여러 모습들이다.

나는 이러한 도시를 콤팩트 시티라 불러도 좋을 것이라 생각하고 있다. 이 콤팩트 시티가 주변 환경을 구원할 수가 있을 것이다. 아리조나 사막의 아코산티는 부지에 대한 거주구의 역할이 2%이다. 이것이 그 점을 보여주고 있다는 것이 그의 주장이다.

도시개혁을 말하는 국제적 회의

그 후로부터 15년을 거친 1992년 이미 1970년 건설 당초로부터 22년의 세월이 경과한 아코산티에 두 번째 방문을 할 기회를 얻게 되었다.

최초 방문할 때와 같은 들뜬 기분은 없었지만 그때부터 얼마 만큼의 진전이 있었는가가 흥미로웠다. 그러나 실제로 이 20년간에는 그야말로 조금씩 밖에는 진전되지 않았다. 거의 15년 전과 같은 상황이었다. 오히려 조금은 황폐해져 가고 있는 듯한 느낌도 있었다.

마침 솔레리씨가 없었기 때문에 그 대신 그에게 가장 신뢰를 받고 있는 디렉터가 이 도시의 이념과 성립 등에 대해서 이야기해 주었다. 그는 다무라田村 도미야키라는 일본인이며, 이미 10여 년부터 솔레리의 이상을 실현해 가기 위해 일하고 있었다. 15년 전과 다른 점은 두 가지가 있었다. 하나는 현재 아코산티에 증축되어야 할 미래도시의 모형이 늘어났다는 점이다. 또 한 가지는 다무라씨가 아틀리에에 안내해 주었을 때 보여준 컴퓨터 그래픽에 의한 미래도시의 아코산티의 실현이었다.

미래도시의 실험에서는 방대한 건설자금이 필요하게 된다. 지금까지는 수작업으로 실제 미래도시에 도전해 왔지만 더 나아가 필요한 건설의 지속을 위해서는 끝을 알 수 없다. 시간과 에너지 면에서 보면 솔레리에게 그 완성은 2차적이어도 좋을 것이라고까지 생각되었다. 오히려 그는 장대한 프리젠테이션을 통해 거대도시를 컴팩트한 도시로 개혁하기 위한 이론적 전개와 그

테크놀로지의 필요성을 호소하고 싶었던 것으로 느껴졌다.

사실 장대한 모형에서 나타나는 도시의 예상되는 완성 모습에서 보면 현재 눈앞에 있는 도시는 불과 3%에 지나지 않는다. 1970년 스타트할 때 약 20년 정도 걸쳐 전체의 약 3%라고 하는 것은 그 호흡의 길이에 먼저 놀라게 된다. 완성을 이러한 속도로 생각하고 있다면, 100년 혹은 200년이라는 시간이 더 필요하다. 오히려 현재 활동하고 있는 다무라씨는 담담하게도 이 오랜 시간에 도전하려는 데 부담을 가지는 표정은 없었다.

솔레리 자신이 말한 바와 같이 이 도시는 도시실험 연구실urban laboratory이었다. 누가 와서 일을 해도 좋고 게스트로서 숙박을 하면서 미래도시를 단기간 체험하기 위해 참가해도 좋다. 이 미래도시에 흥미를 가지는 사람에게는 누구라도 환영하는 것이다. 그리고 20년을 경과한 아코산티는 세계의 미래도시 테크놀로지를 이야기하는 국제적 회의 혹은 살롱이 될 수 있지 않을까 생각된다.

▲ 아코산티에 세워질 예정인 건물 모형

▲ 메인홀로부터 보이는 계곡의 풍경

▲ 야외극장에서 1989년 개최된 국제회의 전경

세계의 저명한 철학자, 평론가, 예술가들이 모여 「역사와 정신」을 주제로 토론을 진행하였다.(출전 40)

04 폐쇄계 인간 · 생물시스템에의 도전

바이오스피어2[21)]

또 하나의 실험

이 사막 환경 속에서 파올로 솔레리보다 약 20년 늦게, 거의 같은 생각을 가진 대규모의 근대적인 연구실험실이 탄생하였다. 바이오스피어2Biosphere2가 그것이다.

아코산티의 남쪽 피닉스와 가까운 투산Tucson으로 부터 약 2시간 정도, 기둥선인장이 자라고 있는 광대한 사막을 자동차로 달리면 기복있는 지형 저너머에 있는 커다란 유리 돔이 보이기 시작한다. 이 돔이 바이오스피어2이다. 미니지구 혹은 현대의 '노아의 방주'라고 불리고 있다.

아리조나 사막에 건설된 바이오스피어 2(미니지구) 원경

열대림으로부터 해양, 농경지 그리고 도시에 이르기까지 지구의 전 기능을 집어넣은 제 2의 생물권을 만들어놓은 실험시설이다. 이 안에는 1991년 9월부터 남녀 네 명씩 합계 8명의 서로 다른 전문분야의 생물학자가 입주하여 안전한 자급자족 생활을 하는 프로그램이 이루어지고 있다. 이 장대한 실험에 소요되는 3,000만$의 자금을 텍사스의 석유 대부호인 에드워드 바스가

21) www.bio2.com

제공하였다. 미 항공우주국NASA, 스미소니언 연구소, 뉴욕 식물원, 아리조나 대학 등 전미의 연구기관이 지원, 협력하고 있다. 이 부분의 실험 중심인물은 벤처 기업 SBV의 대표이자 생태학자인 존 알렌이다. 이외에 사업을 추진해온 것은 바이오스피어2 속에 들어간 8명 중 한 사람인 마크 넬슨과 환경설계가인 마가렛 오거스틴이다. 이는 순수한 과학실험이라기 보다는 극히 실천적인 응용을 목표로 하고 나아가 환경에 관련된 소프트웨어 개발 등으로 비지니스 전개를 의도하고 있다. 그러나 실현의 꿈은 뭐라고 해도 미래의 우주 기지에서의 미니지구 건설에 있어 인간생활을 위한 생태계의 성립 여부이다. 그 외의 공기, 물의 순환기술, 지구온난화의 원인이 되고 있는 이산화탄소의 증가를 억제하기 위해 지침이 되는 데이터의 작성, 유기농법에 의해 수확률이 높은 농업기술개발에 의한 실험성과에 기대하고 있다.

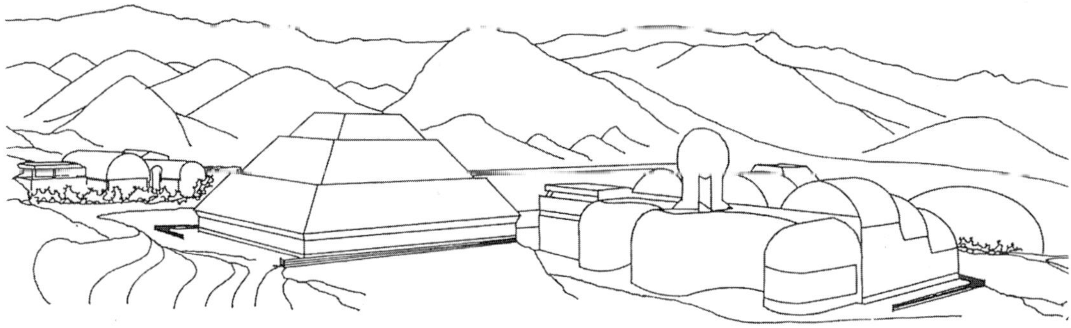

▲ **전경** / 이 속에서 8인의 연구자와 3,800종의 동식물이 하나의 폐쇄된 생물권을 구성하고 있다. 피라미드에는 열대우림과 거기에 이어지는 거대한 온실은 해양과 사막구역이 있다. 전경은 8인의 연구자의 거주구역.

◀ **열대우림이 있는 피라미드**

동경에서의 만남

이 방대한 미니지구의 건설 도중인 1989년 이 실험성과의 사업적 전개와 세미나를 위해 일본에 온 알렌씨와 그의 팀 일행을 동경에서 만날 기회가 있었다. 이 프로젝트의 고문역인 고야마 데츠오小鐵山夫 뉴욕 식물원 교수도 동행하였다. 고야마 교수는 그 다음 해 1990년 오사카에서 개최된 "국제 꽃과 녹의 박람회"에서도 고문을 맡게 되었다. 알렌씨의 비즈니스 전개의 하나는 "국제 꽃과 녹의 박람회"에서의 세일즈 프로모션 활동이었다. 이미 일본의 어느 기업이 바이오스피어2의 컴팩트판을 알렌씨의 기술을 활용하여 회장에 전시하고자 계획하고 있었다. 나는 이때 일본의 일본판 미니지구에 기용되게 되었는데 아쉽게도 실행 자체는 옮겨지지 못하게 되었다. 이 파빌리온에서는 두 사람의 저널리스트와 연구자가 반년에 걸쳐 거주하는 것이 계획되어 있어서 실행되었다면 아리조나보다 앞서 일본에서 화제가 되었을 것이다. 아쉽게도….

이때 알렌씨와 일행으로부터 받은 팸플릿에는 재미있는 내용이 있었다. 텍사스주 휴스턴시의 번화가에 있는 캐러반이라는 이름의 다목적 극장의 홍보자료였다. 나이트클럽, 극장, 영화관 등이 하나의 건물에 일체화되어 있는 것이었는데 100년 이상된 역사적인 건축물이면서 이채로움을 띄고 있었던 것이 3층 건물의 옥상에 있는 50피트의 지오딕 사막의 돔이었다. 이 돔 안에는 350종류의 사보텐 등 다육식물이 수집되어 식재되고 돔의 주변에는 인공동굴, 정원과 더불어 바나 카페 등의 코너로 사용되면서 이 다목적 극장의 어트랙션이 되고 있었다. 알렌씨의 비즈니스의 하나가 이러한 상업시설에 있어서 식물원적 공간을 개발하는 것이었다. 이러한 수요가 미국의 상업시설에서 상당히 늘어나고 있다는 설명도 있었으며 돔에 의한 이러한 식물원의 기술은 이미 미국에서는 일상화되고 있다고 한다. 따라서 이 정도 큰 유리 돔은 일본에서는 모험이었다고 해도 그들에게 있어서는 자신을 가진 기술로 증명되어진 실현이었음을 이러한 팸플릿을 통해 알 수 있다.

패쇄계 인간 · 생물 시스템의 도전

바이오스피어2는 외계와 완전히 차단된 지구이다. 이 속에는 8명의 연구자가 거주하며 양과 같은 포유류에서부터 새나 쥐, 도마뱀 등이 살고, 강에는 틸라피아 등에 이르기까지 거의 약 600종류의 동물들이 서식하며 이것들을 지지하는 식물들이 번성하고 있다.

인류는 녹의 기생충이라는 별명으로 불릴 정도로 식물이 없이는 살 수 없는 동물이다. 식물도, 산소도, 먹는 것도 모두 식물이 만들어낸 것이다. 우리들이 먹는 물고기와 육식동물도 식물을 간접적으로 먹고 있는 것에 지나지 않는다. 이 폐쇄된 제 2의 지구에는 8명의 인간이 2년간 외계로부터 일체 먹을 것과 공기를 공급받지 않고 생존할 수 있는 인간 생물 시스템이 구축되어 있다. 이곳에서는 8명의 사람과 600종의 동물이 뿜어내는 이산화탄소를 식물이 호흡하여 산소를 방출하고 그것을 인간을 포함한 동물이 호흡하는 밸런스가 이루어진 안정된 순환계가 유지된다. 이 순환계에 8명의 연구자를 먹여 살릴 수 있는 1,800 평방미터의 농장과 그들이 거주하는 지구가 포함되어 있으며, 인간존재와 미니지구라고 불리는 생물권이 균형을 유지하고 있는 것이다. 특히 농장에서는 쌀, 야채, 과일, 커피 등을 재배하며 닭이나 염소를 사육하여 자급자족 상태를 유지한다. 인간의 배설물도 모두 이곳 미니지구 속에서 비료와

▲ 농업 지구

▲ 농업생산 구역을 덮고 있는 지붕
태양광선을 최대한 받아들일 수 있도록 원형으로 설계되어 있다.

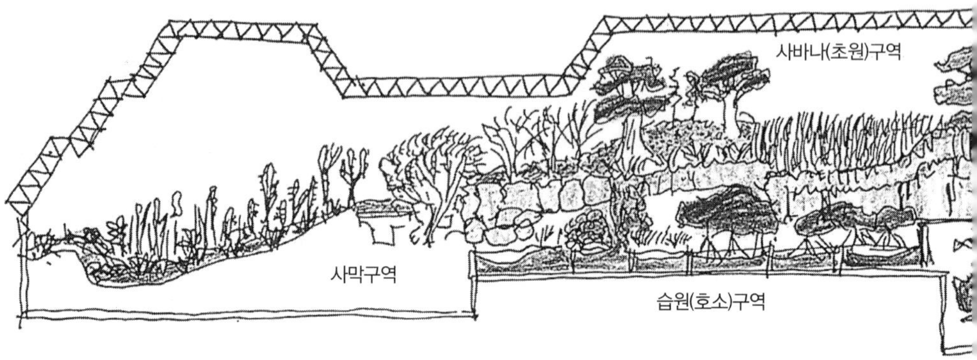

▲ 5개의 자연생태 구역

- 열대우림 : 남아메리카, 아마존의 식생을 모델로 만들어졌다. 15m의 성토상에 아마존 특유의 운무림 雲霧林에는 이끼류와 삼나무 등과 식충식물 등이 식재되어 있다. 이 삼림에는 300종 이상의 식물이 무성하며 연구자들은 코코아, 바닐라, 커피, 약초 등을 수확하여 로프나 바구니 등을 만들기 위한 섬유나 약품 등도 얻을 수 있다.
- 사바나 구역 : 남미와 아프리카, 호주에서 자라는 아카시아, 무화과나무, 감나무 등 집이나 둥지를 지을 수 있는 수림을 만들고 소형의 원숭이나 물총새, 박쥐 등의 서식지가 되도록 하고 있다.
- 습원 구역 : 플로리다의 넓은 저습지대로부터 이식된 다양한 식물군락이 서식하고 있다. 이곳은 곤충, 양서류, 거북이, 게 등 다양한 수생 소동물이 서식하고 있다. 바닷물과 담수 2종류의 호수가 있고 맹그로브 생태계가 해양 구역과 연결되어 있다.
- 해양 구역 : 카리브해의 산호초를 모델로 만들어졌다. 수심 10m의 깊은 암초에는 산호, 불가사리, 열대어 등 1000종의 동식물이 생육하고 있다. 얕은 바다에는 염생식물과 게 등 해안 생태계가 형성되고 있다. 이곳은 파도가 인공적으로 만들어지고 있는데, 바닷물에 산소를 넣어 영양분을 유지하도록 하는데 목적을 두고 있다.
- 사막 구역 : Baja California의 해안과 흡사한, 안개가 발생하는 사막지대를 모델로 하여 만들어졌다. 높은 습도와 다우에 적응해온 다양한 동식물이 사막내의 소하천과 작은 둠벙 등을 중심으로 서식한다.

물고기 사료로 이용되며 외계로 방출되는 일이 없다. 그들은 인간을 포함한 자연 생태계가 하나의 안정된 순환계를 구축할 수 있는 기간으로 볼 수 있는 2년간은 병에 걸린다든지, 죽는다든지 하는 일 이외에 사적인 일로 이 돔으로부터 나오는 것이 허용되지 않았다. 결국 미니지구라는 「폐쇄 생태계」 모델이 실험조건이 되고 있기 때문이다.

전체 구성은 다섯 개의 자연 생태계 구역과 농업생산 구역, 과학자 8인이

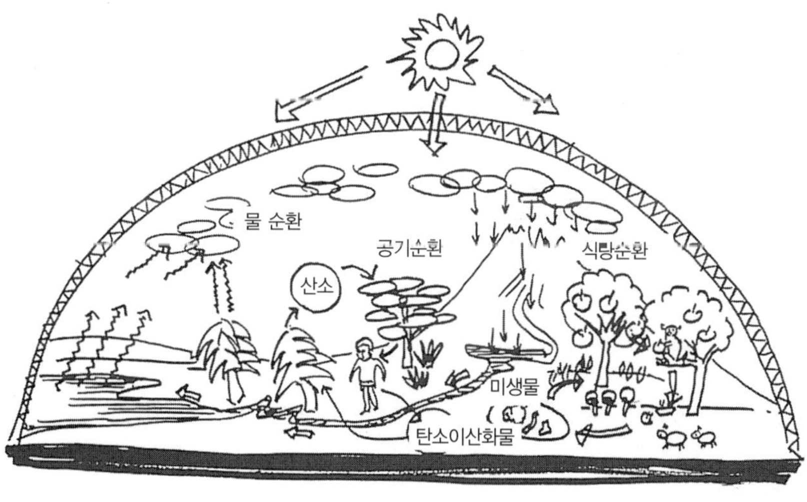

◀ **바이오스피어2의 개념도**
폐쇄된 환경에서의 물질순환. 이 속에서 물, 공기, 식량이 리사이클된다. 동식물, 인간은 에코시스템의 일부역할을 가지며, 물질은 몇 회이건 사용된다. (Imagine a Biosphere, The Miniature World of Biosphere2를 참고로 하여 저자 작성)

거주하는 거주 구역의 두 지구로 이루어진다.

5개의 자연생태계 구역은 15미터 성토로 만들어진 열대우림, 바다(얕은 바다와 수심 10미터의 심해), 습원(바닷물의 호수, 담수의 호수), 사바나, 사막 등이다. 농장은 과학자의 식량을 위한 거주 구역(해비터트)에서는 아파트, 연구실, 도서실, 회의실이 있다.

▲ 연구자의 거주 구역

건축은 철재와 유리로 덮여 있으며 길이 180m, 폭 25m이다. 전체 용적은 약 14만m^3이며 인공강우 장치, 파도를 일으키는 장치 등이 있다.

렁lung 폐이라고 불리 우는 두 개의 돔 형태의 건물이 있어서 이를 이용하여 바이오스피어2 내부의 공기압력을 조절한다. 사막의 기후는 낮에는 온도가 높고 반대로 밤에 온도가 급격하게 저하한다. 바이오스피어2 내부의 공기는 이에 의해 팽창 수축한다. 이를 렁이 조절하는 것이다. 다만 물과 대기의 순환, 여름의 에어콘 가동을 위한 동력은 외부 에너지에 의존하고 있다. 지구도 태양이라는 지구 외부의 에너지에 의존하고 있는 것과 마찬가지로 이 점도 지구와 닮아 있다. 그러나 필요한 전력의 95%를 천연가스로, 나머지 5%를 디젤유로부터 얻고 있다.

바이오스피어의 구상, 그 독창성

폐쇄계 생태계를 만드는 실험은 지금도 미국의 NASA나 구 소비에트 연방에서는, 미래의 우주개발에서 우주에 장기 거주할 수 있는 가능성 연구의 일환으로 계속되어 온 것이다. 특히 소련에서는 지구를 돌고 있는 우주선 안에서 밀이나 야채를 재배하는데 성공한 적이 있다. 그러나 이러한 바이오스피어2의 원점이기도 한 바이오스피어1(지구)에 대해, 이를 생물권으로 인식하게 된 것은 그리 오래된 일이 아니다.

지구를 생물권이라는 말로 표현하기 시작한 것은 러시아의 지구 화학자인 블라디미르 바에르 나르도프스키(1863 ~ 1945)였다. 1926년 생물권이라는 저서를 내었고 그 안에서 생물 생명에 의해 제어되는 글로벌 에코시스템(지구 생태계)의 존재에 관해서 언급한 것이 시초이다.

▲ **해양구역 수심 10m의 암초** / 수면으로 불쑥 솟아 오른듯한 절벽 위에는 열대우림이 무성하다.

바에르 나르도프스키는 우리들이 거주하는 환경을, 우리를 둘러 싼 자연이라고 표현하고 있다. 그는 다음 문장과 같이 지구가 생물권으로 표현된 혹성이라고 생생하게 말하고 있다. "무한의 우주공간 먼 곳에서 본 지구의 표면은 다른 어떤 천체와는 달리 독특한 모습을 한 것처럼 보인다. 우리들 혹성의 표면 생물권은 지구를 그 주위의 우주로부터 격리시키고 있다. 지구의 표면은 특히 태양으로부터 빛을 받아들일 때 눈에 보이게 된다. 그러한 광선의 영향을 받으며, 식물은 그 신체 내부를 제외한 다른 어떠한 환경에서도 불안정한 화학물질을 생산한다. 전체 생물계는 직접적인 긴밀한 결합에 의해 이 그린매스와 연결되어 있다.

그런 점에서 우리는 완전한 형태의 생물을 태양광 에너지 축척 및 변환을 위한 독특한 영역으로 생각할 수 있다. 결과적으로 전체 생물보다 더 강력한 것은 지구상에서 존재하지 않는다. 혹시 생물이 전멸하면 안정된 화학 평형 즉, 화학적 평온이 확립될 것이다. 생물이 없으면 지구의 표면은 달의 표면과 같이 조용하고 불활성화 될 것이다. 따라서 생물은 이 혹성의 표면에 화학적 안정성을 막는 강력하며 지속적인 효과를 발휘한다. 그 색과 형태, 동식물과 문명의 창조성과 조합에 의해 생물은 우리들의 자연환경의 전체상을 만들어 낼뿐 아니라 지구의 지각 내에서 보다 깊고 보다 웅장한 과정에 이르기까지 침입하게 된 것이다."[22]

우리들이 알게 모르게 일상에서 보는 자연의 풍경, 예를 들면 수림, 산, 강, 구름, 바람, 비 등의 현상은 생물권이라는 개념이 없다면 존재할 수 없음을 이해할 수 있다. 이러한 기초적인 지구 생물권 인식의 바탕 위에서 바이오스피어2는 만들어진 것이다.

기대되는 많은 성과

실험에서는 어떤 점이 예상되었을까? 자연의 재생산 시스템 실험이라는 점에서 농약을 살포하는 것은 생각할 수도 없을 것이며 농약은 거주자나 생물에게 악영향을 가져오게 될 것이다. 생태계의 밸런스를 무너트리는 해충 구제를 위해 무당벌레 등의 천적을 도입하거나 해충을 불러 모으는 매리골드 등으로써 생태계 유지를 도모하게 된다. 농장에서 얻어지는 식량으로는 8명 식량이 충분하였을까? 식물의 탄소동화 작용만으로 산소의 과잉, 이산화탄소의 부족 혹은 그 반대의 상황이 만들어지지는 않을까? 이러한 문제가 일어났을 때 어떠한 대책을 강구할 것인가? 생물 간의 경쟁이 가져 온 결과 제한 된 생물자원은 더욱 단조롭게 되어가지 않을까? 등등의 생물계와 인간계의 문제로부터 거주자의 인간관계, 심리상황 등의 문제도 있다.

바이오스피어2 실험이 주목되고 있는 배경은 여러 가지이다. 먼저 생각할 수 있는 것은 우주로 인류가 나가야 할 우주개발의 모델이 된다는 것이

22) John Allen, Biosphere2로부터 인용

다. 또 이 실험은 인간이 살아가기 힘든 지역에서의 장기 거주 가능성을 열게 된다. 예를 들면 북극권의 극한환경에서의 석유개발이 그 예이다. 또한 유럽에서는 핵전쟁으로 방사능에 오염된 환경을 상정하여 서바이벌 쉘터로서 신중하게 이와 같은 시설을 검토하고 있다고도 한다. 마치 현대판 노아의 방주와 같다.

지구 생태계의 변화가 읽혀지며 환경의 보전과 위기에 처한 생물을 지키는 방법을 관찰할 수 있고 산소나 탄소의 공기 중 농도변화로부터 지구온난화 방지수단을 강구하는 것도 기대할 수 있다.

◀ **테스트 모듈을 뒤로 하고 설명하는 인스트럭더** 바이오스피어2가 실제로 건실되기 진이 테스트모듈에서 동식물을 재배하고 사육하면서 본격적인 실험의 틀을 만들었다.

생물로서의 인간의 부활

그러나 바이오스피어2를 통해 언급할 수 있는 가장 중요한 점은 21세기 인간이 자연에 대해 어떠한 관계를 가져야 할 것인가라는 과제에 엄연히 도전하고 있다는 것이다. 자연 순환계 속에서 현대문명의 쾌적성과 편리성을 알고 있는 인간이 어떻게 그 안에 포함될 것인가? 리사이클, 대사계 등 금후 21세기를 향하여 인간이 한정된 지구자원 내에서 진정 풍부한 생활환경을 창조한다는 커다란 테마와 의의를 가지고 있다. 그리고 바이오스피어2가 현대판 노아의 방주로 불리는 것처럼 3,800종의 생물 생태계와 순환계의 폐쇄

시스템 속에 살고 있는 8명의 사람들이 살아가는 모습을 통해 인간이 다시금 「생물의 일원」이라는 점을 재인식 시키고 있다는 점도 큰 의의이다.

인간은 지금까지 문명으로서의 인간의 모습을 가지고 있었다. 편리성, 쾌적성이 그것이다. 이것을 지나치게 추구된 결과, 우리들은 인간 동물권이라는 우리 안에서 길러져 왔으며 사육되어 왔는지도 모른다. 우리들은 문명이라는 환경 속에서 자신을 가축화하여 살고 있다. 먹이는 어느 곳으로든, 어떻게든 주어진다. 배설물과 쓰레기는 어느 사이엔가 누군가의 손에 의해 처리되고 있다. 이러한 가운데 폐쇄계 인간, 생물 시스템에서 살고 있다는 실험은 인간을 문명적 관점으로부터 뿐만 아니라 생물적 관점으로부터 본다는 커다란 패러다임을 제시하고 있는 것이다. 생물적 관점으로부터 도시와 지구를 보는 눈을 우리들에게 가르쳐주고 있는 것이다. 하나의 민간 기업이 미지에의 도전을 이 정도 규모와 내용으로 실현시키고 있다는 사실에 박수를 보내야 할 것이다.

05 우주와 대지를 묶는 도시

신 우메다 시티

자연의 순환이 보이지 않게 되었다

수도꼭지를 튼다. 물이 세차게 나온다. 일상생활에서는 이처럼 간단히 물을 소비하고 있다. 그러나 이 물이 어느 곳에서 오고 사용된 물은 어느 곳으로 흘러가는지에 관해 하나하나 세밀한 것까지는 알려고 하지 않는다. 일상생활에서는 수도꼭지나 배수구 사이에 있는 물밖에 보지 않는다. 오수나 하수가 어느 곳으로 가는지 일반사람들의 관심은 희박하다.

▲ **기본계획안 모형** / 위로부터 공중정원, 그 발 아래에는 중자연中自然 의 숲이 있다.

한 때 도로기 좁고 떨어질 위험이 있으며 물이 더럽고 악취가 난다 등의 이유에서 도시의 많은 소하천이 복개되고 지하화 되었다. 그 위는 주차장이나 도로로 바뀌었다. 저수지 등도 모습을 감추었다. 제 2의 자연 · 인간계의 시대에서 물의 흐름은 일상의 풍경 속에 있었다. 도시에서의 물은 특히 중요하였기 때문에 물을 소중히 하고자 하는 마음이 자연적으로 길러졌다. 오수나 하수도

도시 근교농업의 비료로써 사용되고 도시와 농촌은 자연의 리사이클 바퀴 속에 있었다.

그러나 제 3의 자연정복 시대가 되자 편의성과 쾌적성이라는 이유에서 물의 이와 같은 순환풍경은 자취를 감추었다. 물이라고 하면 수도꼭지 밖에 이미지를 떠오르지 않을 정도로 일상의 시선으로부터 물의 풍경이 멀어지게 된 것이다.

이와 같은 경향은 다른 현상으로도 일어나고 있다. 대부분의 초등학교, 중등학교에서는 위험하다는 이유에서 그 마을을 관통하는 하천에서의 수영을 금하고 있는 경우가 많다. 대신 학교에는 멋진 수영장이 만들어진다. 일본의 큰 하천의 하류유역은 대부분 천정천이어서 유역에 거주하는 사람들은 일상생활을 제방 밑에서 지내게 되며 커다란 하천이 가까운 곳에서 흐름에도 불구하고 일부러가 아닌 한 일상풍경으로서 그 하천을 볼 기회가 없다.

도시의 풍경으로부터 자연계의 물질순환이 보이지 않게 된 것이다. 생태계의 시스템도 이해할 수 없게 되었다. 마찬가지로 도시 속에서 생산-소비의 물질의 흐름 · 대사 시스템도 알 수 없게 된 것이다.

초고층 건축군 속의 신들의 부활

물이 흐르고 있는 모습을 일상풍경 속에서 볼 수 있다는 점은 단지 생태계나 자연의 순환시스템을 이해할 수 있다는 것뿐만이 아니다. 물의 흐름을 통해 여러 가지 감성과 문화가 길러줄 수 있음을 놓쳐서는 안된다. 예를 들면 옛날에는 가까운 곳의 작은 하천에서 연등을 띄우거나 조각배 띄우기 행사가 어느 곳에서나 있었다. 이러한 연중 행사는 물이 흘러가는 것을 통해 그 물의 원류가 되는 산과 하류의 바다에 대한 생각을 일으키게 하는 것이었다. 흐름이란 인간의 마음을 맑게 하여 조상의 정령과의 만남을 가능하게 해 주는 것이다.

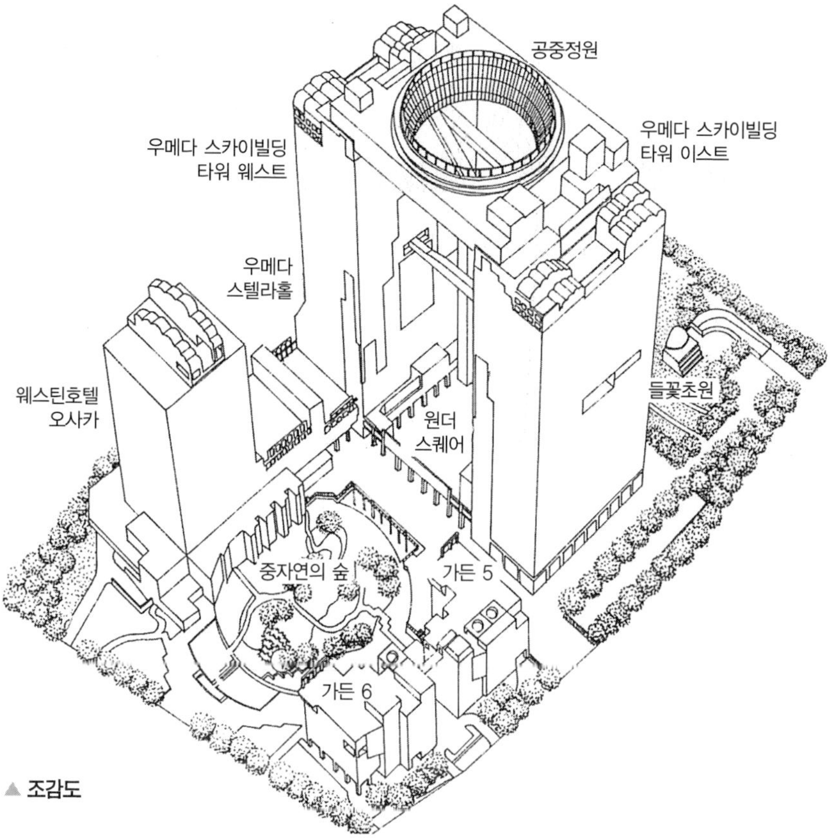
공중정원
우메다 스카이빌딩
타워 웨스트
우메다 스카이빌딩
타워 이스트
우메다
스텔라홀
웨스틴호텔
오사카
들꽃초원
원더
스퀘어
중자연의 숲
가든 5
가든 6

▲ 조감도

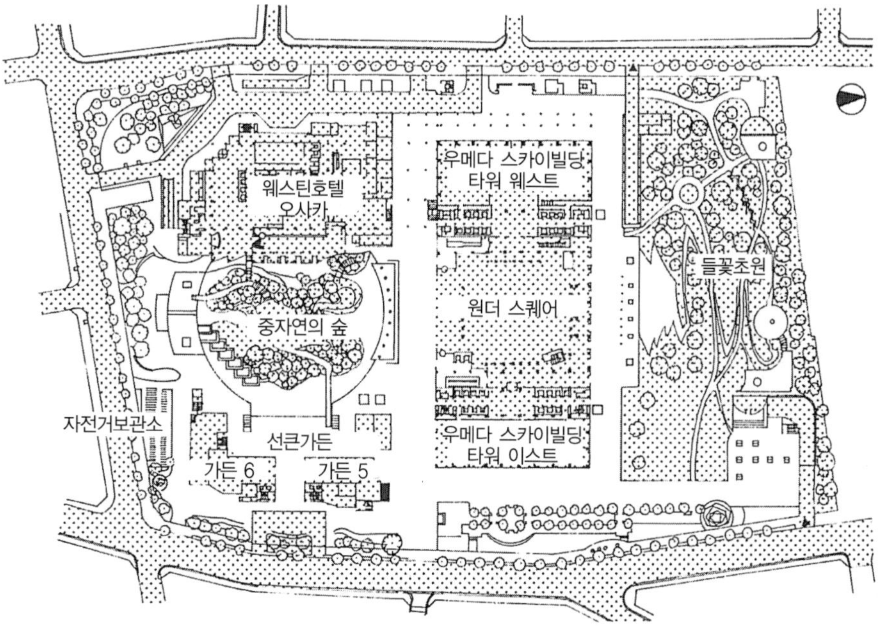
우메다 스카이빌딩
타워 웨스트
웨스틴호텔
오사카
들꽃초원
원더 스퀘어
중자연의 숲
자전거보관소
선큰가든
우메다 스카이빌딩
타워 이스트
가든 6
가든 5

▲ 평면도

우리들은 자연의 이러한 풍경 속에 여러 가지 감성을 찾는 능력을 가지고 있다. 예를 들면 산에 가서 커다란 수목과 만난다…, 혹은 하나의 뿌리로부터 새 가지로 바뀌는 수목을 본다…, 그렇게 함으로써 이러한 수목에 무엇인가 자연의 불가사의한 힘을 읽어 들이게 되는 것이다. 이것이 삼나무나 느티나무의 인공의 수림이라고 하면 이 수목으로부터 느껴지는 자연의 힘은 적을 것이다. 근래 도시에는 많은 공원이 만들어지기도 하며 가로수도 식재되지만 이러한 수목으로부터 자연이 갖는 힘을 느끼는 일은 적다. 같은 자연소재이면서도 이렇게 다르다. "도시에 녹지를!" 이라는 말들이 범람하고 있지만 자연은 그 시스템과 더불어 그 본래 가지고 있는 힘을 발휘해주는 조건이 없다면 생명체로 취급되지 않게 되는 것이다. 그것은 단지 물체로서의 자연에 지나지 않게 된다.

바꿔 말하면 자연이 순환하는 모습에는 인간이 자연에 대해 가지는 감성을 불러일으키는 힘이 있다. 이것을 코스몰로지cosmology의 자연이라고 부르기로 한다. 이 코스몰로지의 자연을 우리들의 일상도시 풍경 속에서 살려낼 수는 있다. 그러나 결코 분재나 테라리움, 고산수枯山水 정원, 전정된 가로수에서와 같이 축소되거나 추상화되고 왜소화된 자연에서는 그러한 힘이 존재하지 않는다. 그 자연은 현대의 거대 도시공간에 대응하며 그 속에서 구조화 되는 내용을 가지는 것이 아니면 안된다. 인간의 감성을 움직이게 하는데 필요한 것은 충분한 다이나미즘을 갖는 자연이다. 그 자연은 물의 순환, 생물의 서식 등이 우리들이 살아가고 있는 이 대지 그리고 먼 우주로부터 실려 온 생명과의 관계에서 도시 속의 시각구조로 나타나는 것이지 않으면 안된다. 일상의 시선(풍경) 속에서도 우주와 대지와 생명의 관계가 보인다. 이것이 신 우메다 시티의 도시건설 이념이다. 이러한 관점으로부터 다음과 같이 3개의 자연 이야기를 신 우메다 시티에 구조적으로 집어넣게 되었다.

① 물의 순환 – 우주와의 관련으로서의 자연

② 현대의 비보 숲 – 생태계로서의 자연의 부활, 중자연의 숲

③ 대지의 연출 – 들꽃과 애니미즘적 세계

그리고 이 3가지의 스토리에 포함되는 자연이야말로 현대인이 말살하였고 우리들의 시야로부터 사라진 현대의 신들이며, 이 신들을 새로운 거리 속에 부활하고자 시도하는 것이 신 우메다 시티 건설이념이다.

3개의 원과 2개의 축

신 우메다 시티를 구조화하기 위해서 전혀 다른 요소를 가지는 3개의 원을 상정하였다. 그리고 이 3개의 원을 연결하기 위한 2개의 축을 설정하였다. 먼저 건축군을 디자인한 하라 히로시原廣司씨가 제안한 지상 170m에 떠있는 공중정원이 만드는 원에 대응하여 우리들은 지상부에 직경 70m의 '중자연의 숲'이라 불리는, 지구를 상정한 원을 설정하였다. 이 공중과 지상의 2개

3개의 원과 2개의 축 ▶

하리 히로시原廣司가 디자인한 연결 초고층건축에 의해, 공중정원과 그 아래의 거대한 아트리움이 출현하였다. 이 2개의 건축구조에 대해 수직과 수편이 2개 축을 설정한다. 수직축은 공중정원을 통해 우주와 지구의 지각을 통하는 우주축이며, 수평축은 지표에 서식하는 생물생명을 상징하는 생명축으로 설정하였다. 지구를 암시하는 원을, 공중정원의 원과 대응시켜 설정한다. 서로 다른 원들이 여러 가지 풍경을 만들어내고, 도시에 코스몰로지 이야기가 탄생하는 무대가 된다.

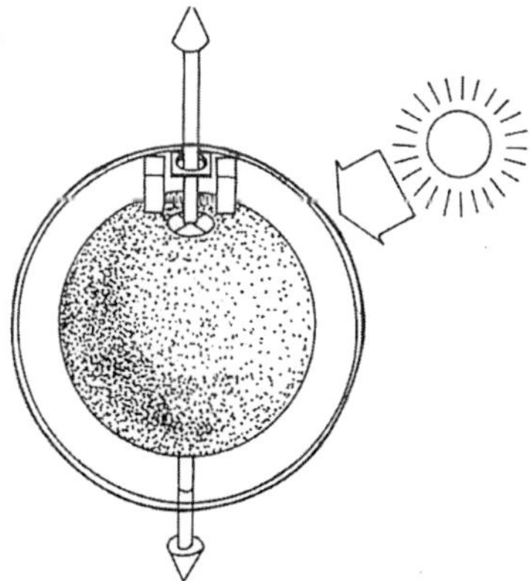

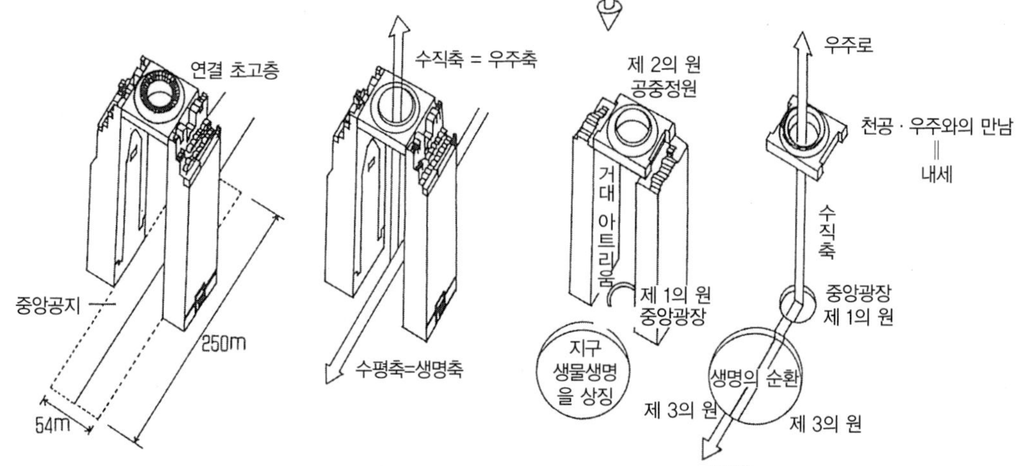

의 원은 연결 초고층에 의해 만들어지는 거대한 아트리움을 관통하는 2개의 서로 다른 수직과 수평의 축을 만들어낸다. 그리고 이 2개의 축이 교차하는 곳에 또 다른 하나의 원을 상정하였다. 이것을 제 1의 원, 공중정원을 제 2의 원, 중자연의 숲을 제 3의 원으로 하였다. 이 2개의 축과 3개의 원이 새로운 거리 신 우메다 시티를 코스몰로지의 도시로 구조화하는 것이다. 즉 2개의 축 중에 수직축은 우주와 지구의 지각을 관통하며, 지구의 지표면을 상징하는 수평축은 불과 수 km에도 미치지 못하는 얇은 땅껍질과 전체 생명을 대표하고 있다. 이 2개의 축에 제 2의 원으로서 우주에의 창구로서 공중정원이 있으며, 제 3의 원으로서 생물생명을 대표하는 중자연의 숲이 있다. 제 3의 원은 이 양자의 융합과 공생을 상징하고 있는 것이다.

환경 인프라스트럭쳐

우리들은 이러한 원과 축을 경관요소로서 방문하는 사람들에게 인상을 주는데 환경계획의 최대 목표를 두었다. 즉, 신 우메다 시티 성립의 기본이념은 우주와 대지의 생명의 존재를 묶고 그 속에 우리들의 도시가 있으며 인간 활동이 이루어지고 있음을 경관 속에 드러내는 것이었다. 이 시각적인 구조를 환경 인프라스트럭쳐라 부르고 있다. 그리고 이것을 실현하기 위해 건축과 조경시설이 있는 것으로 상정하였다. 이러한 건축을 환경창조형 건축군으로 부르고 있다. 이 경우 환경이 건축군 전체를 지배하는 힘을 가지고 있는지 여부가 관건이다. 종래의 도시에 있어서는 골격이라면 도로를 의미하였다. 먼저 길이 나고 그 연도에 가로변 건축물이 만들어지게 된다. 그 예는 라틴 도시에서 전형적으로 볼 수 있다. 파리에서는 개선문이 있으며 그것으로부터 방사상으로 도로가 뻗어져간다. 이 도로의 주변에 정연하게 건축물이 늘어선다. 길을 중심으로 건물의 아름답고도 다이나믹한 파사드가 이어진다. 그야말로 길이 도시의 골격이며 축이 되고 있는 것이다.

제 4시대 자연창조형 사회에 있어서는 길을 대신하여 자연의 순환계, 생명의 가치, 공간이 가는 감성이 건축군과 도시의 골격을 결정하는 축이 되지 않으면 안된다. 종래의 사례에서는 미도스지[23]御堂筋의 은행나무 가로수, 교토에서는 가모가와[24]鴨川, 베니스의 수로, 뉴욕 맨하탄의 센트럴파크와 워터프론트 등에서 보는 바와 같이 자연이 그 도시의 골격 이미지를 만들고 있다고 할 정도로 도시 속에서 읽혀지며 구조화 되고 있다. 이것이 그야말로 환경 인프라스트럭쳐다. 그러나 신 우메다 시티에서는 지금까지의 수평적인 자연의 골조만이 아니라 지상의 중자연의 원과 공중의 정원의 원이 만들어내는 눈에 보이지 않는 수직축과 수평축을 도시의 새로운 골격으로 갖고 있다.

왜 눈에 보이지 않는 축인가? 그 이유는 여기에서 활동하는 사람들과 방문하는 사람들에게 이 2개의 원이 만들어내는 여러 가지 풍경을 즐기도록 하며, 일상적인 시야 내에서 우주, 구름 비, 태양, 달, 별의 움직임, 숲, 소동물의 서식 등을 지각하게 하고자 하는 데 있다.

오늘날 건축과 공원을 만든다고 하는 것은 활동하는 장소, 살아가는 장소와 쉬는 장소를 만든다는 의미만은 아니다. 그러한 시설을 만든다는 것은 자연을 재건하며 창조하는 일이 아니면 안된다고 생각된다. 그리고 그 자연 속에 신들을 다시 불러들이는 것이라고 믿고 있다. 바꿔 말하면 도시건설이라는 고도의 문명을 배경으로 자연과 새로운 신화의 세계를 만드는 것이다. 이것이 신 우메다 시티가 이념으로 하는 도시 만들기이다. 여기에서는 그 내용의 일부인 물의 순환과 숲에 관해서 논한다.

물의 순환이야기

하늘에서 내리는 비. 그것이 대지를 적시고 지상에 무수한 생명을 길러낸다. 거의 모든 생명을 길러내며 몸을 채우는 물. 그 물은 해양, 하천, 공중, 땅속의 물과 마찬가지이다. 물은 생명의 체내를 통과하여 지표를 순환한다. 물은 지구가 생물이 살아가는 혹성임을 상징하고 있다. 우리들은 이것을 물의 순환이야기라고 부르고 있다. 이 물은 우주로부터 운석 속에 포함되어 지구

23) (역주) 오사카의 대표적인 중심상업가로로 보행자 전용의 쇼핑몰과 병행한다.
24) (역주) 교토의 중심부를 흐르는 도시하천으로 수변의 벚나무길로 시민들에게 사랑을 받는다.

로 옮겨져 온 것이라고 추측되고 있다. 물은 하늘로부터 온 선물이라는 말은 실로 많은 것을 말하고 있다. 물의 이야기를 신 우메다 시티 속에 경관요소로 포함시키는 것이 환경 인프라스트럭쳐의 첫 번째 의도이다.

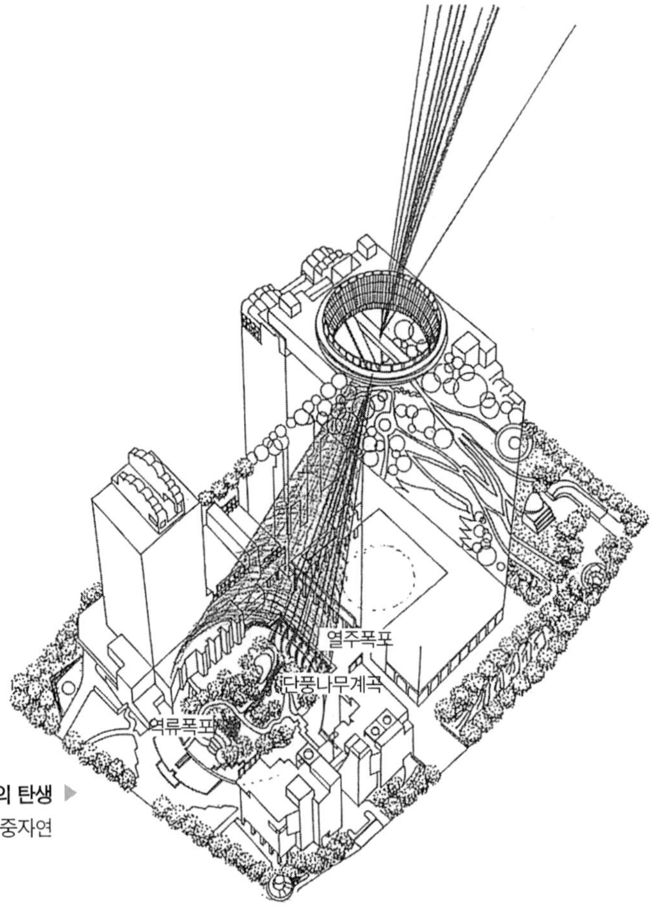

물의 순환이야기 ① 열주폭포의 탄생 ▶
공중정원의 원을 통해 우주의 구도와 중자연의 숲의 생명과의 관계가 만들어진다.

지구의 모습을 한 중자연의 숲의 서클. 이 서클에 우주로부터의 물이 주입된다. 열주폭포라고 불리는 아홉 개의 열주로부터 토해내듯이 흘러내리는 아홉 개의 폭포. 이것이 물이 우주로부터 지구에 옮겨온 것을 표상으로 하고 있다.

9개의 열주폭포는 각각 9개의 석신상 위로 떨어지며 천공의 물이 지상에서 축복으로 받아들여짐을 이야기한다.

공중정원을 배경으로 물을 뿜어내는 열주폭포. 떨어지는 물은 천공으로부터 온다는 것을 나타낸다.

열주폭포는 중자연의 숲의 생명인 수목, 초화, 새, 다람쥐, 물고기, 가재 등을 길러낸다. 어린이들은 초고층빌딩의 아래, 도시의 한 가운데에서 자연과 더불어 놀 수 있으며, 나아가 물의 경관을 통해 지상의 생명이 우주와 대지의 골짜기에 있음을 체험하게 된다.

건물 안쪽에서 보이는 9개의 석신상

▲ **열주폭포와 9개의 석신상** / 하계로부터 우주를 올려다 보이는 공중정원의 원을 배경으로 열주가 선다. 열주로부터 물이 쏟아져 나온다. 이 물은 대기권, 하늘, 구름, 비 등 지상에 떨어지는 모든 물을 상징하고 있다.

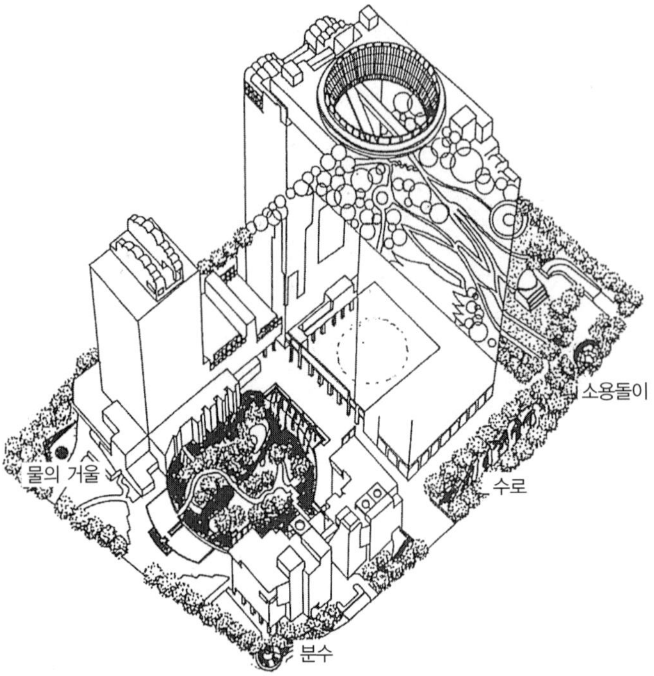

▲ **물의 순환이야기 ② 중자연의 숲** / 물과 녹의 신혹성新惑星을 물이 순환한다. 중자연의 숲을 나와 물의 거울, 분수연못, 그리고 수로와 소용돌이로 이끌려간다.

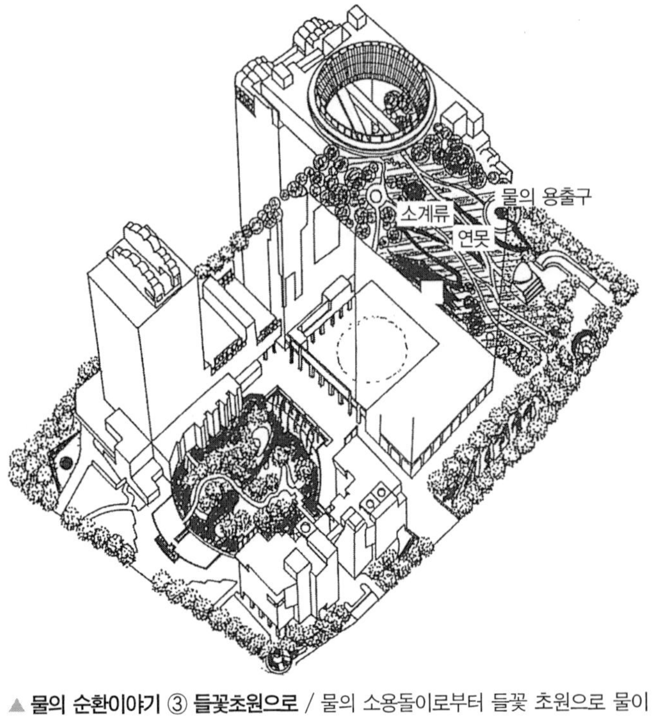

▲ **물의 순환이야기 ③ 들꽃초원으로** / 물의 소용돌이로부터 들꽃 초원으로 물이 분출한 후 작은 계류를 통해 연못에서 지중으로 돌아간다.

'중자연의 숲'은 물과 녹지의 새로운 혹성이라고 말할 수 있다. 그 속에 생물 · 생명을 길러내는 물의 다양한 풍경이 있다. 열주폭포로부터 흘러드는 물은 중앙에 있는 바다로 둘러싸인 대지를 끊어내며 계류, 계곡을 만들고 있다. 물은 에너지를 얻어 더 나아가 역류하면서 습원과 폭포를 만든다. 이러한 물의 대순환 속에서 숲이 길러지는 것이다. 중자연의 숲 속에서 생명을 길러내는 물은 인간의 이용에도 공급된다. 서클로부터 흘러나간 물은 바람의 산보도promenade와 빛의 프롬네이드로 향하며, 두 개의 심벌이 되는 물의 조형물인 미러수면과 분수가 되고 있다. 그러한 것들은 인간세계에 물이 주는 혜택으로서 비추어짐을 나타내고 있다. 특히 캐널canal에 있어서의 물의 조경은 직선 디자인으로 되어 인간의 이용 풍경을 묘사하고 있다.

이 물은 소용돌이를 거쳐 들꽃의 초원에 이르게 되며, 이곳에서 꽃이라는 자연이 갖는 힘으로 정화되는 이미지를 갖게된다. 이 물은 지하로 침투하며 첫 번째 원의 밑을 통해 다시 중자연의 숲으로 이르게 된다. 대폭포는 그 상징이다. 도시 인간세계를 통과해온 물이 다시 중자연의 숲에서 생명을 길러내는 리사이클의 풍경이 이미지로 만들어지고 있는 것이다. 이와 같이 우주로부터 중자연, 들꽃 초원, 캐널, 그리고 중자연이라는 물의 여행이 신 우메다 시티 속에서 표현되고 있다.

모든 생명의 본질이 되는 물. 지구 지표면에서의 생명의 존재, 그것은 불가사의하며 경의이며 드라마이다. 그 드라마를 초고층의 건축군을 통해 도시로 재현하고 싶은 것이다. 이것이 신 우메다 시티 도시구조의 시작이었다.

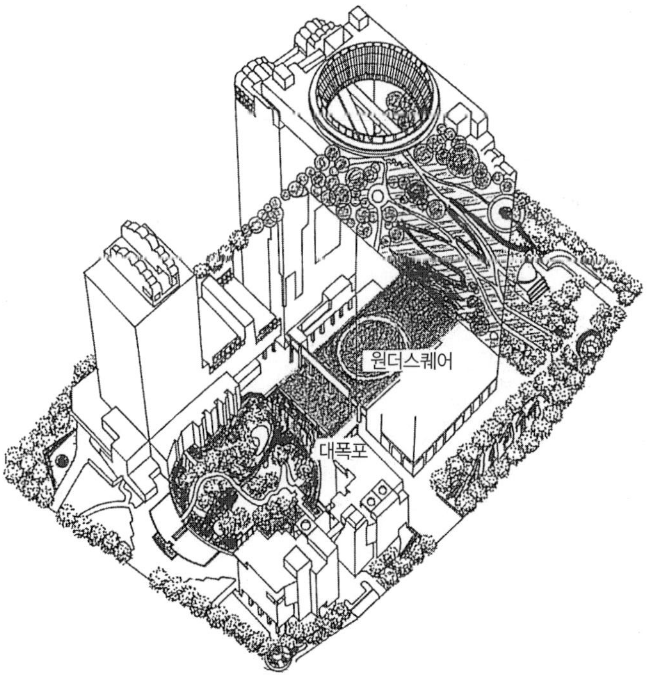

▲ **물의 순환이야기 ④ 대폭포** / 중앙광장의 아래를 통과해 대폭포로, 다시 중자연의 숲으로 흘러든다.

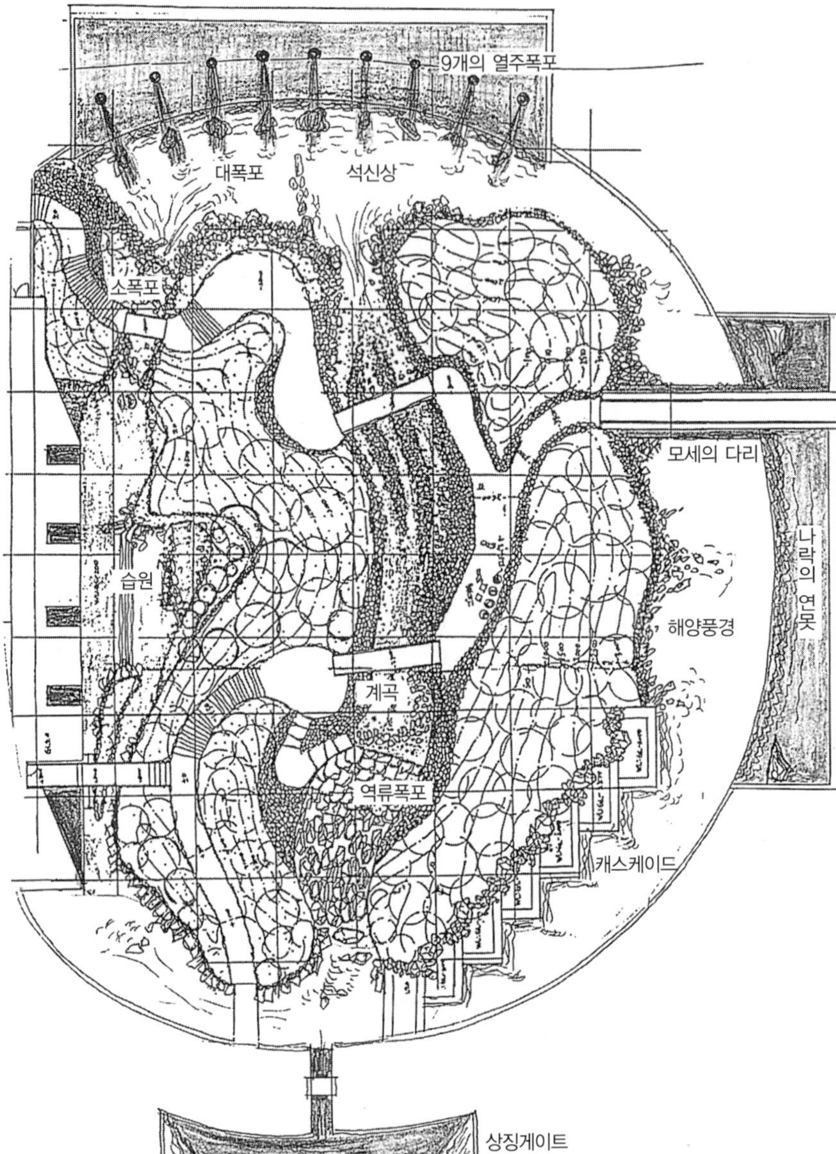

▲ 신 우메다 시티의 물의 대순환

동쪽에 위치하는 해양경관은 원형으로 구성된 중자연의 숲, 물과 녹의 신혹성 일부이다. 이 혹성의 물은 천공으로부터 공중정원의 원을 통해 지구로 왔음을 나타내는 9개의 열주폭포로부터 시작된다. 열주에서 낙하한 물은 「9개의 석신상」에 떨어진 후 대지를 깎으며 계류와 계곡을 만들고, 힘을 얻어 역류폭포를 올라 습원과 케스케이드, 소폭포를 돌면서 혹성을 적신 후, 마지막으로 이 바다로 흘러든다. 해양의 물은 나락의 낮은 곳으로 빨려들 듯 흘러들어간다. 한편 혹성 전체를 순환하며 숲의 나무들과 소동물의 생명을 길러내는 물은 「나무 그늘이 있는 광장」에서 인간세계로 들어간다. 「은하의 샘」, 「물의 거울」은 자연으로부터 우리들에게 주어진 물에 대한 감사를 나타낸다. 물은 도시 속을 캐널로 이동하고 초원을 통해 대폭포로 다시 혹성에 되돌아오며 「중자연의 숲」의 생명을 기른다. 이것이 신 우메다 시티를 순환하는 물의 이야기이다.

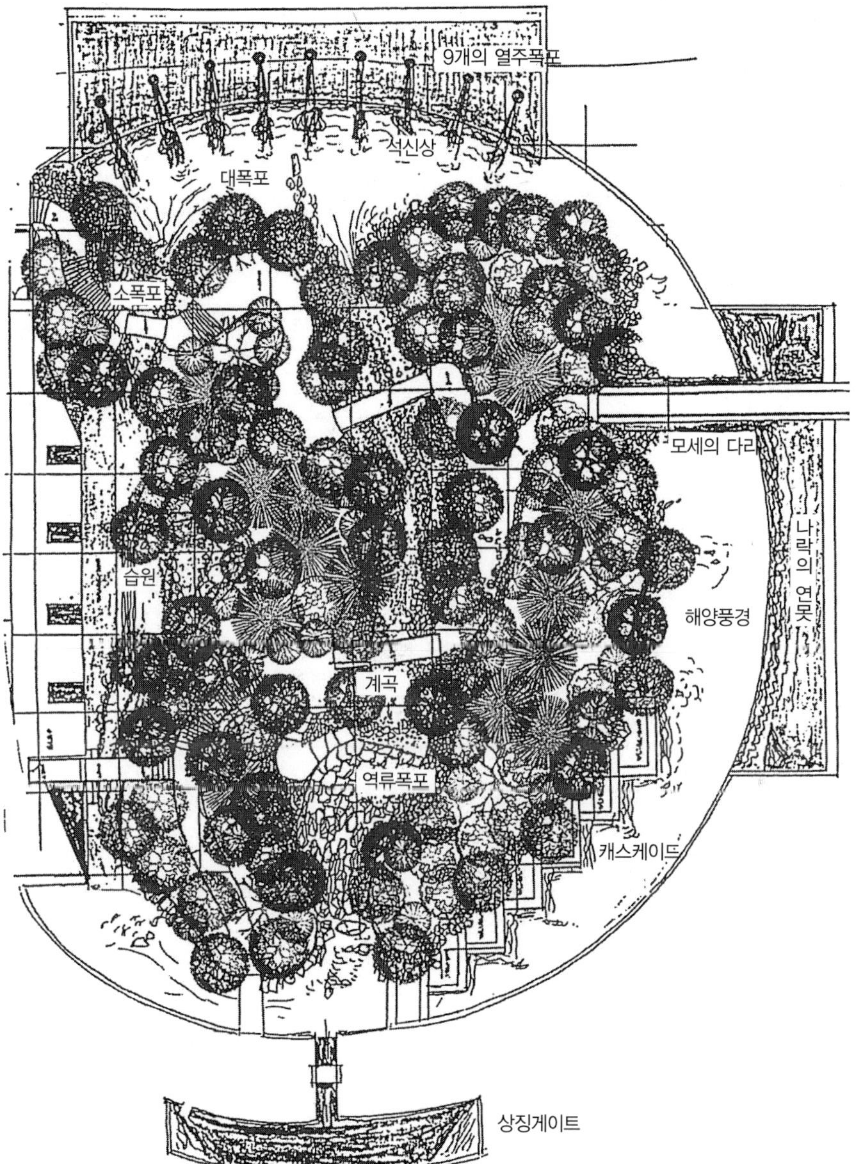

▲「중자연의 숲」- 물과 녹의 신혹성

우메다 스카이빌딩, 웨스틴 호텔 건축군의 가슴에 안겨 있는 듯한 모습으로 출현한 직경 70m의,「중자연의 숲」으로 불리는 이 원형공간은, 신 우메다 시티의 중앙부에 위치한다. 상징적인 원형은 다이나믹한 우주 속에서 지상의 자연이 갖는 생명의 풍요로움, 위대함, 아름다움을 찬미하는 이념으로 조성된 도시의 신전으로 부를 만하다.

이 신전은 공중정원의 원형을 통해 천공과 이어지면서, 우리들이 사는 지구를 암시하고 있다. 그것이 물과 녹의 신혹성으로 명명된 유래이다. 신전은 지하 4m의 지반 위에 세워졌는데, 폭포, 계류, 계곡, 바다 등의 풍경이 있고 숲이 무성하고 초화가 풍부하게 피어 다람쥐, 새, 물고기, 곤충 등의 소동물이 뛰어노는 낙원이 된다.

현대의 비보裨補 숲

다음은 숲의 존재이다.

우리들의 주변 환경에는 반드시 비보 숲이 있다. 우리들은 도시에 잔조하는 비보 숲에 주목하여 10년 정도 조사를 해왔다. 조사결과 이 숲은 그야말로 미래도시에 많은 시사점을 던져주고 있는 귀중한 녹지임을 알 수 있었다. 앞에서 말한 코스몰로지로서의 자연을 생각하는데도 커다란 참고가 되었다. 그 특징은 다음과 같이 정리할 수 있다.

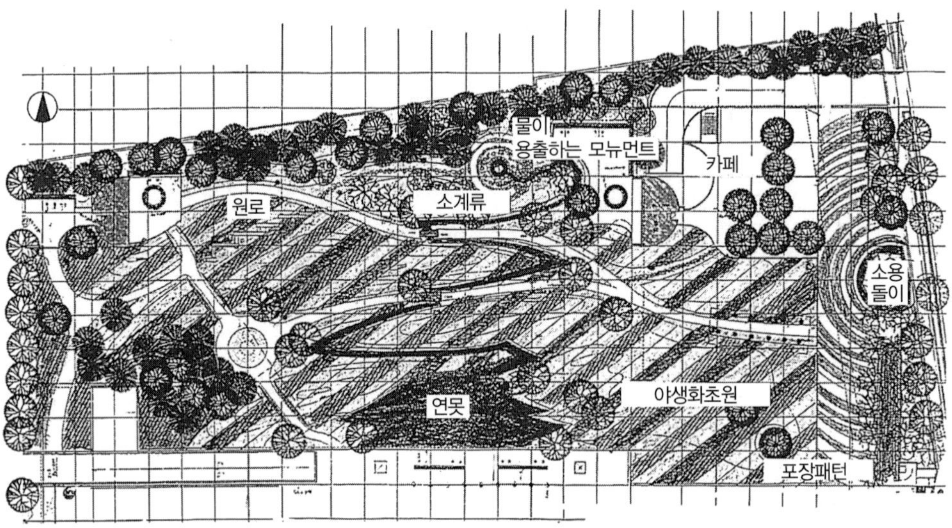

▲ **들꽃 초원**

연결 초고층을 잇는 공중정원의 북측에 위치하는 초원은 남쪽에 있는 중자연의 숲과 대조를 이루는 부분이다. 중자연의 숲이 초고층 근대건축을 배경으로 한 현대의 보호숲이라면 들꽃 초원은 대도시 속에 돌연 출현한 평야의 풍경이다. 잃어버린 야생의 풍요로움, 아름다움, 그리움 등을 대도시의 중심부에 표현하고 있다. 이곳에서는 캐널로부터 흘러나온 물이 모뉴먼트를 통해서 용출한 후 소계류를 이루는 초원을 흐른다. 아름다운 초원에서 물은 정화되며 맑은 물이 되어 연못으로 흘러들고 지하로 침투해간다. 그리고 원더 스퀘어Wonder Square의 하부를 통해 중자연 숲의 대폭포를 통해 재생되는 이미지로서, 물의 순환경관을 디자인하고 있다.

① 성스러운 숲 – 100년 이상 벌채되지 않은 채 큰 나무가 많으며 식생은 클라이막스에 달하여 야생의 자연에 가까운 숲을 형성하고 있다.

• 금벌된 숲

• 야생의 숲

• 향토의 숲

② 심벌이 되는 숲 – 숲은 정신적으로도, 공간적으로도 마을 공동체의 심벌로서 위상을 갖는다.

• 랜드마크 숲 – 눈에 띄는 곳에 있다.

• 중심의 숲 – 중앙에 있다.

③ 우주와의 연결성

• 천상에의 지향

• 축軸으로서의 숲

• 참도參道[25]와 도리이鳥居[26]

④ 순환하는 세계의 연출

• 성聖과 속俗

• 천天과 지地

• 자연과 인공

이러한 특징을 열거해 갈 때 비보 숲에는 여러 가지 가치가 있음을 발견할 수 있다. 집락형태나 공동체의 존재방식에는 마을 비보 숲이 커다란 의미를 가지고 있다. 이것을 유럽의 기독교나 이슬람 세계와 비교해 보면 쉽게 알 수 있다. 이곳에서는 하늘을 향해 높이 솟은 교회나 사원이 심벌이다. 마을의 낮은 주택들 위로 돌출해 있는 탑의 건축이 그것이다. 그러나 일본에서는 가장 두드러지는 것이 마을 숲이다. 마을의 심볼은 정신적으로도 풍경으로 봐도 숲이 되는 것이다. 여기에서 밝혀지듯이 일본의 전통마을과 공동체는 숲과 자연의 다이나미즘을 집단 결속력의 원천으로 해 왔다. 크게 눈에 띄는 탑을 만들고 결속을 도모하고자 하는 서양이나 이슬람 사회와는 분명히 다른 점이다. 비보 숲을 중핵으로 공동체를 구성해온 일본에서는 자연과 인간은 대립하지 않는, 자연의 다이나미즘을 내포하는 공동체를 만들어 왔다고 이해할 수 있다.

25) 신사나 절의 참배로

26) 신사의 입구에 세워지는 기둥문

이러한 생각에서부터 우리들은 신 우메다 시티의 환경계획에 임하는데 있어 도시의 공동체를 결속시킬 수 있는 요체로 현대의 비보 숲을 설정하였으며, 자연의 다이나미즘을 상징시킨다는 관점에서 이를 중자연의 숲으로 명명하였다. 단지 가로녹지가 아니라 생태계 시스템을 갖는 자연을 신 우메다 시티의 심볼로서 위치시킨 것이다.

그 자연에는 흐름이 있으며 폭포가 있고 여울이 있다. 대지의 암반을 가르며 계곡 속에 물이 흐르게 된다. 계곡을 덮는 숲이 있다. 곤충, 물고기, 새 그리고 이 중자연의 환경 속에 무수한 생물 · 생명이 길러지며 야생조류가 날아온다. 중자연의 숲을 자연의 보고로 자라도록 하고 싶다. 대도시의 한가운데, 초고층의 아래에 이와 같은 풍부한 자연이 숨쉴 수 있도록 하고 싶다. 이 중자연의 숲 속에 들어가면 대도시의 소음 속에 있는 것마저도 잊을 정도로 숲으로서의 위엄을 갖추게 하고 싶다.

코스몰로지 풍경 cosmology landscape

현대의 비보 숲, 지구의 생명과 순환을 상징하는 중자연도 무기물과 태양에너지 없이는 존재할 수 없다. 그러나 우리들은 이러한 것도 일상 세계에서는 잊고 있다. 은혜를 받아가면서도 일상세계에서는 눈에 보이지 않기 때문에 잊어버리게 된 것이다. 자연의 다이나미즘은 태양, 물, 대지 속에 존재한다. 그 다이나미즘을 표현하는 것이 물이다. 물은 태양에너지, 대지, 대기권 속에서 늘 변화를 추구한다. 식물생명 속에서, 동물 속에서, 그리고 우리들 속에서 물은 존재한다.

여기에서 풍경과 경관이 무엇인가 생각해 보자. 제 2의 농업시대에는 물, 수목, 초화류, 하천, 산, 바다 등 그 모든 것들이 일상생활과 관련되고 자연과 순응해 가는 생활의 지혜로서 의미가 있었다. 밭에서 내려다보이는 주변의 산의 색깔 변화에서 수확을 예상한다든지 파종의 시기를 정하기도 하였다.

▲ **신 우메다 시티의 코스몰로지를 상징하는 전형적인 풍경**
우주로부터 떨어져내리는 물은 초원 한가운데를 통과하여 정화되고 중앙광장 하부를 통해 대폭포가 되어 다시 중자연의 생명을 길러낸다.

풍경과 경관은 한편으로는 권력자의 형편에 맞춘 의지전달의 수단이기도 하였다. 예를 들면 큰 도로나 광장을 만들고 거기에 위정자의 동상을 설치한다…, 커다란 탑을 건축한다. 사람들의 통행이 많고 심벌이 되는 위치에 위정자는 자신의 의지에 맞춰 어떤 종류의 메시지를 설치하는 것이다. 서양의 도시에서 흔히 볼 수 있는 시민광장에서 항상 볼 수 있는 분수마저도 그 설치목적은 위정자의 업적과시나 식민지 지배, 이민족 지배의 성과를 과시하기 위한 미디어였다. 이러한 의미에서 보면 풍경과 경관은 극히 정치적인 것이라고 생각해 두어야 한다. 그렇다면, 이러한 일반적인 인식의 바탕 위에서 신 우메다 시티에서의 자연의 코스몰로지를 어떠한 관점에서 연출해 갈 것인가?

우리들은 지금 이미 도시로부터 말살되어가는 자연과 도시 속을 순환하는 물의 스토리를 하라 히로시씨의 디자인에 의한 연결 초고층을 기조로 건축군 속에 그리고자 하였다.

도시의 코스몰로지란

① 건축군 속에 도시의 문맥을 읽어 들이는 것

② 도시의 문맥을 자연의 순환에 의해 구성하는 것

③ 물질순환에 있어 자연, 인간, 물질 폐쇄계 시스템을 구성하는 것 등이다.

초고층의 복합빌딩. 하나의 도시. 거기에서의 컨셉은 인간이 창조하는 도시를 통해 사람들에게 자연에 대한 여러 가지 생각을 느낄 수 있도록 하는 것이다. 또는 다시 불러들일 수 있도록 하는 것이다. 물론 원시시대에는 인류가 느껴왔던 것을 그대로 복원하고자 하는 것은 아니다. 현대인이 도달한 고도의 문명을 전제로, 그 속에 인간 자신이 개척한 감성에, 보다 민감하고 다양한 자연에 대한 생각을 창조하고, 그 결과 지구의 중자연과 공존하고자 하는 의도이다.

자연인간계 제 4세대의 풍경

제 3세대의 잃어버린 자연을 회복하고 창조한다.

도시의 코스몰로지 - 우주, 자연, 식물, 동물, 신화의 세계, 물질순환, 창세기, 정화.

사람들이 우주와 관련하며, 역사와 연속되며, 자연생명과 관계하는, 물의 순환이야기를 느낄 수 있다. 인공의 도시가 다이나믹하게 자연과 관련되어 있는 모습을 느낄 수 있는 것이다. 두려움, 불가사의, 성스러움, 친숙함, 즐거움, 이러한 것들로 충만한 풍경을 창조하고 싶은 것이다. 이것이 환경창조도시의 시점視點으로부터 신 우메다 시티를 파악하려고 하는 자세이다.

▲ **야생화가 피어있는 초원**

들꽃 초원으로부터 원더스퀘어를 통해 중자연의 숲이 들여다보인다. 열주폭포의 물이 중자연의 숲에 떨어지고 있음을 알 수 있다.

에코헤비터, 제 4세대의 길

환경창조에 의한 인간 거주의 미래, 즉 에코헤비터를 테마로 한 책을 쓴 계기가 된 것은 1990년 두 개의 커다란 국제행사, "국제 꽃과 녹의 박람회"와 세토나이카이瀨戶內海를 배경으로 효고현에서 개최된 "제 1회 세계 폐쇄 해역 환경보존회의"이다. 이 두 개의 국제행사가 1970년 오사카 센리 구릉에서 개최된 만국박람회와 강하게 연결되어 본서는 완성되었다. 불과 20년간에 일어난 지구상의 여러 가지 환경문제의 심각함이 환경창조의 시점으로부터 환경문제를 파악하고자 한 동기이다.

오사카 만국박람회의 이념은 "인류의 진보와 조화"였다. 당시 사람들은 아직은 진보라고 하는 인류의 꿈을 지구의 자연을 캔버스로 하여 그림을 그릴 수 있는 것으로 믿고 있었다. 그러나 이 낙관주의를 깨뜨린 것이 20년간의 움직임이었다. 실로 이 짧은 기간에 20억 명의 인구가 증가하였다. 세계 많은 지역에서 수천만 명의 인구가 사는 도시가 출현하였다. 도시 주민은 30억 명에 달하고 있으며, 그것이 소비하는 자원, 자연계에 배출하는 폐기물의 양은 대단하였다. 나아가 미개발국의 많은 산림들이 벌채되었고 연료로 사용되었다. 사막화의 진행, 생태적 난민의 대량 출현, 그리고 산성비나 오존층의 파괴 등 지구 전체의 자연 시스템 파괴 등의 상황에서, 이미 인구의 증가와 문명의 거대함이 진보의 척도가 되지 않게 되었다. 인류의 존재 자신이 지구의 자연을 파괴하며 나아가 인류의 존재 그 자체를 부정하게 되기 때문이다. 1990년대는 이러한 딜레마의 시대로서 출발하였다.

이러한 시대의 변환점에서 에코헤비터라는 생각이 떠오르게 된 것은 1990년대 초반에 이러한 국제적 이벤트에 참가한 많은 사람들로부터 환경문제의 심각함이 보고되고, 나아가 이러한 문제에 대해 여러 가지 다른 각도에서 해결해 가기 위해 노력하고 있는 사람들과의 만남으로부터였다. "국제 꽃과 녹의 박람회"에서는 캘리포니아 주립 디자인 대학과 우리들이 공동으로 환경전시와 국제세미나를 기획하였다. 여기에서 나는 우에스기上杉와 라일 두 교수의 세계적인 활약을 알게 되었다. 랜드 랩Land Lab은 아직 건설 중에 있었지만 이 건설계획의 배경에는 두 교수의 다양한 인맥과 세계 환경창조라는 프로젝트의 실적이 활발하게 활성화되고 있었다. 본서에서 소개하고 있는 아코산티의 파올로 솔레리, 바이오스피어2의 존 알랜 등은 두 교수들의 환경창조의 동반자였다. 이 전시와 세미나를 통해 환경창조의 움직임이 세계적인 스케일에서 실행으로 옮겨지고 있음을 알게 되었다.

이 세미나의 패널리스트로 캐나다에서 출석한 토론토 대학의 하우 교수, 미국 캘리포니아 주립 디자인 대학의 데인 명예교수, 일본 측의 패널리스트인 이와사 요시로岩佐義朗 일본 토목공학회 회장, 나카무라 하지메中村一 일본 조원학회장 등이, 오사카부 기업국의 야기 야스오八木康雄 지역부 린쿠타운 정비과장, 오사카의 모리시타 모토유키森下元之 건설국 츠루미 건설사무소장(직명은 당시의 직명)이 각기 보고해준 린쿠 타운의 환경계획, 츠루미 녹지의 공원계획과 사쿠야코 꽃 전시관을 둘러싸고 활발한 논의가 있었다. 본서의 기본적인 골격은 그때에 거의 만들어졌다고 봐도 좋다. 이 전시 세미나 개최에 물심양면으로 많은 지원을 한 고 니시카와 조원 전 사장에게 감사의 뜻을 전한다.

한편 효고현이 환경청 등과 주최한 "세계 폐쇄성 해역 환경보전회의"에서 환경창조로 해야 할 일이 중대하면서 긴급함을 알게 되었다. 우리들은 이 국제회의에서 운영과 기획위원으로 일하면서 준비단계로부터 세계의 폐쇄해역에 분포하는 귀중한 자연 생태계를 둘러싼 다양한 문제를 파악할 생각이었다. 그러나 각국 지역으로부터의 보고나 논의는 그 이상으로 심각한 것이었다. 세계 폐쇄성 해역 환경보존회의란 세토나이카이, 지중해, 북해, 샌프란시스코 만과 같이, 내해, 환초, 다도해 등 풍부한 자연 생태계가 숨쉬고 있으며 오염되기 쉬운 폐쇄성 해역을 보존해가기 위한 현상을 파악하고 보전수단을 찾고자 세계적으로 같은 문제에 관련된 41개국의 참가를 바탕으로 개최된 것이었다. 이 회의에서 나는 제 5분과 좌장을 역임하였는데 그 테마는 폐쇄성 해역과 인간활동이었다. 그곳에서 보고된 세계의 폐쇄해역의 오염을 사례로 자연과 공존하기 위한 인간활동의 여러 가지 과제가 부각되었다.

이 폐쇄해역의 오염을 막는 것이 지구환경과 공존하는 첫걸음이라 해도 좋을 것이다.

인류의 많은 역사유산과 오늘날의 번영의 배경에는 이 해역의 자연이 있다. 그러나 이 해역의 자연을 파괴할 권리는 우리들 누구도 가지고 있지 않음을 명심해야 할 것이다. 환경창출에 의한 21세기 세계구축을 위해서는 시간적 여유가 없다. 그를 위해서는 지구와 인류문명과 자연과 도시, 각각의 새로운 패러다임 구축을 시작하지 않으면 안된다.

이러한 경과로부터 우리들은 환경창조의 3가지 관점이 필요하다는 구도를 그리고 있다. 본서의 기본적인 환경창조 골격의 정리를 위해 여기에서 논하고자 한다.

환경창조에는 에콜로지, 테크놀로지, 코스몰로지 3개의 시점으로부터의 환경창조 힘, 즉 자연력, 기술력, 감성력이 필요하다.

먼저 첫 번째의 환경창조력, 에콜로지에는 자연을 인류만이 이용하는 자연으로 보는 것이 아니라 자연존재의 가치와 의의를 부각시키는 것이다. 거기에 자연의 보호, 재건의 이념을 밝히는 것이 필요하다. 자연력은 자연이 가지는 다이나미즘에 의해 자연의 보호 · 재건에 접근하고자 하는 것이다.

제 2의 환경창조력인 테크놀로지는 자연의 보호, 재건에 있어서 자연보호인가, 개발인가 하는 두 가지의 선택이 아니라, 인류가 달성하는 많은 과학기술의 성과와 예지 모두를 환경창조에서 살리는 것이다. 본서에서는 이러한 과학기술의 추진을 환경창조형 기술개발로 부르고 있다. 이러한 고도의 기술력이 자연의 보호, 재건을 실현한 실마리가 될 것이다. 미국에서는 환경보전의 제 3의 길로서 이러한 움직임을 뉴 테크놀로지파로 위치시키며, 클린턴 정권에서는 환경정책의 현실적인 대응으로 보았다.

제 3의 환경창조력은 코스몰로지의 어프로치이다. 인류사 속에서 최초로 조우하는 과제, 인간의 손에 의한 자연의 보호와 재건이라는 작업은 단지 생태계를 회복시키면 된다는 것은 아니다. 보호, 재건되는 자연에는 우리들이 두려워하고 존엄성을 가지는 신의 존재라는 정신적인 것을 느끼지 않으면, 나아가 이것을 자연이 스스로가 살아가는 힘 자립성을 갖지 않으면, 아무리 세월이 흘러도 언젠가는 그 자연은 죽음에 이르게 될 것이다. 자연보호, 재건에는 기술력과 함께 감성력이라는 것이 필수적이다. 이것을 여기에서는 코스몰로지로부터의 어프로치라 부르는 것이다.

그리고 이 환경창조의 구도를 나아가 강건하게 하기 위해 세계적인 사례들을 취재하는 여행을 떠났다. 1990년 두개의 국제회의에서 알게 된 사람들로부터 의욕적인 환경창조의 시도에 관련되는 많은 정보를 받게 되었다. 나아가 우리들의 생각에 동참하는 많은 친구들로부터 어드바이스와 정보를 받게 되었다.

네덜란드의 ING 은행에서는 텐츠電通 히로시마 지국의 마츠시다 마사야松下昌也씨, 네덜란드 유럽 전화통신지국의 신세를 졌다.

프랑스의 대니 캐러반씨 취재는 우리들 연구소의 아트 디렉터인 나카야마 도미코中山登美子씨가 흥미 있는 한권의 출판물 '예술이 도시를 연다'를 소개해 준 것으로부터 시작되었다. 그녀는 감성과 환경의 강한 연관성에 관해서 기본적인 것을 어드바이스 해줬다.

이 책의 인용과 취재협력, 사진문헌의 제공 등을 허가해 준 공간조형 컨설턴트의 다카히라 마사시高平雅史씨 미국 쪽의 취재는 캐논 투어즈의 하세가와 아키오長谷川 昭夫씨 시미즈 건설 다니 아키히코谷 明彦과장의 신세를 졌다. 환경창조도시의 개념을 정리하는데 있어서 강연 등의 기회를 준 덴츠電通 르데크 연구회, 오사카 사이언스 센터, 주식회사 에바라荏原 제작소 등에도 감사를 표한다. 이와 같이 미래창조를 향해 의욕적인 창작활동에 종사하고 있는 세계의 여러 사람들과 일과의 만남은 25년간의 활동 속에서 수많은 일을 수행해온 환경사업계획 연구소의 역사를 뒤돌아보는 여행이기도 하였다. 수많은 일 속에서 실패와 시행착오를 겪어온 것도 셀 수 없다. 그러나 좋은 일을 하게 된 것은 분명하다. 이미 시대를 앞서 온 환경창조의 일이었음을 자부하고 있다.

이러한 일에 몇 가지를 국내 사례와 더불어 환경창조 제 4세대 혹은 에코해비터 제 4세대를 생각하는 소재로서 본서에 들고 싶었다. 우리들에게 이 정도로 많은 귀중한 업무기회를 준 분들과 지도협력 해 준 관계자 여러분에게 이 자리를 빌려 감사를 표한다. 이러한 일은 하마다 요이치浜田良一 실장을 비롯해 환경사업계획 연구소의 분들과 전 소장님들, 전 직원, 협력회사의 많은 성과이다.

에코해비터 제 4세대가 해야 할 일은, 우주에서 유일한 생물권인 지구에서 인류가 생존해 가기 위해서는 많은 인구와 거대한 문명시스템을 허용할 수 있는 대규모 스케일의 환경창조를 실현하는 것이다. 오랜 동안의 인류사 속에서 인류가 이러한 상황에서 지구규모의 환경창조와 직면하는 것은 최초의 경험이다. 자연보호나 재건을 말하는 것은 쉬운 일이지만 그것을 실제 실행에 옮기자면, 교과서나 방법이 씌어진 매뉴얼마저도 변변치 않다. 또한 상황을 더욱 어렵게 하는 것은, 우리들은 오랜 인류의 역사 속에서 자연의 편리성과 쾌적성이라는, 인류의 의도에 맞춘 환경을 만들기 위한 자원으로서 밖에 보지 않았다는 점이다. 자연보호, 재건에는 무엇보다도 지금까지의 문명의 방식을 근본부터 다시 보고 자연 속에서 인류의 위치를 명확히 해 두는 것이 필요하다.

이러한 종합적인 환경창조를 위해서는 자연과학 기초연구를 중심으로 자연의 보호 · 재건을 위한 기술개발과 연구, 재건되어야 할 자연에서는 철학, 심리학, 사회학, 문화인류학, 민족학, 예술분야 등으로부터의 검증, 구체적인 실현을 위해서는 법률학, 경제학, 정치학 등이 필요하다. 그러나 필요성을 책상 위의 구도로 끝내서는 안되며 실제 행동으로 옮기는 것이 무엇보다 중요함은 말할 필요도 없다. 본서를 통해 학제간 경계영역이 다른 분야의 힘을 결집하여 21세기에 상응한 환경을 창조해 나가기 위해서 우리들은 에코해비터 제 4세대 포럼의 조직화를 향해 노력하고자 한다. 이미 본서에 등장한 많은 분들을 축으로 세계 환경창조의 네트워크를 만들고자 한다. 그리고 환경창조의 구체적 실현을 향해 행동을 개시한다. 본서를 빌어 독자 여러분들에게 참가와 지원을 부탁드린다. 이 책이 탄생함에 있어서 기획, 제작 거의 모든 분야에서 도움이 된 것은 학예출판사의 마에다 유스케前田裕資씨이다. 본서는 1986년에 그가 담당하고 완성한 '도시는 야생으로 다시 태어난다' 의 연장선이다. 그와의 만남 이후 일관되게 나는 야생으로부터 환경창조를 추구해 왔다. 이 오랜 기간 제멋대로 행동한 나를 인내를 가지고 지원해주며 본서의 실현으로 이끌어 주었다. 교코쿠京極사장에게도 감사를 표하고 싶다. 마지막으로 문서의 정리 워드프로세서 작업 등을 해준 연구소의 니시무라 다카코西村孝子씨, 해외자료 번역의 마츠우라 노리코松浦紀子씨, 전체 흐름에 관한 어드바이스를 준 교토대학 농학부 가타 료헤이嘉田良平 조교수에게도 감사의 말씀을 전한다.

요시무라 모토오吉村元男

사진 및 인용 출전

(1) 미국 환경문제자문위원회. 미국 국무성 편, 田中努監역 「서기 2000년의 지구」, 집의 빛협회, 1980.

(2) 브라운, L. R. 편저 「월드워칭 지구백서」 다이아몬드 사

(3) The 1992-1993 California Energy Plan

(4) "디자인의 현장 - 특집 에콜로지", 「두 개의 생태계 실험 · 바이오스피어2와 아코산티」

(5) "디자인의 현장 특집 에콜로지" 마츠바 가즈키요松葉一清 「건축에 생태계를 다시 불러들일 수 있을까?」

(6) Brenda and Robert Vale, Green Architecture, Bulfinch

(7) 이와무라 가즈오岩村和夫 「건축환경론」 鹿島出版會

(8) 이와무라 가즈오岩村和夫 「캇셀 에콜로지 단지 -건축생물학(바우비올로기)의 한 풍경으로서」 (개인출판)

(9) 「Procerss Architecture 자연에너지와 건축」 Vol. 98

(10) 이시이 오사무石井修씨 제공

(11) 환경공생주택연구회 「환경공생주택의 기본컨셉(개요판)」 1991. 12

(12) 콜베트씨 제공

(13) Stephen Koppelkeam+이토 미로伊藤美露+모리시타 시게유키森下茂行씨 촬영, 이와무라 가즈오岩村和夫씨 제공

(14) 켈리포니아주 팸플릿

(15) 에너지절약 주청사 워킹투어 팸플릿

(16) Sam Davis, Designing for Energy Efficiency : A Study of Eight California State Office Buildings

(17) NMB Postbank Group, Building in An Unique Style

(18) 일본 토목학회 환경시스템위원회 「에코 시빌 엔지니어링을 향해」

(19) 국제 꽃과 녹의 박람회 정부기록

(20) 오사카시 꽃박람회 기념공원정비사무소 「꽃박람회 기념공원 츠루미녹지 팸플릿」

(21) 사쿠야코의 꽃전시관 팸플릿

(22) 환경창조형 개발 심포지엄 자료

(23) 오사카시 건설국「꽃의 휴게소 열공급 시스템 팸플릿」으로부터

(24) 칸사이 전력주식회사 홍보지「緑」No.33「꽃의 만국박람회에서 지역사회의 내일을 그린다」

(25) Landlab - Institute for Regenerative Studies

(26) John Tillman Lyle, Design for Human Ecosystems - Landscape, Land Use and Natural Resources, Van Nostrand Reinhold

(27) 미나미 오사카 해안정비사업 토지이용계획위원회 보고서「교류와 하이 어메니티 넘치는 임공臨空 도시의 형성 - 린쿠 타운」

(28) 남부토지이용계획도 / 오사카부 기업국, 재단법인 오사카 · 녹화환경협회「미나미 오사카항만 하수처리수 재이용 기본계획 김도입무보고시」1991년

(29) 요도바시 좌안유역하수도 조합「나기사渚 처리장 팸플릿」

(30) 다니 코우조谷幸三「잠자리 통신」특별기고, 요도바시 좌안유역 하수도조합

(31) T. 화이틀 저, 시라하타 요사부로白幡洋三朗, 시라하타 세즈코白幡節子「플랜트 헌터 이야기」八坂書房

(32) 전원도시 레치워스의 계획평면도 /「조원수경修景대사전 6」주식회사 同明舍出版

(33) 나루미 쿠니히로鳴海邦碩 편「도시디자인 수법」학예출판사

(34) 사단법인 사이타마현 야조회 편「비오톱 녹의 도시혁명」교세이, 1990년

(35) 시가현滋賀縣「스가누마菅沼지구 내호內湖 등 주변환경 보전사업개요서」

(36)「Process Architecture 요시무라 모토오吉村元男 : 새로운 일본정원의 창조」

(37) Dani Karavan L'Axe Majeur Cergy-Pontoise, La Documentation Francaise-Paris 1987

(38) "예술이 도시를 연다" 실행위원회「예술이 도시를 연다」1990년

(39) Axe Majeur 팸플릿으로부터

(40) L'Architectura Cronache e Storia, 422 N.12/Dicember 1990

(41) John Allen, Biosphere2 - The Human Experiment

원저 エコハビタ 環境創造の都市 / 吉村元男 (요시무라 모토오) / 學芸出版社
역자 조동범 / 전남대학교 조경학과 배현미 / 목포대학교 조경학과

본서의 번역 연구는 교육인적자원부 지방연구중심대학 육성사업에 의해 지원되었습니다.
– 전남대학교 바이오 하우징 연구사업단

에코해비터트 환경창조의 도시

1판 1쇄 발행 2006년 8월 1일
1판 1쇄 인쇄 2006년 8월 5일

저자 | 吉村元男
역자 | 조동범 · 배현미
발행인 | 김병계
발행처 | 도서출판 보문당
등록 | 1990년 6월 15일(제1-1066호)
주소 | 서울시 마포구 신수동 448-6 우) 121-110
전화 | 704-7025 / 704-0635
팩스 | 704-2324
홈페이지 | http://www.bomoondang.co.kr
전자우편 | bmdpub@empal.com
표지 · 본문디자인 | 디자인이유 02.3142.9831

값 17,000원

ISBN 89-8413-124-5

*파본이나 잘못된 책은 교환하여 드립니다.